Romain Rieger

Modélisation mécano-biologique par éléments finis de l'os trabéculaire

Romain Rieger

Modélisation mécano-biologique par éléments finis de l'os trabéculaire

Des activités cellulaires au remodelage osseux

Presses Académiques Francophones

Impressum / Mentions légales
Bibliografische Information der Deutschen Nationalbibliothek: Die Deutsche Nationalbibliothek verzeichnet diese Publikation in der Deutschen Nationalbibliografie; detaillierte bibliografische Daten sind im Internet über http://dnb.d-nb.de abrufbar.

Information bibliographique publiée par la Deutsche Nationalbibliothek: La Deutsche Nationalbibliothek inscrit cette publication à la Deutsche Nationalbibliografie; des données bibliographiques détaillées sont disponibles sur internet à l'adresse http://dnb.d-nb.de.

Coverbild / Photo de couverture: www.ingimage.com

Verlag / Editeur:
Presses Académiques Francophones
ist ein Imprint der / est une marque déposée de
AV Akademikerverlag GmbH & Co. KG
Heinrich-Böcking-Str. 6-8, 66121 Saarbrücken, Deutschland / Allemagne
Email: info@presses-academiques.com

Herstellung: siehe letzte Seite /
Impression: voir la dernière page
ISBN: 978-3-8381-7623-9

UNIVERSITÉ D'ORLÉANS

ÉCOLE DOCTORALE SCIENCES ET TECHNOLOGIES

LABORATOIRE PRISME

THÈSE présentée par :

Romain RIEGER

soutenue le : **08 Décembre 2011**

pour obtenir le grade de : **Docteur de l'université d'Orléans**

Discipline : Mécanique

Modélisation mécano-biologique par éléments finis de l'os trabéculaire.
Des activités cellulaires au remodelage osseux

THÈSE dirigée par :

Ridha HAMBLI	Professeur, Université d'Orléans
Rachid JENNANE	Professeur, Université d'Orléans

RAPPORTEURS :

Patrick CHABRAND	Professeur, Université de la Méditerranée
Thierry HOC	Professeur, Université de Lyon

JURY:

David MITTON	Directeur de Recherche, Université de Lyon Président du jury
Damien LACROIX	Professeur, Université de Barcelone
Patrick CHABRAND	Professeur, Université de la Méditerranée
Thierry HOC	Professeur, Ecole Centrale de Lyon
Claude-Laurent BENHAMOU	Docteur, Université d'Orléans
Ridha HAMBLI	Professeur, Université d'Orléans
Rachid JENNANE	Professeur, Université d'Orléans

À mes grands-parents,
Joseph, Françoise et Eugénie qui
auraient été fiers de me voir aller au
bout de mes ambitions

Remerciements

Dans un premier temps, je tiens à remercier mon directeur de thèse, le **Pr. Ridha Hambli** qui m'a accordé sa confiance en me choisissant pour ce sujet de thèse ambitieux, dans une équipe en construction. La difficulté principale de cette thèse reposa beaucoup sur la jeunesse de l'équipe puisqu'au début, j'en fus le premier doctorant. Par conséquent il a très vite fallu que je devienne autonome. Cela n'a pas toujours été facile, cependant, mon directeur a toujours été en coulisse pour me réorienter et me remotiver si besoin. Ainsi, en dépit de la divergence des méthodes, je suis particulièrement fier d'avoir accompli cette thèse sous sa direction puisqu'au final, il a su m'armer pour la suite de ma carrière et élever mon niveau de rédaction, afin de délivrer un manuscrit à la mesure de la tâche accomplie.

Je tiens également à remercier mon codirecteur, le **Pr. Rachid Jennane** qui a toujours été présent pour moi et à qui je pouvais confier mes doutes et mes inquiétudes. Il a été la personne qui a su être présente aux moments critiques.

Je remercie tout particulièrement mon jury de thèse. Tout d'abord mes rapporteurs, le **Pr. Thierry Hoc** pour ses conseils et ses remarques lors du GDR de vieillissement des tissus et le **Pr. Patrick Chabrand** pour ses critiques et ses encouragements de pré-soutenance. De plus, merci au **Pr. Damien Lacroix** pour son ouverture et sa disponibilité lors de l'ISB 2011 à Bruxelles qui m'a fait l'honneur d'expertiser ma thèse. Je remercie également le **Dr. Claude-Laurent Benhamou** pour son point de vue de clinicien qui tout au long de cette thèse m'a permis de développer un vocabulaire et une orientation en direction de la communauté médicale. Je tiens tout spécialement à remercier le **Pr. David Mitton**, qui en sa qualité de président du jury, m'a apporté énormément d'éléments et de réflexion m'ayant permis d'enrichir et d'améliorer le présent manuscrit.

Je pense qu'il est très enrichissant et important d'entretenir une bonne relation avec l'ensemble des membres du laboratoire. Notamment, je tenais à remercier notre chère directrice du laboratoire PRISME, la **Pr. Christine Mounaïm-Rousselle** que j'ai pu d'avantage connaitre lors des nombreux pots du laboratoire et au cours de quelques séances d'abdominaux à la salle de sport. Mais je n'oublie pas mes nombreux collègues permanents. Je remercie le **Dr. Gilles Hivet** pour ses qualités de musicien grâce à son porte clef fourni, qui résonnait dans les couloirs, mais également pour ses points de vue scientifiques et humains toujours très enrichissants. Merci également au **Dr. Éric Blond** pour son enthousiasme permanent et les nombreuses discussions fondamentales sur le système d'éducation français. Je remercie le **Dr. Jean-Luc Daniel** de m'avoir fait partager sa précieuse culture à propos des méthodes numériques. Sans oublier le **Dr. Samir**

Allaoui que je remercie pour son initiation à la vision expérimentale. Je remercie donc l'ensemble des permanents qui m'ont fourni les règles du jeu du monde de la recherche et de l'enseignement afin de me permettre d'y envisager une carrière de manière sereine.

Je tenais ensuite à remercier mes collègues. Tout d'abord **Audrey** avec qui j'ai pu partager mes doutes, mes joies et beaucoup de barbecues, merci pour ton amitié, tes conseils, ton écoute et de ne m'avoir jamais laissé prendre une pause tout seul. Merci également à **Aurélien** qui est arrivé en même temps que moi et avec qui j'ai passé de merveilleux moments de fous rires, même si tu m'as lâché pour changer de bâtiment ce qui m'a tout de même permis de faire moins de pauses. Un grand merci au **Guillaume B.**, alias nounours, avec qui j'ai partagé de profondes discussions et de formidables délires au cours de la troisième année. Je remercie **Aurélie** qui a toujours su avoir un mot gentil pour moi-même lorsque cela n'a pas été facile pour elle. Merci également à mes deux derniers collègues de bureau **Julien** et **Christophe** d'avoir su me soutenir et rester discrets lors de la phase de rédaction et pour les bons moments partagés. Je remercie aussi **Nicolas** et **Aristide** pour leur ouverture d'esprit et leurs initiatives qui permettent un bon rapprochement entre les doctorants du laboratoire. J'en viens maintenant à mes prédécesseurs, un grand merci à **Romain**, mon collègue d'en face qui m'a permis de grandir humainement et dont l'amitié fut très enrichissante. Je remercie tout particulièrement **Olivier** auprès de qui j'ai beaucoup appris et qui a toujours était disponible pour moi. Je tiens à remercier profondément l'ensemble de mes coéquipiers **Guillaume B.**, **Julien**, **Christophe**, **Aristide**, **Étienne** et **Pierre** qui m'ont fait confiance en tant que capitaine et ont su galvaniser l'esprit d'équipe et les talents de chacun afin que notre équipe remporte pour la première fois le tournoi de foot annuel interlabo.

Un grand merci à mes collègues par intérim qui m'ont accompagné durant la dernière phase de rédaction à l'IPROS. Merci au **Dr. Stéphane Pallu**, au **Dr. Gaël Rochefort**, à **Delphix**, **Amine**, **Arnix**, **Jérôme**, **Zarix** et **Priscilla**.

Je tiens tout particulièrement à remercier mes meilleurs amis qui ont quasiment vécu au jour le jour cette thèse à mes côtés. Notamment **Guillaume** qui a beaucoup été à mon écoute, m'a permis de relativiser et m'a donné de nombreux conseils. Mais également **Geoffrey** qui a toujours été là pour me permettre de décompresser lors de nos nombreuses soirées arrosées, mais m'a surtout été d'un soutient infaillible à n'importe quel moment. Je remercie également les amis **Martoni** chers à mon cœur qui en dépit de notre éloignement ont motivé l'envie de donner le meilleur de moi-même, tout spécialement **Karim** et **Adrien**, amis d'enfance sur qui je peux compter en permanence et dont la réciproque est aussi vraie.

Je souhaite tout spécialement remercier ma famille qui a représenté le plus important soutient que je puisse imaginer. Ma mère **Solange** pour toutes ses petites attentions, mon père **Francis** pour ses conseils, ma sœur **Virginie** pour son écoute, mon beau-frère **Franck** pour son aide, ma chère filleule **Éma** pour tout l'amour qu'elle a pu me donner, et ma nièce **Anaëlle** dont je regrette de n'avoir pu assister à sa venue au monde. Merci à mon oncle **Robert**, ma tante **Pauline** et **Marlène** pour votre présence. Merci à tous pour vos témoignages d'amour et la fierté que vous m'avez communiqué lors de ma soutenance.

Enfin, un immense merci à ma chérie **Antonine** qui, grâce à sa rencontre, m'a permis de supporter plus facilement cette troisième année en m'offrant son amour, son soutien et surtout l'opportunité d'une vie épanouie hors du laboratoire et le sentiment d'être important. Merci tout particulièrement de ta compréhension pour l'importance que cette thèse représentait à mes yeux.

Sommaire

Liste des tableaux

Liste des figures

Notations

Symbole	Nom	Unité
d	Variable d'endommagement isotrope	$[-]$
D_i	Variable d'endommagement anisotrope	$[-]$
H	Tenseur de Fabrique	$[-]$
S	Surface de l'objet d'étude	$[cm^{-2}]$
V	Volume de l'objet d'étude	$[cm^{-3}]$
ρ	Densité apparente	$[g.cm^{-2}]$
ρ_t	Densité du tissu osseux	$[g.cm^{-2}]$
p	Porosité	$[-]$
α	Minéralisation	$[-]$
V_T	Volume total apparent (os+vide)	$[cm^{-3}]$
V_B	Volume d'os apparent	$[cm^{-3}]$
v_b	Fraction volumique osseuse apparente	$[-]$
E	Module d'Young	$[MPa]$
ν	Coefficient de Poisson	$[-]$
G	Module de cisaillement	$[MPa]$
ε	Déformation	$[-]$
γ	Déformation ingénieur de cisaillement	$[-]$
σ	Contrainte	$[MPa]$
U	Densité d'énergie de déformation	$[J.cm^{-3}]$
S_{ii}	Éléments du tenseur de souplesse	$[MPa]$
C_{ii}	Éléments du tenseur de rigidité	$[MPa]$
t	Temps = nombre de cycles	$[Cycles]$
N_f	Cycle de vie	$[-]$
τ	Viscosité	$[secondes]$
P	Pression interstitielle	$[MPa]$
V_p	Vitesse d'écoulement	$[m.s^{-1}]$
f_{V_P}	Influence de l'écoulement du fluide sur les ostéocytes	$[-]$
f_{Mecha}	Signal mécanique	$[-]$
f_{MB}	Signal mécano-biologique	$[-]$
f_{Bio}	Signal biochimique	$[-]$
Ψ	Stimulus	$[-]$
Ca	Calcium	$[mM.L^{-1}]$
PTH	Hormone Parathyroïdienne	$[pg.ml^{-1}]$
f_{PTH}	Signal de la Parathormone	$[-]$
NO	Oxyde Nitrique	$[pM]$
f_{NO}	Signal d'Oxyde Nitrique	$[-]$
PGE_2	Prostaglandine E2	$[pM]$
f_{PGE2}	Signal de Prostaglandine E2	$[-]$
$TGF\beta$	Transforming Growth Factor	$[pM]$
OPG	Osteoprotegerin	$[pM]$
$RANK$	Receptor Activator for Nuclear Factor κB	$[pM]$
$RANKL$	Receptor Activator for Nuclear Factor κB Ligand	$[pM]$
OB_p	Ostéoblaste précurseur	$[pM]$
OB_a	Ostéoblaste actif	$[pM]$

OC_p	Ostéoclaste précurseur	$[pM]$
OC_a	Ostéoclaste actif	$[pM]$
Ocy	Ostéocyte	$[pM]$
D_{OB_u}	Coefficient de différenciation des cellules mésenchymateuses	$[pM.jour^{-1}]$
D_{OB_p}	Coefficient de différenciation des ostéoblastes précurseurs	$[pM.jour^{-1}]$
A_{OB_a}	Coefficient d'apoptose des ostéoblastes actifs	$[pM.jour^{-1}]$
D_{OC_p}	Coefficient de différenciation des ostéoclastes précurseurs	$[pM.jour^{-1}]$
A_{OC_a}	Coefficient d'apoptose des ostéoclastes actifs	$[pM.jour^{-1}]$
BMU	Bone Multicellular Unit	$[pM]$
BV	Bone Volume = Volume osseux produit ou résorbé	$[cm^{-2}]$

Introduction générale

L'évolution du niveau de vie dans notre société induit inévitablement une augmentation de la durée de vie. Or notre masse osseuse évolue en fonction de notre âge (Heersche, Bellows et al. 1998). Elle atteint son maximum pendant l'ostéogenèse, vers 30 ans, puis elle diminue progressivement lors de l'ostéoclasie jusqu'à notre mort, c'est ce que l'on appelle l'ostéopénie. Ce phénomène de diminution de la masse osseuse associé à l'accumulation d'endommagement liée à l'activité physique, fragilise nos os au fil du temps, et donc augmente la probabilité de fracture lors d'une chute ou d'une activité plus intense qu'à l'habitude (George and Vashishth 2006).

L'ostéoporose est une "affection généralisée du squelette caractérisée par une masse osseuse basse et une altération de la microarchitecture du tissu osseux responsable d'une augmentation de la fragilité de l'os et, par conséquent, du risque de fracture" (définition agréée par l'OMS en 1992). C'est une pathologie favorisant l'ostéoclasie (résorption de l'os par mécanisme cellulaire) de manière supérieure à la normale. L'architecture et les propriétés structurales même de l'os se voient dégradées (Figure 1-1), ce qui provoque une diminution de la qualité osseuse (Boivin, Bala et al. 2008; Tobias 2009), et donc, une augmentation des risques de fractures, dites « fractures ostéoporotiques » (Court-Brown and Caesar 2006). Les fractures ostéoporotiques soulignent une fragilité anormale de l'os ; à contraintes égales, l'os ostéopénique de même "âge" que l'os sain présentera un risque de fracture plus important.

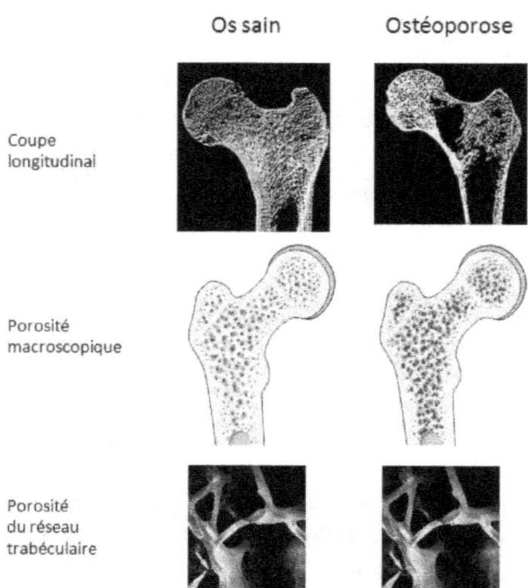

Figure 1-1 : Comparaison entre la structure osseuse d'un os sain et d'un os atteint d'ostéoporose (http://www.osteoporosis-surgery.com/osteo_evidence.htm, Servier Medical Art, http://www.medscape.org/viewarticle/555822).

En 1999 le coût total de prise en charge médicale des fractures ostéoporotiques s'élève à environ 197,544 millions d'euros (Levy, Levy et al. 2002). En 2004 et 2005 les coûts d'hospitalisation des fractures ostéoporotiques de l'extrémité supérieuree du fémur (ESF ou proximal) chez la femme s'élèvent respectivement à 410 366 732 euros et à 355 643 176 euros (Maravic, Taupin et al. 2007). De plus on estime que chaque année, depuis 1990, sur 50 000 fractures de l'ESF ostéoporotiques, 25 000 ne seront jamais traitées et que sur 50% des fractures non traumatiques (dites ostéoporotiques) des femmes de plus de 50 ans, seuls 35% sont traitées de façon thérapeutique (Briançon, de Gaudemar et al. 2004). Au total on évalue en France à environ 3 millions le nombre de femmes et 1 million le nombre d'hommes souffrant d'ostéoporose, pour un coût estimé à 1 milliard d'euros (Briançon, de Gaudemar et al. 2004). Les études menées montrent à quel point la situation actuelle vis-à-vis de cette maladie nécessite la mise en place d'un système de prévention par le développement d'outils de diagnostic de l'ostéoporose.

L'os est un matériau vivant qui présente deux phases de développement : l'une correspond à la croissance osseuse alors que l'autre correspond à sa dégénérescence. Toutefois, durant chacune de ces deux périodes l'os se remodèle en permanence par le maintien, l'augmentation ou la diminution de sa masse osseuse afin de s'adapter aux contraintes auxquelles il est soumis, à notre alimentation et à notre âge. L'ostéoporose étant une altération de ce remodelage osseux, il devient donc primordial de comprendre ce processus avant de développer ces dits outils. Si le remodelage osseux est dû principalement à l'activité cellulaire, cette activité est elle-même en partie fonction des forces directement exercées sur l'os (van der Meulen and Huiskes 2002) (Figure 1-2). On est donc en présence d'un problème multi-échelles puisqu'il combine l'influence de contraintes macroscopiques sur des cellules microscopiques. De plus, les cellules étant responsables de l'arrangement architectural et de la modification des paramètres mécaniques. Leur action au niveau microscopique a alors une conséquence à l'échelle macro. Cela illustre donc la part importante de la biologie (les cellules osseuses) et de la biochimie (fonctionnement de ces mêmes cellules). Véritablement, la dynamique cellulaire est un aspect fondamental dans le processus de remodelage puisque ce sont ces cellules qui se chargent de l'adaptation osseuse. Par conséquent une dégénérescence cellulaire liée à une pathologie, par exemple comme l'ostéoporose amène à une altération du processus de remodelage. Cela souligne alors deux mécanismes essentiels et intrinsèquement liés, qui sont les sollicitations mécaniques et la physiologie cellulaire.

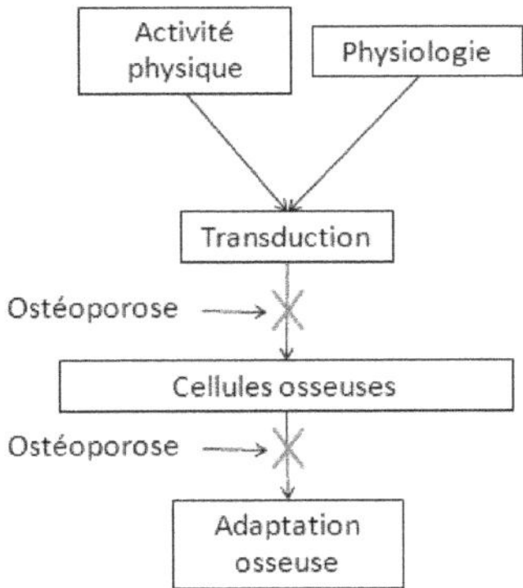

Figure 1-2 : Schéma représentant le principe du remodelage osseux

Ainsi, ces deux mécanismes déterminent ce que l'on appelle la qualité osseuse. Cette qualité reflète différents paramètres, notamment la macro et la microarchitecture (Le Corroller, Halgrin et al. 2011), la minéralisation osseuse (Hernandez, Beaupré et al. 2001), le nombre de microfissures (Nyman, Reyes et al. 2005) et le niveau de remodelage. Cependant, seule la mesure de la minéralisation osseuse à travers la densité permet, à l'heure actuelle, une estimation du risque de fracture. La mesure de la densité minérale osseuse (DMO) par absorptiométrie biphotonique à rayons X (ou *Dual X-ray°:* DXA) est actuellement la technique de référence de mesure de la densité osseuse. Basée sur le principe de l'absorption des rayons X par le tissu étudié, elle permet d'obtenir une image 2-D représentative de l'épaisseur des travées osseuses. Cette technique permet donc d'acquérir la répartition surfacique de la masse osseuse dénommée DMO (ou *Bone Mineral Density°*: BMD) en $g.cm^{-2}$. Sur la base de cette DMO, un groupe d'experts mandatés par l'Organisation Mondiale de la Santé (OMS) propose un critère définissant l'ostéoporose. Ce critère appelé *T-score* représente la différence en écart-types entre la densité osseuse mesurée et la densité théorique de l'adulte jeune de même sexe, au même site osseux et de la même origine ethnique (Heersche, Bellows et al. 1998).

- $T\ score > -1°$: densité normale
- $-2.5 < T\ score < -1°$: ostéopénie
- $T\ score \leq -2.5°$: ostéoporose
- $T\ score \leq -2.5$ avec une ou plusieurs fractures°: ostéoporose sévère

Ce critère constitue l'unique élément de diagnostic de l'ostéoporose. Cependant, moins de 50% des patientes ayant un $T\ score \leq -2.5$ développent une fracture (Tobias 2009). Cela met en lumière les limitations de la prédiction du risque de fracture à travers la DMO mesurée par DXA. En effet, comme on la vue la seule connaissance de la DMO ne suffit pas à définir la qualité osseuse puisque la macro et la microarchitecture, la présence de microfissures et le niveau de remodelage participent à la définition de cette qualité. Par conséquent, il est nécessaire de développer des outils permettant une meilleure connaissance de l'architecture osseuse dans sa globalité et du niveau de remodelage. Ainsi, on constate que la résolution du problème est pluridisciplinaire puisqu'elle nécessite la résolution d'un certain nombre de problématiques scientifiques, mathématiques, numériques et techniques.

Tout d'abord nous devons résoudre des problématiques scientifiques en raison de la description des mécanismes d'actions cellulaires sur la formation/résorption osseuse ; le rôle de l'ostéocyte dans la régulation du remodelage ; la description des communications autocrines et paracrines ; les processus de mécano-transduction ; l'action des agents biochimiques (oxyde nitrique, hormone parathyroïdienne, etc.) dans la régulation des activités cellulaire. L'ensemble de ces questionnements implique la mise en place de nombreux essais cliniques, d'expérimentations animales et cellulaires complexes.

Mais également des problématiques mathématiques vis-à-vis de la mise en équation de ces mécanismes cellulaires, à l'aide notamment de systèmes d'équations différentielles. Cependant, le nombre croissant de paramètres intervenant dans la description des mécanismes, comme par exemple l'influence des stimuli mécaniques et des différents agents biochimiques, rendent de plus en plus difficiles leur mise en équation.

De plus, en raison des géométries complexes et des sollicitations en grande déformation, l'utilisation de lois de comportements analytiques triviales n'est plus possible. Pour cette raison, l'usage de méthodes numériques est nécessaire ; en particulier dans le cas des processus de mécano-transduction. En outre, la prise en compte du comportement mécanique de l'os, des populations cellulaires et du processus de transduction nécessitent des stratégies d'implémentation permettant de coupler l'ensemble de ces acteurs du remodelage osseux.

Enfin, des problématiques techniques puisque la finalité reste l'utilisation clinique des modèles en vue de prédire le risque de fracture pour différents types de scénarios (niveau d'activité physique et physiologique, régime alimentaire, etc.). Il est alors indispensable de les rendre simples d'utilisation et peu gourmands en paramètres ainsi qu'en ressources. Ainsi, des méthodes de dégradation et de simplification des modèles doivent être mises en place sans altérer les résultats à l'issue des différents scénarios possibles de remodelage.

L'étude des différents modèles d'adaptation osseuse de la littérature (cf. Chapitre 2) montre différentes approches permettant de prédire la répartition de la densité minérale osseuse ou encore des propriétés matériaux ; cependant, ces modèles ne couvrent pas la problématique dans sa globalité. En effet, un certain nombre de questionnements n'ont pas encore été abordés ; notamment la modélisation de la transduction et la prise en compte des activités cellulaires. Si certains modèles utilisent la densité d'énergie de déformation ou la mécano-transduction pour estimer le niveau de remodelage local, ou encore développent une description des activités cellulaires, la démarche visant à unifier l'ensemble des acteurs du remodelage (comportement mécanique, transduction et activité cellulaire) n'a pas été initiée. C'est précisément sur ce dernier aspect que se placent ces travaux de thèse.

On peut alors dégager cinq axes de développement du modèle : (i) la formulation d'un modèle mécanique de remodelage, (ii) la formulation d'un modèle de transduction, (iii) le développement d'un modèle cellulaire, (iv) le couplage entre les trois modèles précédents, (v) l'implémentation par éléments finis du modèle couplé. Cette stratégie de développement d'un modèle de remodelage peut s'illustrer par l'organigramme suivant :

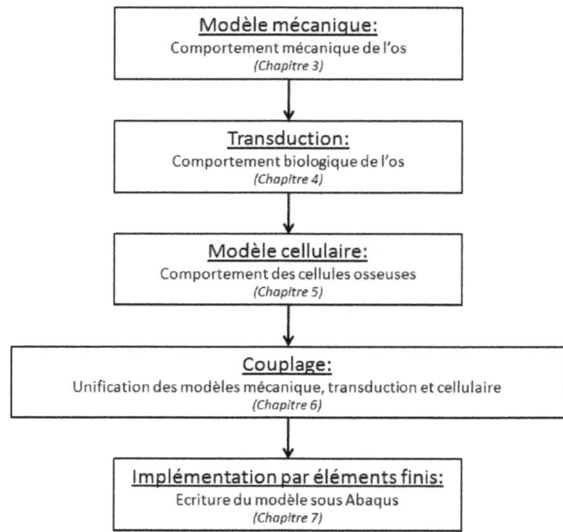

Figure 1-3 : Organigramme du développement du modèle de remodelage

Ainsi dans un premier temps, le Chapitre 1 a pour objet d'exposer les connaissances scientifiques vis-à-vis de la structure et de la composition de l'os. Dans un second temps, le Chapitre 2 se charge de faire l'état de l'art des théories et modèles traitant du remodelage osseux en vue d'en faire une synthèse et de proposer une démarche de développement du modèle relatif au sujet de cette thèse. Les deux premiers chapitres permettent donc de définir le vocabulaire nécessaire à l'étude et d'établir l'orientation du travail.

À la suite de cela, le Chapitre 3 permet de définir un modèle mécanique du comportement de l'os trabéculaire. Pour ce faire, on considère l'os comme un matériau inerte dont le comportement macroscopique est défini par un certain nombre de lois. Ces lois issues de la littérature font l'objet d'une validation déjà établie. Par la suite on prend en compte les facteurs intervenants dans l'évolution de ces propriétés telle que la minéralisation.

Ensuite, le Chapitre 4 se charge d'établir un modèle de transduction permettant le traitement d'un point de vue biologique des informations d'origines mécaniques et biochimiques. L'attention porte ici sur l'aspect sensoriel des cellules osseuses. En effet certaines cellules disposent de systèmes mécaniques et biologiques (mécano-biologique) leur donnant la possibilité de ressentir leur environnement afin d'y apporter une réponse adaptée. L'intérêt de cette partie réside essentiellement dans la prise en compte d'informations à la fois de sources mécaniques et biologiques. Ce chapitre permet donc l'étude des mécanismes de régulation du remodelage osseux.

Par la suite, le Chapitre 5 expose tout d'abord les différents modèles cellulaires de la littérature et en illustre les principaux avantages et inconvénients. Puis on se charge de choisir un modèle le plus complet possible en termes d'interactions entre les cellules de résorption et de formation osseuse. Le modèle devra être cohérent par rapport aux mécanismes réels de communication cellulaire.

Subséquemment, le Chapitre 6 traite du couplage entre les modèles mécanique, de transduction et cellulaire, afin de proposer un modèle mécano-biologique du remodelage local. Effectivement, l'architecture de l'os n'étant pas encore prise en compte, le modèle se cantonne aux informations locales et donc effectue le remodelage sur un volume élémentaire d'os trabéculaire, c'est-à-dire à la surface d'une travée.

Puis le Chapitre 7 propose un algorithme d'implémentation du modèle unifié dans une routine utilisateur grâce au logiciel d'analyse par éléments finis Abaqus®. L'utilisation de la routine utilisateur (UMAT) permet l'écriture de nos propres lois de comportement tout en utilisant le solveur déjà intégré dans le logiciel. L'usage de la simulation par éléments finis autorise la prise en compte de l'architecture de l'os et amène un niveau d'échelle supérieur puisque l'on passe du niveau microscopique (local) au niveau mésoscopique (réseau trabéculaire) jusqu'au niveau macroscopique, soit l'organe osseux, comme le fémur par exemple.

Enfin, le Chapitre 8 expose les quelques résultats de simulations mettant en œuvre le modèle de remodelage décrit au Chapitre 7. Trois modèles géométriques seront présentés dans l'objectif d'illustrer les potentialités du modèle de remodelage proposé selon différents scénarios : (i) un cas simple afin de valider la programmation du modèle et la conservation de ses propriétés vis-à-vis du stimulus mécanique et de l'action des agents biochimiques, (ii) une architecture mésoscopique 2-D d'un réseau trabéculaire dans le but d'étudier la réponse locale du modèle en fonction de l'amplitude du chargement mécanique et de la concentration de certains agents biochimiques, (iii) un volume virtuel de fémur 2-D en vue d'étudier le remodelage macroscopique en fonction du niveau d'activité physique, du type d'administration de l'hormone parathyroïdienne, et de l'effet d'un traitement médicale contre l'ostéoporose, ici l'Alendronate. Les simulations sur le fémur vont permettre d'observer le comportement du modèle vis-à-vis de scénarios plus proches des préoccupations cliniques.

Cette thèse porte donc sur la modélisation mécano-biologique du remodelage de l'os trabéculaire intégrant les activités cellulaires. L'étude se focalise tout particulièrement sur le couplage entre les différents acteurs du remodelage osseux. En cela, les travaux réalisés font état d'une des stratégies possibles de développement d'un outil de prédiction de la qualité osseuse. Afin de prendre en compte l'action des médicaments, nous avons fait le choix d'une description riche en mécanismes biochimiques cellulaires. Toutefois, le modèle ayant vocation à être utilisé en routine clinique à plus ou moins long terme une dégradation et une simplification du modèle doivent être envisagées par la suite. Ainsi, ce type de démarche est totalement ancré dans la problématique actuelle de santé au regard des chiffres annoncés plus haut et participe avec d'autres projets comme MATAIM, BIOPRO ou VPHOP à de meilleures compréhension et modélisation des mécanismes de remodelage osseux.

Chapitre 1 : Structure et histologie osseuse

Introduction

L'os est un matériau complexe de par son architecture, sa composition et son fonctionnement métabolique. En effet en tant que matériau vivant, l'os est soumis à de nombreuses contraintes mécaniques et physiologiques. Ces contraintes vont alors servir de critères pour initier l'adaptation osseuse. Ce chapitre a pour but de présenter et de caractériser la structure, la composition et les principes de formation/résorption osseux. Ainsi les différents types d'architectures osseuses seront détaillés, permettant d'identifier les caractéristiques de chacune. Ensuite le détail de leur composition sera abordé dans le but de connaître les éléments influant sur sa solidité, sa souplesse et son altération (vieillissement). Puis l'histologie de l'os sera traitée et permettra de caractériser les principales cellules intervenantes dans la dynamique de la formation et du remodelage osseux. Pour finir, avant de parler du principe et du fonctionnement du remodelage osseux en lui-même, les différents processus de formation et résorption osseux vont être développés pour permettre une meilleure compréhension du rôle de chacune des cellules intervenant dans la formation et la résorption osseuse.

1. Architecture osseuse

L'os est un tissu hautement organisé, au système métabolique très actif. Il est constitué de deux parties principales : l'une minérale (ou inorganique) représentant 65% de sa masse totale, composée majoritairement de cristaux d'hydroxyapatites ($Ca_{10}(PO_4)_6(OH)_2$) ; et l'autre organique, le collagène représentant 20% de sa masse totale, composé de deux protéines de nature collagénique et non collagénique. Les protéines collagéniques de l'os sont principalement de type I (environ 90 %). Ce sont des molécules triple hélice disposées de manière à fournir l'élasticité à l'os (Figure 1-1). Cet ensemble appelé procollagène constitue la phase organique sécrétée par certaines cellules osseuses et résorbée par d'autres. Elle a la particularité de pouvoir se minéraliser avec le temps, processus qui sera détaillé plus loin.

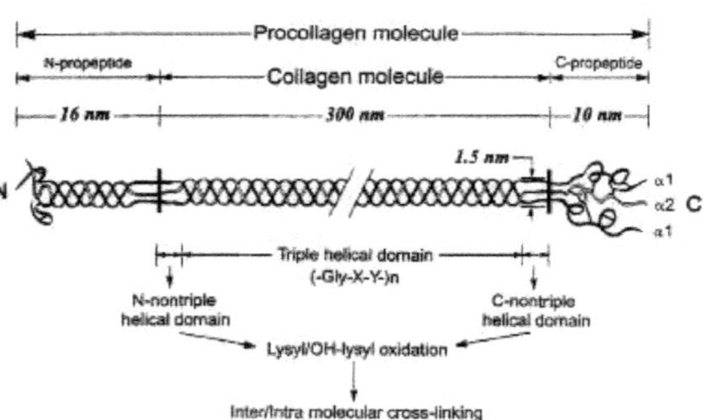

Figure 1-1: Structure d'une molécule de collagène d'après (Nyman, Reyes et al. 2005).

Il existe plus de deux cents types de protéines non collagéniques qui composent 10 % de la phase organique de l'os. Elles sont composées, entre autres, d'ostéocalcine synthétisée par les cellules osseuses qui forment l'os, d'ostéonectine qui lie les molécules de collagène avec l'hydroxyapatite et joue un rôle important dans la phase de minéralisation osseuse, et de protéoglycan dont le rôle n'a pas encore totalement été élucidé. Le reste (environ 15%) étant formé d'eau et de divers autres composants. Le système osseux a deux missions essentielles. La première est d'ordre mécanique puisqu'elle consiste en une structure rigide (le squelette) servant de support à nos muscles afin de nous permettre de nous mouvoir, tandis que la deuxième est physiologique puisqu'elle vise à réguler, entre autres, les taux de phosphate et de calcium (Ca) dans le corps par le biais de l'homéostasie.

Le squelette humain est constitué de trois types d'os que l'on peut distinguer sur la Figure 1-2 :

- longs
- plats
- courts

Les os « longs » ont une dimension très supérieure aux deux autres : fémur, humérus, tibia.

Les os « plats » ont une dimension très inférieure aux deux autres : scapula, os du crâne, iliaque.

Les os « courts » ont leurs trois dimensions similaires : os du carpe, du tarse, vertèbres.

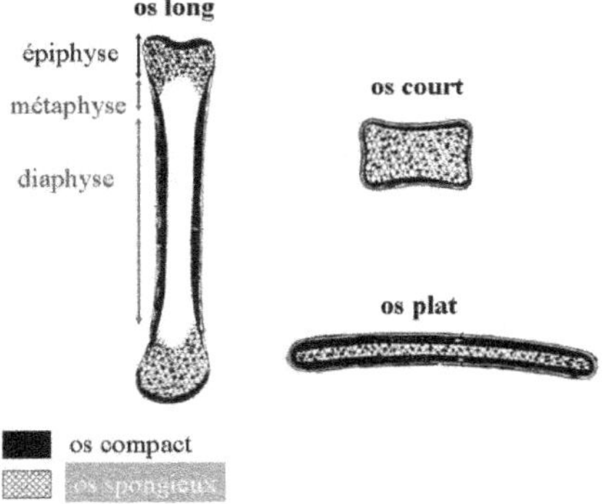

Figure 1-2 : Représentation des trois types d'os que l'on trouve dans le corps humain, longs, courts et plats.

Bien que tous les os aient une structure similaire et donc que le sujet de cette thèse puisse s'appliquer à n'importe quel type d'os, il a été choisi de porter cette étude sur les os longs. Plus précisément le fémur et cela pour plusieurs raisons. Tout d'abord, avec le poignet et les vertèbres le fémur représente l'un des principaux sites de fracture ostéoporotique. Ensuite il constitue un très bon exemple chirurgical, dans la mesure où les opérations de prothèses de hanches et de genoux se pratiquent directement sur le fémur. De plus, c'est également sur lui que porte la majeure partie des cas d'études du remodelage osseux.

La figure suivante (Figure 1-3) illustre les différentes parties qui composent le fémur. On observe que la plupart des termes ont une racine commune qu'est la « physe ». Étymologiquement ce mot vient du grec *fusiv* qui veut dire « naître », « croître ». On comprend donc que la physe désigne la partie originelle de l'os. De là, on peut alors construire un ensemble de termes autour de cette racine. La diaphyse représente l'allongement de la partie centrale de l'os entourant la cavité médullaire et est comprise entre les deux métaphyses. La métaphyse, elle, représente la partie de l'os comprise entre la diaphyse et l'épiphyse. Elle contient le cartilage permettant à l'os de grandir durant l'adolescence. Une fois l'âge adulte atteint, la ligne épiphylle (Figure 1-4) marque la séparation entre la métaphyse et l'épiphyse. L'épiphyse est faite de tissu trabéculaire et elle s'articule avec les os voisins par l'intermédiaire du cartilage qui l'entoure. On remarque deux métaphyses et deux épiphyses, l'une proximale et l'autre distale, par référence à leur position par rapport au centre du corps. À l'intérieur de l'os, dans la cavité médullaire, est contenue la moelle jaune qui contient, entre autres, les nerfs, les artères et les veines. L'endoste et le périoste représentent respectivement la surface interne et externe de l'os. L'endoste forme la cavité médullaire alors que le périoste enveloppe l'os dans sa totalité, excepté au niveau des articulations. C'est sur le périoste que se fixent les muscles et les ligaments. Il contribue principalement à l'épaisseur et à la croissance de l'os, car il est particulièrement bien vascularisé.

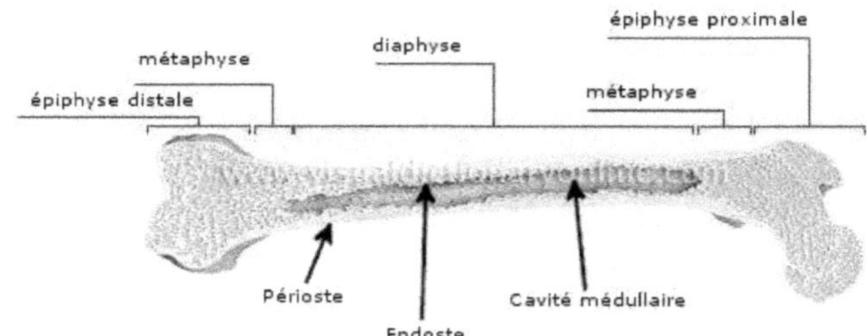

Figure 1-3 : Représentation des différentes parties anatomiques qui composent un os long, ici le fémur. La diaphyse représente la partie centrale de l'os. A chaque extrémité on retrouve les métaphyses suivies des épiphyses qui servent de surface articulaire (http://visual.merriam-webster.com/human-being/anatomy/skeleton/parts-long-bone.php).

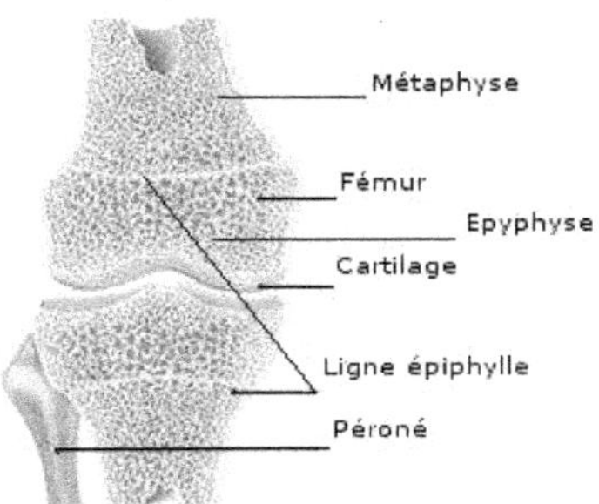

Figure 1-4 : Représentation de la ligne épiphylle sur la partie distale du fémur. La ligne épiphylle marque la séparation entre la métaphyse et l'épiphyse une fois la croissance achevée (http://213.139.108.123/media/images/planches_anatomiques/rhumatologie/arthrose_du_genou_legendee).

2. Microarchitecture osseuse

À l'échelle cellulaire, il existe deux mécanismes de formation du tissu osseux : les ossifications intramembranaire et endochondriale. Le premier mécanisme, comme son nom l'indique, est chargé de transformer le tissu membranaire en tissu osseux, tandis que le second ossifie le tissu cartilagineux. Durant chacun des deux processus on rencontre deux formes de tissus osseux différents. La première forme est appelée « os primaire » et a la particularité de n'avoir aucune orientation particulière des fibres de collagène ; elle a donc une structure isotrope. Durant la réorganisation et la croissance de l'os, la forme primaire sera progressivement remplacée par l'os secondaire (lamellaire) qui, lui, a la particularité d'avoir une orientation privilégiée des fibres de collagène. Cependant, en fonction de la localisation, on distinguera deux architectures osseuses différentes (Figure 1-5) : l'os cortical et l'os trabéculaire (ou spongieux) qui font suite à l'ossification primaire et secondaire.

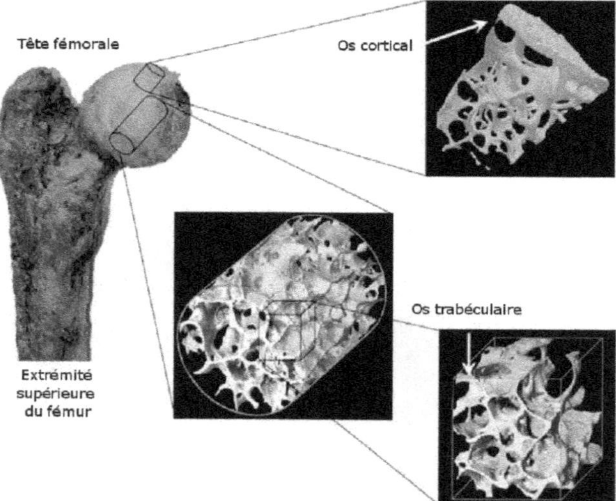

Figure 1-5 : Carottage *ex vivo* d'une tête fémorale principalement constituée d'os trabéculaire, recouvert d'une enveloppe d'os cortical. Cependant au niveau du col l'os cortical est responsable de 93% de la résistance mécanique totale – C.-L. Benhamou, G. Y. Rochefort, L.E.N. Médical INSERM U658.

Avant de détailler la composition et la structure spécifique des deux architectures osseuses matures que sont l'os cortical et l'os trabéculaire, il peut être intéressant de brosser les différents niveaux d'échelle que l'on peut rencontrer (Figure 1-6) et (Tableau 1-1). Cela commence par le niveau macroscopique qui correspond au segment osseux dans son intégralité, ici le fémur. Ensuite, le niveau mésoscopique concerne la structure osseuse caractérisée par les architectures corticale et trabéculaire. Puis l'échelle microscopique où le tissu osseux est composé des lamelles de collagène et enfin le niveau cellulaire. Ce dernier niveau sera abordé au cours de ce chapitre et davantage détaillé à la section 4.1 traitant de l'histologie osseuse.

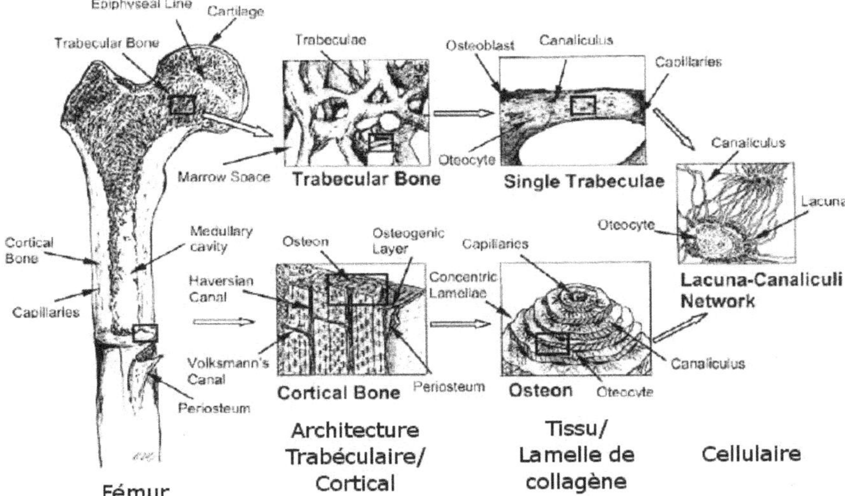

Figure 1-6 : Panorama de la structure osseuse à différentes échelles concernant les architectures corticale et trabéculaire dans un fémur d'après Topics in Tissu Engineering 2003. Eds. N. Ashammakhi & P. Ferretti.

Tableau 1-1: Tableau brossant les différents niveaux d'échelle que l'on rencontre dans les architectures corticale et trabéculaire (Liebschner MA 2003).

Niveau	Dimension
Fémur	$3 - 750\ mm$
Architecture	
• *Réseau trabéculaire*	$75 - 200\ \mu m$
• *Ostéon*	$100 - 400\ \mu m$
Tissu	
• *Travée*	$20 - 75\ \mu m$
• *Canaux de Havers/Volkmann*	$20 - 100\ \mu m$
Lamelle de collagène	
• *Trabéculaire*	$1 - 20\ \mu m$
• *Cortical*	$3 - 20\ \mu m$
Cellulaire	
• *Trabéculaire*	$0.06 - 0.4\ \mu m$
• *Cortical*	$0.06 - 0.6\ \mu m$

2.1. L'os cortical

L'os cortical, ou os compact, est composé d'une structure appelée système de Havers ou encore ostéons. Ces ostéons (Figure 1-7) d'environ $100 - 400\,\mu m$ de diamètre sont fait de 4 à 20 lamelles de fibres de collagène concentrique rond ou ovale disposées de manière parallèle par rapport à la diaphyse. À l'intérieur de chaque canal de Havers, d'un diamètre moyen de $50\,\mu m$, on trouve des nerfs et des vaisseaux sanguins. Chaque canal communique avec les canaux de Volkmann, d'environ $50\,\mu m$ de diamètre, qui sont disposés de manière transverse entre les canaux de Havers. Les ostéocytes (cellules régulant l'activité osseuse) sont disposés dans des lacunes de manière circonférentielle par rapport aux canaux de Havers et parallèle aux lamelles (Figure 1-8). Elles sont interconnectées grâce à leurs cytoplasmes, appelés « filopodia », contenus dans les canalicules de diamètre d'environ $0.1\,\mu m$. L'os cortical présente une très faible porosité allant de 0.05 à 0.10 [−]. Il forme environ 80% du squelette en termes de masse et de volume. On le trouve aussi bien dans les os plats, que dans les os longs entourant l'os trabéculaire.

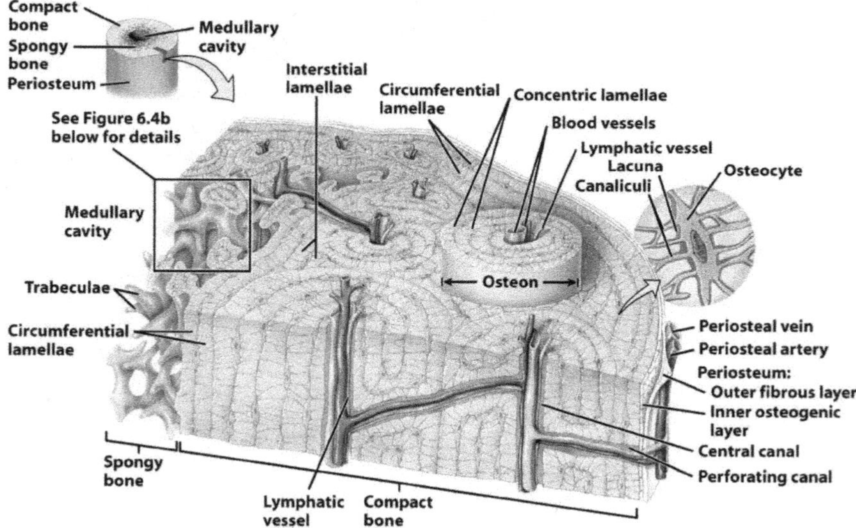

Figure 1-7 : Représentation de l'os cortical composé de couches de collagène enroulées sur elles-mêmes appelées ostéons. Au centre de chaque ostéon dans les canaux de Havers et de Volkmann sont disposés les vaisseaux sanguins et lymphatiques qui alimentent les cellules de la matrice osseuse.

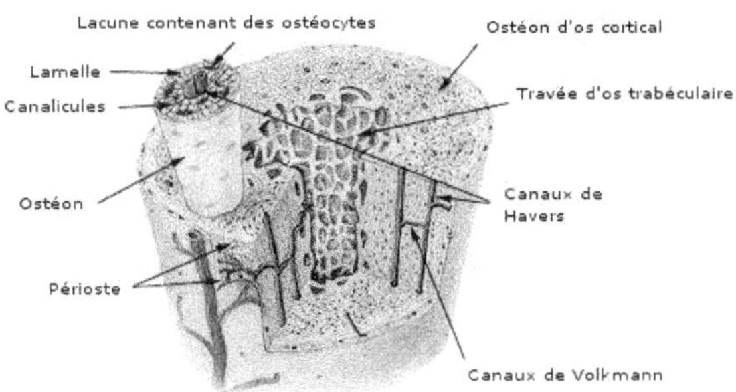

Figure 1-8 : Représentation des canaux de Volkmann et de Havers dans l'os cortical. Les canaux de Volkmann sont disposés verticalement et sont connectés entre eux grâce aux canaux de Havers (U.S. National Cancer Institute's Surveillance, Epidemiology and End Results (SEER) Program).

2.2. L'os trabéculaire

L'os trabéculaire (Figure 1-9), appelé encore os spongieux, est une structure très poreuse qui varie entre 0.75 et 0.95 [−]. Il est composé d'un enchevêtrement de travées minéralisées d'environ 50 µm d'épaisseur. L'espace entre les travées est comblé par de la moelle osseuse Cette structure a l'avantage de fournir un maximum de surface pour l'activité métabolique de l'os (le remodelage) ; ce qui illustre parfaitement la loi de Wolff qui prédit une orientation et une adaptation du réseau en fonction des directions des contraintes principales. Ainsi, ce type de réseau permet une forte résistance osseuse sans le handicap de la masse, puisque la limite élastique de l'os trabéculaire ($\sigma_y = 84.9MPa$) n'est que d'environ 15% inférieure par rapport à celle de l'os cortical pour une masse ne représentant que 25% de l'os cortical (Bayraktar, Morgan et al. 2004).

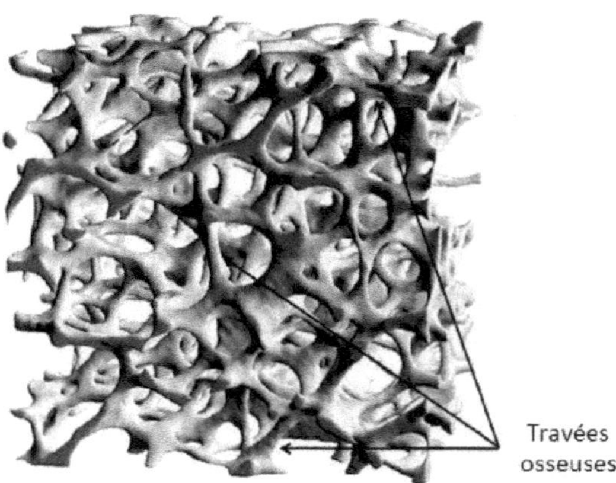

Figure 1-9 : Image 3D de l'architecture trabéculaire. La moelle n'est pas représentée puisque l'os est nettoyé et dégraissé avant numérisation afin de simplifier la segmentation de l'image une fois acquise. On distingue aisément la complexité de l'architecture trabéculaire formée par un enchevêtrement de travées (http://dmse.mit.edu/news/prof-gibson-wulff-lecture).

L'os étant un matériau vivant, sa structure ainsi que son architecture évoluent au cours de la vie. Ce processus, appelé « remodelage osseux », peut être altéré et amener certaines dégradations de l'architecture osseuse, en particulier l'architecture trabéculaire dont l'activité cellulaire y est plus intense. Sur la Figure 1-10, on peut observer un amincissement des travées diminuant ainsi les propriétés mécaniques de l'os trabéculaire et pouvant aller jusqu'à la déconnexion totale. De même, si l'on prend une surface de l'os trabéculaire, cette surface peut être amenée à se perforer jusqu'à la création d'une fenêtre.

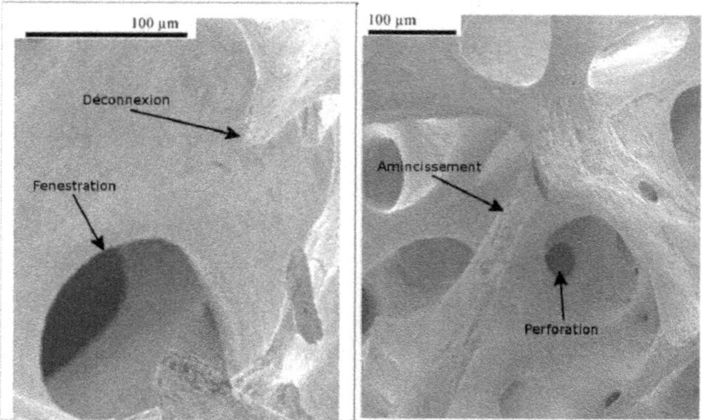

Figure 1-10 : Zoom sur le réseau trabéculaire d'un fémur humain à l'aide d'un microscope électronique à balayage. On y décèle différentes caractéristiques liées au déséquilibre du remodelage osseux au cours de l'ostéoporose. Ces déséquilibres donnent naissance à la création d'un trou (fenestration ou perforation), la diminution ou la suppression d'une travée (amincissement et déconnexion). C.-L. Benhamou, G. Y. Rochefort, L.E.N. Médical INSERM U658.

L'os trabéculaire est également composé de lamelles de fibres de collagène. Mais contrairement à l'os cortical, ces lamelles ne sont pas enroulées sur elles-mêmes, mais sont disposées en couches et sont empilées les unes sur les autres à la manière des couches stratifiées (Figure 1-11). Entre ces couches sont disposés les ostéocytes de la même manière que pour l'os cortical. Ces cellules vont communiquer entre elles par l'intermédiaire de canalicules à travers la matrice de collagène.

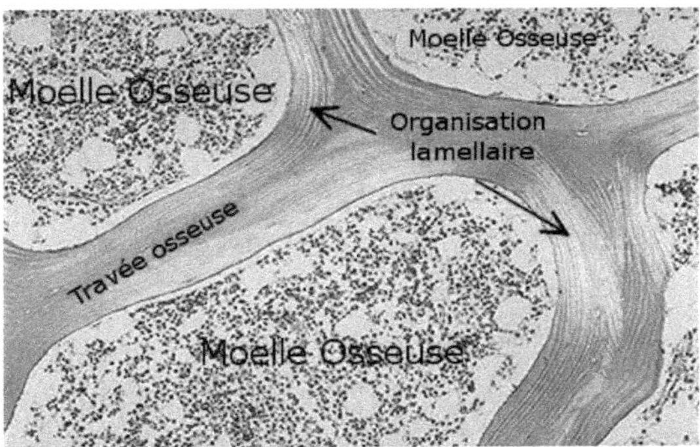

Figure 1-11 : Organisation lamellaire de travées composant l'os trabéculaire. On remarque que, contrairement à l'os cortical, l'os trabéculaire est composé de lamelles de collagène, mais disposées en couches lamellaires (http://wwwold.path.utah.edu/classes/webpath/histhtml/normal/norm003.htm).

Tout comme pour l'os cortical, entre chaque couche de lamelle de collagène se trouvent les ostéocytes que l'on peut distinguer sur la Figure 1-12. Les ostéocytes sont donc présents dans toute la structure de l'os trabéculaire. À l'instar de l'os cortical, et cela sera détaillé plus tard à la section 4.1, les ostéocytes disposent de « bras » appelés dendrites qui leurs permettent de communiquer entres eux. Ainsi on parle de réseau ostéocytaire, que l'on décèle aisément sur la Figure 1-7 qui schématise l'os cortical. La Figure 1-12 ne permet pas de distinguer de telles connexions en raison de leur très petite taille, inférieure à 0.1 μm.

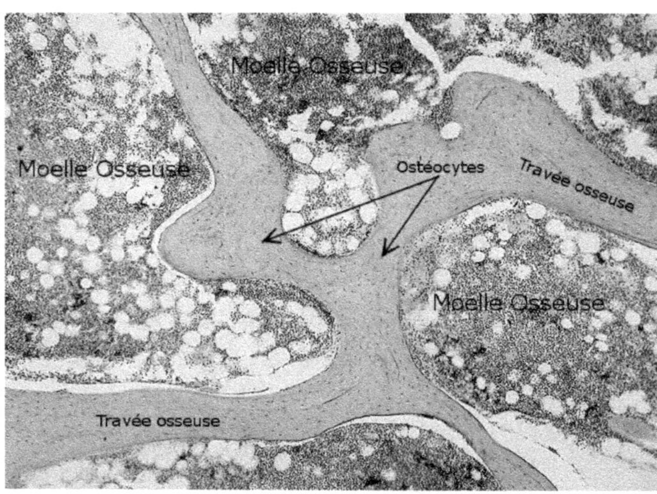

Figure 1-12 : Mise en lumière de la présence d'ostéocytes disposés entre les lamelles de collagène dans les travées de l'os trabéculaire. Les ostéocytes sont interconnectés entre eux grâce à leurs dendrites qui sont trop petites pour être représentées ici (Department of Histology, Jagiellonian University Medical College).

3. Composition de la structure osseuse

3.1. Partie solide : le tissu osseux

Les principaux constituants de l'os ont déjà été vus au début de ce chapitre ; le premier organique, l'autre minéral et le reste étant de l'eau et divers constituants. Leur composition et leur rôle dans le maintien de l'intégrité osseuse sont détaillés ci-dessous :

- Matrice organique (20%) :

Le collagène est une protéine qui peut s'organiser en fibres. Il existe différents types de collagène, mais dans les os le type I est le plus répandu. Il sert de substrat pour les cristaux minéraux, mais surtout, c'est le collagène qui donne à l'os sa résistance à la tension. De plus, les matériaux non collagéniques de la matrice organique se chargent des fonctions cellulaires de l'os.

- Matrice inorganique ou minérale (65%) :

Les cristaux d'hydroxyapatites $Ca_{10}(PO_4)_6(OH)_2$ composent la matrice minérale et ont une structure en forme de barre, de dimensions $5 \times 5 \times 40\,nm$. Ces cristaux prennent forme lors des phases de minéralisation de l'os.

Cette partie est le réservoir minéral (de calcium et phosphore) et il contribue pour une grande part au bon fonctionnement métabolique des cellules du corps. C'est cette matrice qui est responsable de la capacité de l'os à la résistance en flexion et en compression.

- Eau + divers (15%)

L'eau et divers composants, tels que le sodium, le magnésium, ou encore le fluor, participent à l'équilibre chimique de la composition osseuse.

Ainsi c'est l'association de ces constituants qui font de l'os un matériau rigide et souple à la fois, lui permettant de s'adapter aux contraintes de la vie liées à notre alimentation, notre médication et surtout à notre activité physique plus ou moins importante.

3.2. Partie molle : la moelle

La moelle osseuse est contenue dans tous les os excepté ceux de l'oreille interne. Elle comble les cavités des os longs et la porosité des structures trabéculaires. On rencontre deux types de moelles osseuses :

- La moelle rouge est présente dans les os plats et les petits os. Cette moelle active a pour fonction de synthétiser les éléments sanguins essentiels tels que les globules rouges, les globules blancs et les plaquettes à partir de cellules simples (immatures) que l'on appelle cellules souches composant la moelle osseuse. Cette synthèse est appelée hématopoïèse. Ce processus apparaît dans tous les os lors de leur naissance. Au cours de la croissance la moelle osseuse rouge, et donc l'hématopoïèse, se concentre dans les vertèbres, les côtes, les os du crâne et les extrémités proximales et distales des os longs. Ainsi chez l'adulte elle ne représente plus que 50% du volume médullaire total, le reste étant comblé par la moelle jaune. Elle contient également les cellules des tissus conjonctifs qui seront détaillées dans la section 4.1.
- La moelle jaune graisseuse est présente dans les os longs et est principalement constituée de cellules adipocytes et très peu de cellules de moelle active. Cette moelle joue un rôle primordial d'un point de vue métabolique en tant que réserve d'énergie. Ces cellules sont sphériques et mesurent de 30 à 50 μm de diamètre.

4. Histologie de l'os

4.1. Cellules osseuses

Le tissu conjonctif est le tissu le plus représenté dans l'organisme humain. Ses nombreuses fonctions et sa grande diversification sur le plan morphologique en font un des tissus les plus importants de notre corps. Cependant, toutes les cellules du tissu conjonctif dérivent des cellules mésenchymateuses. Les cellules mésenchymateuses sont les principales cellules du développement, car elles sont totipotentes de la différenciation conjonctive et musculaire. Ce sont des cellules souches capables de se différencier en de nombreux tissus. Ainsi, on peut classifier les tissus conjonctifs non spécialisés des tissus conjonctifs spécialisés suivant le Tableau 1-2.

Tableau 1-2 : Classification des Tissus Conjonctifs (T.C.)

Tissus conjonctifs non spécialisés :	Tissus conjonctifs spécialisés :
T.C. embryonnaires : • Mésenchymateux • Gélatineux T.C. fibreux : • Lâche • Dense : ○ Orienté ○ Non orienté T.C.Réticulé	T.C. Adipeux Tissus Squelettiques : • Tissus cartilagineux • Tissus osseux Tissu sanguin

Afin d'assurer à l'os un développement et une adaptation continue, il est nécessaire qu'il puisse avoir à disposition un certain nombre de cellules actives. Ces cellules sont présentes dans la moelle osseuse et sont recrutées à mesure de leur nécessité. Il existe cinq cellules principales servant au modelage et au remodelage osseux dont on peut décrire leurs fonctions, leurs origines et quelques-unes de leurs caractéristiques :

- La cellule ostéogénique (Figure 1-13) est une cellule embryonnaire dérivée de la cellule mésenchymateuse qui est la cellule percussive de toute cellule formant les tissus conjonctifs. Lorsque survient la mitose des cellules ostéogéniques, il en résulte la création de cellules filles appelées ostéoblastes. Grâce à leurs prolongements cytoplasmiques et au travers des canalicules intra-osseux elles peuvent entrer en contact avec les ostéocytes les plus superficiels.

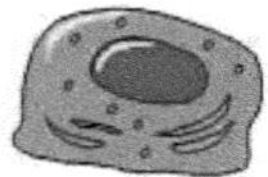

Figure 1-13 : Schéma d'une cellule ostéogénique.

- L'ostéoblaste (Figure 1-14) est une cellule ne pouvant se reproduire. Il est responsable de la formation osseuse. Il a une origine mésenchymateuse, évolue à la surface de la matrice osseuse, possède une forme ovale et mesure environ $20 - 30\,\mu m$. Il sécrète du tropocollagène qui est un précurseur de la fibre de collagène qui constituera la trame ostéoide, une substance organique. D'autres constituants essentiels ainsi que des facteurs de croissance osseux sont issus de la sécrétion de l'ostéoblaste. Une fois l'ostéoide déposé, une phase de minéralisation s'opère comme cela sera détaillé dans le Chapitre 2.

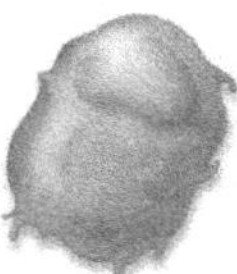

Figure 1-14 : Schéma d'une cellule ostéoblaste (http://imueos.wordpress.com/2010/09/29/bone-physiology/).

- La cellule bordante (Figure 1-15) est un ostéoblaste inactif qui s'aplatit et repose à la surface de l'os. Son rôle demeure encore à élucider mais elle participe à la régulation du passage de calcium rentrant et sortant de l'os et contribue probablement à la transmission des signaux issus des ostéocytes permettant de recruter les ostéoblastes/ostéoclastes.

Figure 1-15°: Schéma d'une cellule bordante (http://imueos.wordpress.com/2010/09/29/bone-physiology/).

- L'ostéocyte (Figure 1-16) est un ostéoblaste ayant été isolé dans la matrice osseuse qu'il a déposé autour de lui-même, ainsi il mesure également $20 - 30\,\mu m$ de long. Cette cellule a stoppé la production de matière osseuse mais joue un rôle primordial dans le maintien de l'activité cellulaire visant à l'adaptation et la réparation du tissu osseux autour d'elle. L'ostéocyte a la particularité de posséder des « bras », qui sont des prolongements cytoplasmiques, que l'on appelle dendrites (Figure 1-16). Ces dendrites contenues dans les canalicules permettent aux ostéocytes de communiquer entre eux en formant un réseau ostéocytaire (Figure 1-17). Par ces dendrites transitent de multiples informations d'origine mécanique ou biochimique comme cela sera vu au Chapitre 4.

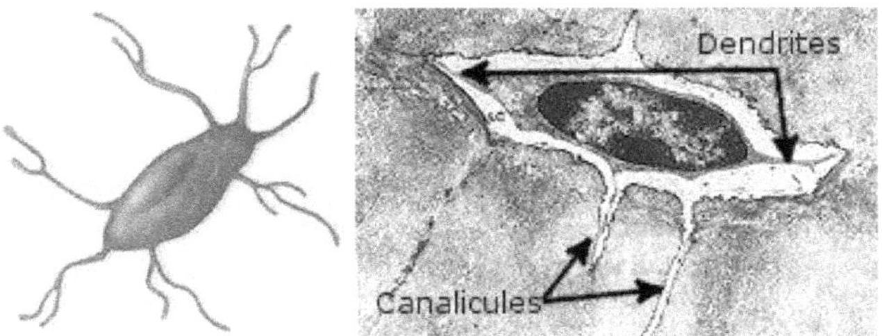

Figure 1-16 : Schéma d'une cellule ostéocyte représentant les canalicules dans lesquelles sont contenus les dendrites servant d'axone de communication entre les ostéocytes (http://imueos.wordpress.com/2010/09/29/bone-physiology/; http://www.visualhistology.com/Visual_Histology_Atlas/VHA_Chpt6_Bone.html).

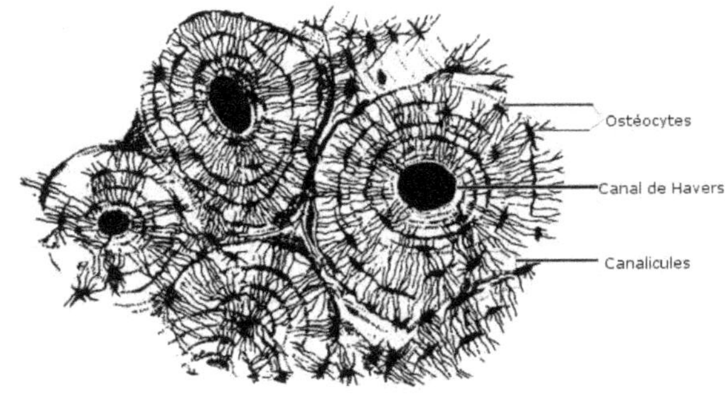

Figure 1-17 : Image au microscope d'un réseau ostéocytaire autour d'ostéons dans l'os cortical (http://bookdome.com/health/anatomy/Human-Body/The-Histology-Of-Bone.html).

- L'ostéoclaste (Figure 1-18) est issu de la fusion de monocytes dans l'endoste. Fusion pouvant aller jusqu'à 50 cellules. Les monocytes sont des globules blancs qui passe du sang vers les tissus dans le but d'éliminer et de digérer les débris et corps étrangers de l'organisme. Les monocytes sont issus de la moelle osseuse et par fusion donnent naissance aux macrophages qui eux-mêmes en fusionnant vont donner naissance aux pré-ostéoclastes qui à leur tour vont fusionner pour créer les ostéoclastes. D'une dimension d'environ $40 - 50\,\mu m$, l'ostéoclaste se trouve à la surface de l'os et le résorbe. Il sécrète des acides organiques qui solubilisent les sels de calcium ainsi que des enzymes qui résorbent la matière organique osseuse. De plus, il comporte des récepteurs servant à réguler son activité. Par son action, l'ostéoclaste détruit la matrice osseuse et relâche ainsi des ions dans le système circulatoire servant à divers fonctionnements physiologiques, tels que la contraction musculaire, la transmission des impulsions nerveuses, la régulation acido-basique des fluides corporels.

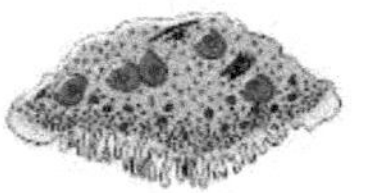

Figure 1-18 : Schéma d'une cellule ostéoclaste
(http://www.smartdraw.com/examples/view/bone+cell+types+of+the+skeletal+system/).

Le binôme ostéoblaste-ostéoclaste, où l'ostéoblaste forme alors que l'ostéoclaste résorbe, qui est donc le couple en charge de l'exécution du remodelage osseux, est également appelé BMU pour "Bone Multicellular Unit" (Compston 2002).

4.2. Processus de formation osseuse

Comme il a été mentionné plus haut, il existe deux processus d'ossification ou de formation osseuse en fonction du type tissulaire sur lequel on se base (membrane, cartilage). On propose maintenant de voir plus en détail la manière dont l'os se forme plutôt que le résultat (cortical ou trabéculaire) qui est uniquement fonction de l'emplacement dans le segment osseux sur lequel on se trouve (diaphyse, épiphyse, endoste, périoste). Il est à noter que, pour tout processus de formation osseuse, une phase de minéralisation intervient afin de minéraliser l'os au cours du temps en le rendant plus dense. Voici les principales sources ayant permis de rédiger cette section :

- http://www.mc.vanderbilt.edu/histology/labmanual2002/labsection1/boneform&synovialjoints03.htm
- http://ect.downstate.edu/courseware/histomanual/bone.html
- http://massasoit-bio.net/courses/201/201_content/topicdir/skeletal/skeletal_RG/skeletal_RG5/skeletal_RG5.html
- http://apbrwww5.apsu.edu/thompsonj/Anatomy%20&%20Physiology/2010/2010%20Exam%20Reviews/Exam%202%20Review/Ch%206%20Modes%20of%20Ossification.htm

4.2.1. Ossification intramembranaire

Principalement dédié au développement des os plats, il a également lieu pour la croissance des petits os et l'élargissement des os longs. Ce processus d'ossification se déroule dans une membrane composée de cellules mésenchymateuses qui sont des cellules de tissus conjonctifs embryonnaires (des cellules non spécialisées). Il a lieu tant que toute la membrane n'est pas complètement ossifiée. Ainsi dans ce centre d'ossification les cellules se transforment en cellules ostéoblastes qui commencent à déposer la matrice organique de l'os, la matrice ostéoide (Figure 1-19).

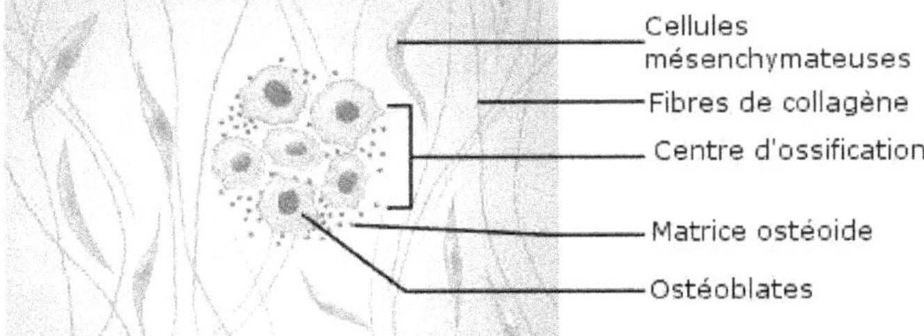

Figure 1-19 : Première phase d'ossification intramembranaire (Copyright © 2010 Pearson Education, Inc.).

Cette matrice minéralise et entoure les ostéoblastes qui se retrouvent localisés dans les lacunes de la matrice et se transforment en ostéocytes. Ce processus donne sa dureté à l'os (Figure 1-20).

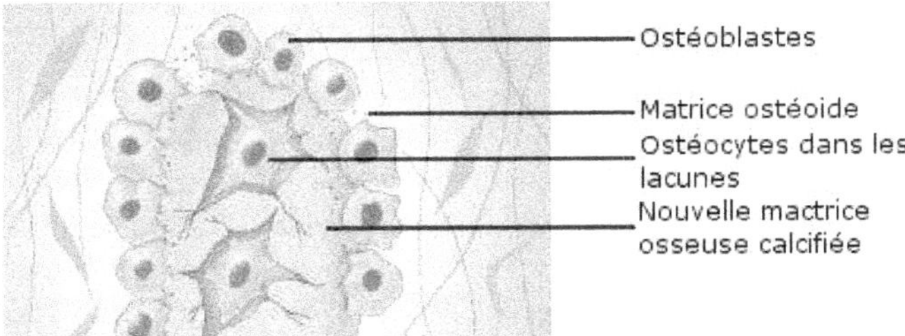

Figure 1-20 : Seconde phase d'ossification intramembranaire (Copyright © 2010 Pearson Education, Inc.).

C'est cette matrice que l'on nomme « os primaire » et qui est dénuée de toute orientation. Après fusion de cette matrice l'os trabéculaire émerge, et il s'en suit une angiogénèse, c'est-à-dire la création de capillaires sanguins, dans le réseau de travées, et la moelle osseuse rouge prend place au milieu des travées (Figure 1-21).

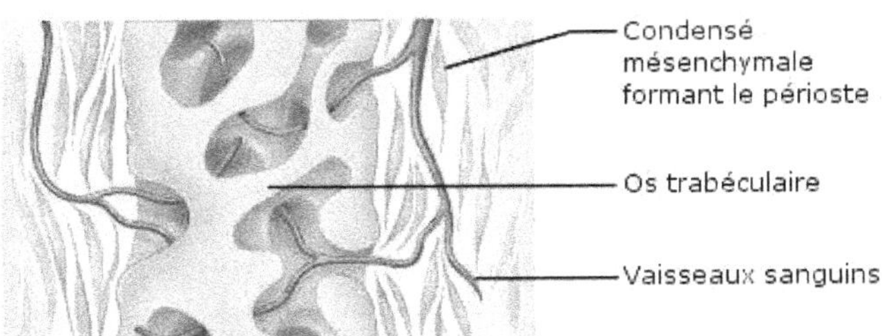

Figure 1-21 : Troisième phase d'ossification intramembranaire (Copyright © 2010 Pearson Education, Inc.).

Durant le période de réorganisation, l'os trabéculaire primitif se transforme en os trabéculaire mature (lamellaire), et le périoste se forme grâce à la surface mésenchymateuse. Les os plats ainsi que les os longs comportent des marqueurs en leurs surfaces superficielles internes et externes (respectivement endoste et périoste) favorisant la création plutôt que la résorption du tissu osseux, ce qui a pour conséquence la formation du tissu cortical à la place du tissu trabéculaire (Figure 1-22).

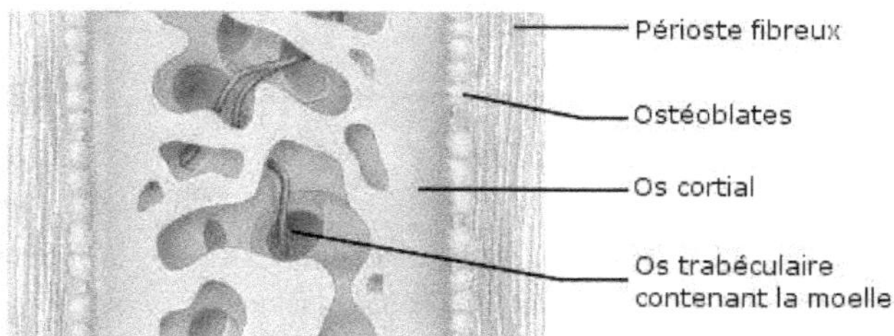

Figure 1-22 : Quatrième phase d'ossification intramembranaire (Copyright © 2010 Pearson Education, Inc.).

4.2.2. Ossification endochondrale

Ce processus est principalement associé au développement fœtal, à la croissance de l'os jour après jour et à la réparation des fractures. Ce type de formation osseuse s'illustre particulièrement pour le développement des os courts et des os longs. Cette ossification a lieu sur le cartilage hyalin qui est un tissu connectif dense composé de cellules spécialisées appelées « chondrocytes » produisant en grande partie de la matrice extracellulaire à base de fibres de collagène.

La partie cartilagineuse hyaline (modèle) étant déjà une ébauche de la forme finale de notre os, les cellules mésenchymateuses s'hypertrophient et dégénèrent, ce qui provoque la calcification et le développement de la membrane, le périchondrium, entourant le cartilage (Figure 1-23).

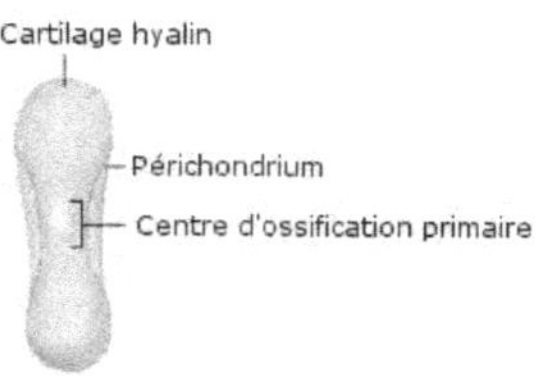

Figure 1-23 : Première phase d'ossification endochondrale (Copyright © 2010 Pearson Education, Inc.).

Le modèle (la partie cartilagineuse hyaline : Figure 1-23) continue de grandir au fur et à mesure que l'ossification a lieu. Le modèle s'allonge grâce à la reproduction des chondrocytes qui sécrètent la matrice. C'est la croissance interstitielle qui produit de l'os trabéculaire. L'élargissement, lui, se produit à mesure que les chondroblastes et la matrice sont ajoutés en surface par le périchondrium : c'est la croissance par apposition (Figure 1-24).

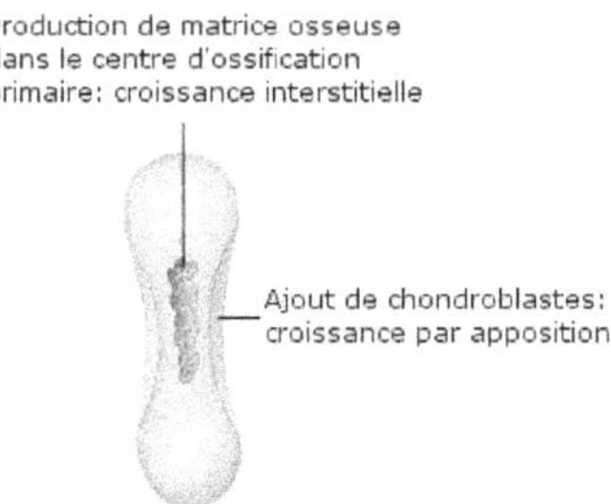

Figure 1-24 : Seconde phase d'ossification endochondrale (Copyright © 2010 Pearson Education, Inc.).

Pendant le développement de la vascularisation, une partie des chondrocytes envahissent le cartilage en amenant des cellules ostéogéniques et meurent, ce qui provoque une modification du pH et l'apparition de réactions chimiques permettant la calcification du cartilage. Ainsi, les cellules ostéogéniques se différencient en ostéoblastes qui produisent de l'os trabéculaire.

Alors que l'autre partie des chondrocytes ne peut plus recevoir de nutriments car ceux-ci ne peuvent diffuser au travers de la nouvelle zone calcifiée, cela provoque un élargissement des cavités au fur et à mesure que les chondrocytes meurent. Ainsi les ostéoblastes sécrètent de l'os cortical (Figure 1-25).

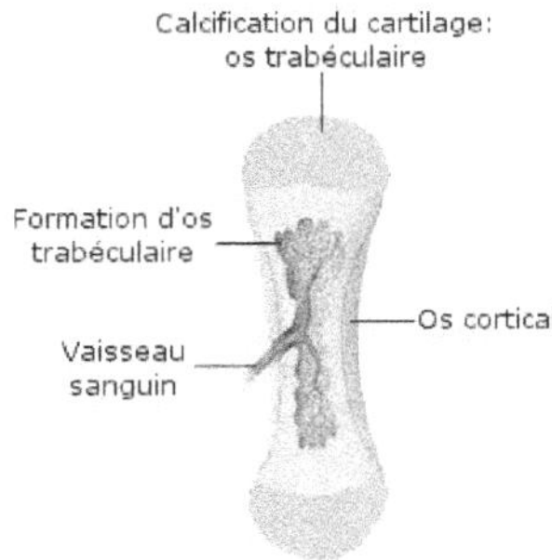

Figure 1-25 : Troisième phase d'ossification endochondrale (Copyright © 2010 Pearson Education, Inc.).

Le long de l'os, la vascularisation se développe et stimule ainsi le centre d'ossification primaire (région où le cartilage est remplacé par de l'os). Dans cette zone les ostéoblastes forment de l'os trabéculaire qui est automatiquement digéré par les ostéoclastes ; ce qui permet l'élargissement de la cavité médullaire qui se voit remplie de moelle osseuse rouge.

En même temps, le centre d'ossification secondaire se développe dans les extrémités des os. Le principe est similaire au centre primaire excepté qu'ici l'os trabéculaire n'est pas digéré et qu'il n'y a pas de formation de cavité médullaire (Figure 1-26).

La structure complexe de cartilage calcifié ainsi formé est appelée os primaire qui sera remplacé au fur et à mesure par l'os lamellaire au cours du remodelage.

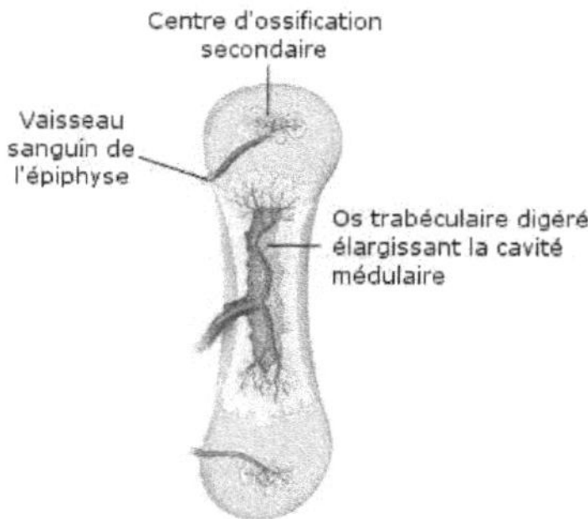

Figure 1-26 : Quatrième phase d'ossification endochondrale (Copyright © 2010 Pearson Education, Inc.).

Pour finir le cartilage hyalin initial se transforme en cartilage articulaire. La ligne épiphylle se forme à partir du cartilage hyalin entre l'épiphyse et la diaphyse. Cette région se calcifie à mesure que l'os croît en longueur. En règle général la ligne épiphylle se calcifie complètement entre 18 et 22 ans, et l'os cesse de s'allonger (Figure 1-27).

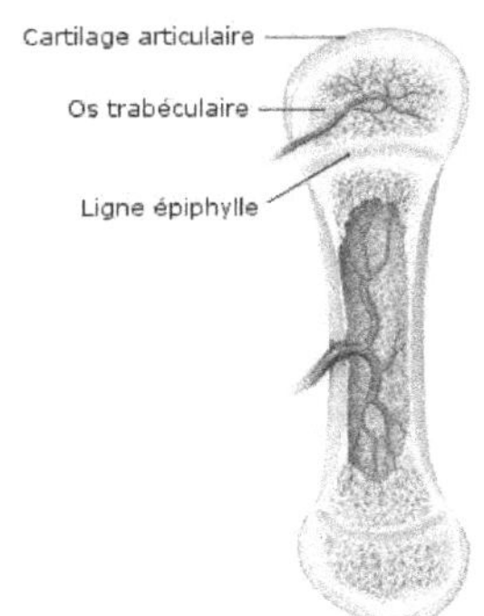

Figure 1-27 : Cinquième phase d'ossification endochondrale (Copyright © 2010 Pearson Education, Inc.).

4.2.3. Cas des os longs

Les os longs sont formés à partir de la matière cartilagineuse. Le centre d'ossification primaire est initié par le processus intramembranaire produit par le périchondrium profond entourant la diaphyse. Une matrice tubulaire osseuse est ainsi formée menant à la dégénérescence des chondrocytes et à la transformation du périchondrium en périoste, d'où les cellules ostéogéniques naissent et pénètrent la matière cartilagineuse calcifiée au travers des passages laissés par les ostéoclastes. Le centre d'ossification s'étend de manière longitudinale et est responsable de l'allongement de la matrice osseuse. Les ostéoclastes sont activés au début du processus, résorbent l'os en son centre et créent les cavités pour la moelle osseuse.

À un stade plus avancé du développement, un second centre d'ossification naît au centre de chaque épiphyse. À l'inverse de l'ossification primaire, l'ossification secondaire se développe de manière radiale et contribue ainsi à l'élargissement de l'os. De plus, en l'absence de périchondrium dans les zones de cartilages osseux, il n'y a pas de col osseux créé, donc les épiphyses sont remplacées par du tissu osseux sauf au niveau du cartilage articulaire et des lignes épiphylles cartilagineuses.

Le cartilage épiphylle est localisé entre l'épiphyse et la métaphyse et est directement responsable de l'allongement de l'os. En fait, durant la croissance la ligne épiphylle ne grossit pas car les taux de destruction et de création de l'os sont à peu près égaux ; elle est simplement déplacée ce qui provoque l'allongement de l'os. Lorsque la ligne épiphylle se ferme (différent de la fin de la phase de minéralisation) entre 16 et 20 ans, l'allongement de l'os devient impossible, mais il peut néanmoins s'élargir.

4.3. Processus de résorption osseuse

Si l'os se forme, il est également capable d'enclencher des processus de résorption. Ce processus peut prendre place dans deux cas de figures. Tout d'abord si certaines zones sont sous-sollicitées, cela veut dire que la zone en question n'a pas d'utilité particulière dans la transmission des efforts. Par conséquent afin d'optimiser le rapport poids/résistance osseuse, l'os va mettre en place un processus de résorption de la zone en question. Le second cas de figure correspond à l'endommagement d'une zone. En effet afin de réparer les zones endommagées, l'os nécessite de les résorber avant de les remplacer si besoin est. L'endommagement est principalement caractérisé par des microfissures (ou microcracks), représentés sur la Figure 1-28.

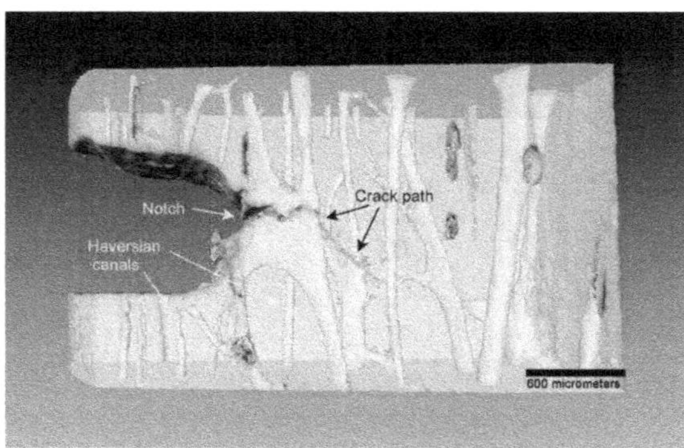

Figure 1-28: Tomographie par rayons X montrant la propagation de la fissure due à l'initiation d'une entaille (notch) ou microfissure (http://www.lbl.gov/publicinfo/newscenter/features/2008/MSD-bone-tough.html).

Si la zone entourant ces microfissures n'est pas résorbée, celles-ci peuvent se propager et engendrer un macrocrack révélateur d'une fracture osseuse. Ces microfissures sont principalement dues à un endommagement par fatigue et peuvent avoir lieu aussi bien dans l'os cortical que dans l'os trabéculaire (Martin 1992; Nagaraja, Couse et al. 2005). Les principes de l'endommagement par fatigue seront davantage détaillés au Chapitre 3 mais l'endommagement ne doit pas être considéré uniquement comme une altération de la résistance osseuse, c'est aussi un stimulus qui va permettre d'activer le remodelage osseux. Ainsi la sous-sollicitation et l'endommagement de l'os, caractérisés par l'apparition de microfissures, sont les deux phénomènes amenant à l'activation du processus de résorption osseux.

Conclusion

Ce chapitre a permis de poser les bases scientifiques en rapport avec l'architecture, la composition et les processus formation et de résorption du tissu osseux.

À la lumière de ces connaissances générales il est désormais possible d'aborder le sujet de thèse, à savoir le développement et l'implémentation d'un modèle numérique par éléments finis intégrant d'une façon couplée (mécano-biologique) le remodelage osseux conduit pas les activités cellulaires (ostéoblastes, ostéoclastes, ostéocytes) ainsi que l'effet de quelques facteurs biologiques ($Ca, PTH, \ldots$) modulant ce remodelage.

Afin de correctement traiter cette étude, il est néanmoins indispensable d'établir l'état de l'art des différents travaux déjà existants et similaires au sujet posé. Ainsi, le chapitre suivant va se charger de l'analyse bibliographique des théories et modèles de remodelage osseux antérieurs à cette étude. Cela dans le but de s'inspirer des points déjà traités et de se positionner sur les zones encore vierges dans le domaine.

Chapitre 2 : Remodelage osseux

Introduction

Le Chapitre précédent a permis de se familiariser avec les différents types d'architectures et de cellules osseuses. Comme on l'a vu, la structure n'est pas figée. Son architecture, ses propriétés mécaniques et biologiques évoluent tout au long de la vie. Cette évolution que l'on nomme « remodelage » ou « adaptation osseuse » permet principalement à l'os, d'une part, de maintenir son rôle d'appareil locomoteur, et d'autre part, d'aider le corps à s'adapter à l'augmentation des contraintes mécaniques. Ainsi on voit l'importance de l'évolution de la structure osseuse en fonction des sollicitations mécaniques. Néanmoins, le temps influe également sur notre physiologie. Par conséquent, il ne faut plus voir simplement le remodelage osseux comme fonction du "temps d'application" de la contrainte, mais également fonction de l'évolution physiologique du corps humain au cours du temps. Cet aspect sera abordé au cours du Chapitre 5.

La théorisation du principe de remodelage osseux présente deux aspects intéressants. En premier lieu, cela amène à la compréhension des mécanismes d'adaptation osseux et de leur possible altération. Or qui dit compréhension de l'altération dit développement de solutions pouvant y pallier. Pour cela il faut pouvoir déceler ces altérations, chose qui n'est pas forcément aisée. En cela, la théorisation du principe de remodelage osseux peut encore être utile. En effet, une fois que l'on a compris ces dits mécanismes, il est alors possible de développer des algorithmes de prédiction, et c'est sur ce point que repose le second aspect intéressant de la théorisation du principe de remodelage. Mais que cherche-t-on à prédire exactement ? Tout se résume dans la notion de qualité osseuse qui englobe à la fois l'architecture et les propriétés mécaniques. Cette qualité osseuse prédite à cinq, dix, quinze, vingt-cinq ans ou plus, permettra ensuite de simuler et d'estimer le risque de fracture. C'est pourquoi, ces dernières années, de nombreux travaux de développement de modèles numériques de remodelage osseux ont été menés. Ce chapitre a pour but de faire l'état de l'art des principaux modèles existant, afin de caractériser leurs forces et leurs limites. Cela dans l'optique d'établir un cahier des charges visant au développement d'un modèle comblant certaines lacunes.

1. Principe du remodelage osseux

Le remodelage osseux est un processus permettant à l'os de s'adapter à son environnement mécanique et biochimique. Pour cela deux types cellulaires interviennent : les ostéoclastes et les ostéoblastes. Dans un premier temps, les ostéoclastes vont se charger de résorber la matrice osseuse durant la phase de résorption. Puis les macrophages vont prendre place pendant la phase qui consiste à inverser le processus de remodelage. Il s'en suit l'intervention des ostéoblastes qui vont déposer une nouvelle matrice osseuse appelée ostéoide afin de combler le trou laisser par les ostéoclastes. Pour finir, on observe une minéralisation (période durant laquelle l'os nouvellement formé se minéralise) durant la phase de quiescence, dans l'attente de nouveaux stimuli initiant le remodelage. Ce cycle peut être initié suite à l'apparition d'une microfissure, par exemple. Ce processus définit alors un cycle complet de remodelage osseux comme le montre la Figure 2-1.

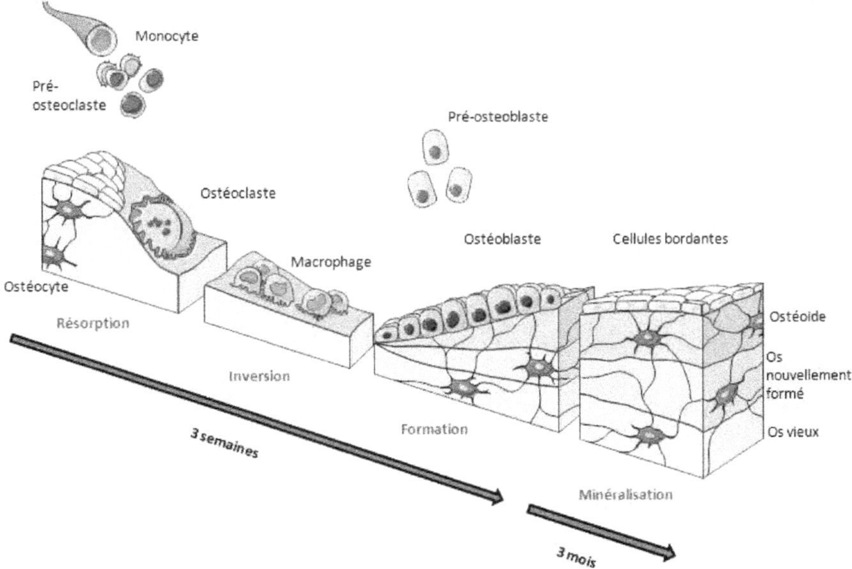

Figure 2-1: Représentation d'un cycle de remodelage osseux. Dans un premier temps la phase de résorption fait intervenir les ostéoclastes. Ensuite les macrophages interviennent pendant la phase d'inversion qui précède la phase de formation osseuse. Les ostéoblastes se chargent alors de former la nouvelle structure osseuse par le dépôt d'une matrice ostéoide. Pour finir l'os se minéralise durant la phase de quiescence dans l'attente d'un nouveau cycle de remodelage.

Le cycle de remodelage peut intervenir en même temps, ou de manière différée, en plusieurs endroits de l'architecture osseuse suivant les besoins locaux. Ainsi s'il existe différentes localisations présentant chacune des microfissures, le cycle de remodelage va être initié afin de réparer les zones endommagées.

1.1. Initiation du remodelage osseux

Afin que le remodelage s'opère, il est nécessaire d'informer les cellules de ce besoin. Ce sont principalement les ostéocytes qui se chargent de cette tâche (Bonewald 2007). Les ostéocytes sont des cellules emprisonnées dans la matrice osseuse, disposant d'un certain nombre de mécanismes leur permettant de ressentir les informations d'origines mécaniques et biochimiques. Une fois ces informations obtenues, elles se chargent alors d'envoyer les signaux adéquats aux ostéoblastes et aux ostéoclastes afin d'initier le remodelage osseux. Ce processus de transmission de l'information, appelé « transduction », est illustré par la Figure 2-2.

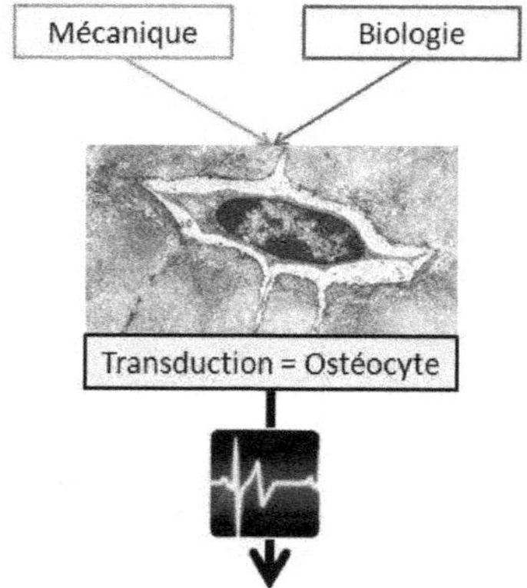

Figure 2-2: Illustration du principe de transduction. L'ostéocyte reçoit des informations d'origine mécanique et/ou biochimique afin de créer différents signaux en réponse à ces informations.

Concernant les mécanismes de détection des informations mécaniques, c'est-à-dire la mécano-transduction, l'hypothèse la plus communément admise est celle de l'écoulement du fluide interstitiel osseux (Weinbaum, Cowin et al. 1994). En effet, les ostéocytes communiquent entre eux à l'aide des dendrites contenues dans les canalicules et entourées d'un fluide appelé « fluide interstitiel osseux ». Les contraintes macroscopiques appliquées à l'os vont créer des pressions hydrostatiques et vont permettre au fluide de s'écouler. Ainsi la vitesse d'écoulement de ce fluide informe des contraintes mécaniques macroscopiques appliquées à l'os. On peut citer les principaux travaux modélisant la mécano-transduction : Weinbaum, Cowin et al. (1994), Cowin, Weinbaum et al. (1995), Lemaire, Naïli et al. (2005), You, Cowin et al. (2001), de Weinbaum (2003), Han, Cowin et al. (2004) et Wang, McNamara et al. (2007). Cependant seuls Adachi, Kameo et al. (2010) ont intégrés la mécano-transduction utilisant la vitesse d'écoulement du fluide comme stimulus dans un modèle de remodelage osseux. Dans un registre plus orienté biochimie, Maldonado (2006) considère la réponse de l'ostéocyte à la sollicitation macroscopique de l'os. Cette réponse prend la forme de sécrétion d'agents biochimiques, ici l'oxyde nitrique et la prostaglandine E2 en fonction du niveau de sollicitation.

Toutefois, certains agents biochimiques, tels que le calcium((Ca), l'hormone parathyroïdienne (PTH), etc., sont capables d'influencer directement le remodelage osseux. Dans ce cas des processus de bio-chimio-transduction prennent place. Ils consistent donc en la détection d'informations d'origine biochimique afin de créer des signaux en réponse à ces informations. Or, on sait par exemple que les ostéocytes disposent de récepteurs de l'hormone parathyroïdienne stimulant leur formation (Lee, Deeds et al. 1993; van der Plas, Aarden et al. 1994; Rhee, Allen et al. 2011). Ainsi, ils se révèlent de bons candidats pour la bio-chimio-transduction. À l'heure actuelle seuls Raposo, Sobrinho et al. (2002) et Peterson and Riggs (2010) ont développé un modèle de remodelage osseux sur la base de la bio-chimio-transduction mais ne portant pas sur l'ostéocyte.

La modélisation de la transduction dans sa globalité sera plus particulièrement détaillée au Chapitre 4, nonobstant on s'aperçoit ici du peu de modèles intégrant la mécano ou la bio-chimio-transduction. Pour l'heure, il n'existe surtout aucun modèle de remodelage osseux combinant ces deux processus.

Une fois les informations mécaniques et biologiques récoltées, traitées et transformées en signaux, elles doivent alors permettre de réaliser le remodelage osseux. Cette réalisation est effectuée par des cellules osseuses spécifiques.

1.2. Formation/résorption de l'os

La formation/résorption de l'os réalisant le remodelage est obtenue à l'aide de l'action spécifique des certaines cellules osseuses. Ces cellules ostéoblastes et ostéoclastes, réunies sous le terme BMU (Bone Multicellular Unit), sont responsables respectivement de la formation et de la résorption osseuse. Ces cellules agissent en synergie en raison du fort couplage biochimique qui existe entre elles comme cela est illustré sur la Figure 2-3.

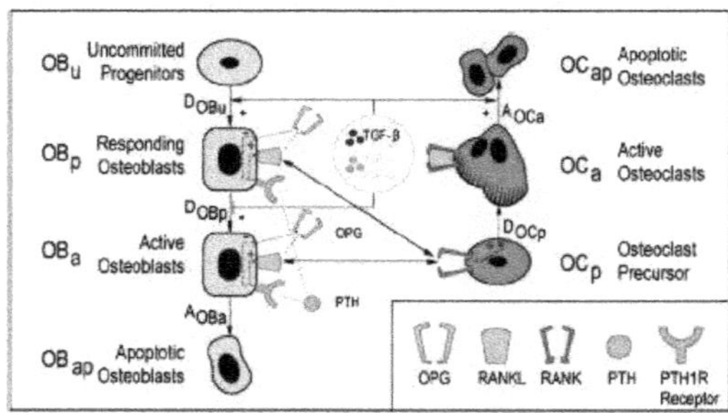

Figure 2-3: Représentation du couplage entre les ostéoblastes et les ostéoclastes. On y considère les différentes étapes de différenciation des cellules amenant jusqu'aux cellules actives responsables du remodelage osseux (Pivonka, Zimak et al. 2008).

L'action de formation/résorption des cellules engendre donc une modification (i) des propriétés locales du tissu osseux (densité, propriétés mécaniques), et (ii) de l'architecture par le biais de la réorganisation de la structure.

On distingue sur la Figure 2-3 différents agents biochimiques échangés entre la lignée des ostéoblastes et des ostéoclastes. Bien entendu ceux affichés ne sont pas exhaustifs ; on peut citer également l'Insulin Growth Factor (*IGF*) ou le Macrophage Colony Stimulating factor (*M-CSF*) (Kobayashi, Takahashi et al. 2000; Wimpenny and Moroz 2007). Parmi les modèles les plus connus modélisant le couplage entre les BMUs on peut citer Komarova (2003) et Lemaire, Tobin et al. (2004). La plupart des modèles développés n'expriment qu'un remodelage local et seul le modèle de Maldonado (2006) tente de coupler la phase de mécano-transduction avec l'activité des BMUs.

L'ensemble des modèles développés dans cette section se concentrent sur un remodelage local (au niveau de la travée) et ne prennent pas en compte l'ensemble de l'architecture osseuse. Ensuite, il existe un véritable manque en ce qui concerne le couplage entre les modèles de transduction et les modèles de BMUs. L'étude des différents modèles de BMUs et leur couplage avec la phase de transduction seront plus particulièrement discutés respectivement dans le Chapitre 5 et le Chapitre 6.

2. Les différentes approches du remodelage osseux

Le concept d'adaptation osseuse remonte à 1638 avec Galileo Galilée qui fait remarquer l'influence des contraintes mécaniques sur la forme de l'os (Galileo 1638). Depuis, différentes écoles de pensée se sont développées. On peut distinguer quatre approches. Tout d'abord l'approche phénoménologique dont le principe repose sur la description de l'action d'un stimulus mécanique sur l'adaptation osseuse. Cowin and Hegedus (1976) et Hegedus and Cowin (1976) publient une théorie sur l'adaptation des propriétés mécaniques d'une structure similaire à l'os lors de l'application d'un chargement. Ils posent ici les basent théoriques des premiers modèles d'adaptation osseux d'un point de vue phénoménologique. On constate cependant les limites de cette approche puisqu'elle ne permet pas de rendre compte de l'effet des mécanismes biologiques responsables de l'adaptation osseuse. Pour cette raison une approche mécanistique se développe avec les travaux de Hazelwood (2001), qui formule les premiers modèles décrivant l'action cellulaire en réponse à un chargement mécanique. Entre temps, une approche plus globale d'optimisation, basée sur des critères d'homogénéisation de la densité d'énergie de déformation (SED) (Hollister, Fyhrie et al. 1991), se développe. Puis, une approche plus récente consiste à visualiser les cellules osseuses comme un fluide diffusant à travers la structure osseuse et réagissant avec celle-ci. Cette école essentiellement japonaise est représentée par les travaux de (Matsuura, Oharu et al. 2002). Enfin avec la montée des capacités de calculs et une meilleure compréhension des causes du remodelage osseux, une approche multi-échelles émerge. Elle consiste à modéliser l'ensemble des échelles jouant un rôle dans l'adaptation osseuse. Ce type de méthode devient de plus en plus utilisé puisqu'elle permet de combiner l'ensemble des différentes approches phénoménologiques, mécanistiques, etc., qui sont développées à des échelles différentes. Cependant, on se retrouve ainsi en présence d'un système complexe où l'interdépendance entre les variables d'état de chaque échelle reste à élucider.

2.1. Phénoménologique

Cette approche constitue les prémices de la théorie et de la modélisation de l'adaptation osseuse. Le but est de décrire la réponse de l'os en fonction du niveau de sollicitation qui lui est appliqué. Huiskes, Weinans et al. (1987) reprennent le modèle de Cowin and Hegedus (1976) et proposent l'utilisation de la densité d'énergie de déformation afin de simplifier les problèmes d'identification des nombreux paramètres du modèle à l'aide d'une formulation élastique isotrope.

En même temps, Frost (1987) propose le concept de « Mechanostat » qui, en utilisant le critère de déformation effective minimale, permet de définir la réponse de l'adaptation osseuse (Figure 2-4). C'est une mise à jour de la loi de Wolff (1892) qui stipule que les contraintes mécaniques ne définissent pas à elles seules la qualité de l'os. En effet tout comme une voiture sans roue ne peut avancer, un tissu osseux comprenant des cellules déficientes ne peut s'adapter correctement à son environnement. C'est ce qu'il a appelé « le paradoxe d'Utah » (Frost 2000). Ainsi il décrit comment l'os peut être altéré par l'âge ou les maladies osseuses en plus de la contrainte mécanique. Son concept est donc plus général que celui de Huiskes, Weinans et al. (1987).

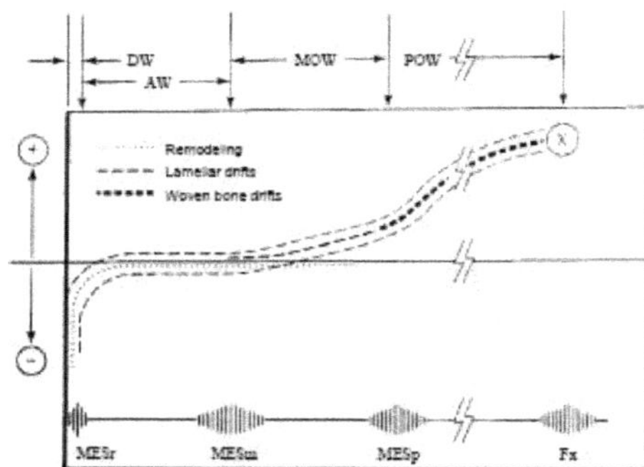

Figure 2-4 : Réponse de l'adaptation osseuse en fonction de la valeur de déformation effective. Quatre fenêtres (windows) représentent l'état d'adaptation osseux. *Disuse Window* (DW) qui symbolise un état de résorption osseuse, *Adapted Window* (AW) où l'activité entre formation et résorption s'équilibre, *Mild Overload Window* (MOW) et *Pathologic Overload Window* (POW) là où il y a formation de tissu osseux. La ligne horizontale montre les piques de déformation associés aux intervalles de remodelage de résorption (MESr), formation (MESm), endommagement (MESp) et fracture (Fx). D'après Frost (1987).

L'approche phénoménologique classifie trois états de remodelage. Dans un premier temps l'os cherche à résorber une certaine zone osseuse se trouvant sous-sollicitée : on définit donc la *disuse-zone*. En revanche, si la zone considérée est suffisamment sollicitée, du tissu osseux se forme et l'on parle alors de *overuse-zone*. Entre ces deux zones, et donc ces deux comportements, on distingue une zone inactive résultant d'une sollicitation trop faible pour engendrer une formation et pas assez faible pour activer la résorption. On définit alors la *lazy-zone* (Figure 2-5). Des stimuli autres que la densité d'énergie de déformation peuvent être utilisés, comme la déformation équivalente ou la contrainte équivalente (Beaupré, Orr et al. 1990).

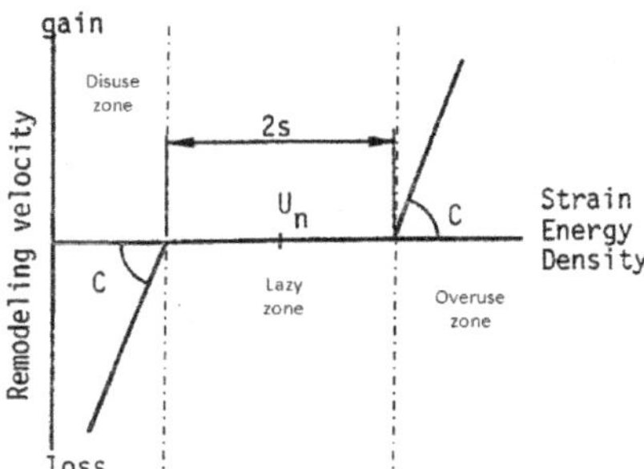

Figure 2-5: Représentation de la vitesse de remodelage osseux en fonction de la valeur de la densité d'énergie de déformation. On y distingue trois zones différentes qui symbolisent la résorption (*disuse*), l'équilibre (*lazy*), ou la formation (*overuse*) osseuse et illustrent ainsi l'adaptation osseuse (Huiskes, Weinans et al. 1987).

Suite à une étude sur la capacité de certaines cellules osseuses à capter les informations mécaniques (Mullender and Huiskes 1997), Mullender, van Rietbergen et al. (1998) proposent un modèle de remodelage de l'os trabéculaire, prenant en compte le traitement et la distribution des informations mécaniques par les ostéocytes ; ce qui permet une répartition plus réaliste du stimulus mécanique.

Le modèle de Huiskes, Weinans et al. (1987) est ensuite repris par Prendergast et Huiskes (1996) dans lequel ils modélisent la déformation des lacunes ostéocytaires et différents états d'endommagement de ce réseau. Ils ne développent donc pas directement de formulation d'évolution de l'endommagement en fonction du chargement, mais la réponse du remodelage pour différents états d'endommagement prédéfinis.

Doblaré et García (2002) développent, quant à eux, un modèle anisotrope de remodelage osseux construit sur la théorie de l'endommagement continu (*Continuum Damage Mechanics*: CDM). Leur travail, basé sur les modèles précédemment développés à l'université de Stanford (Carter, Orr et al. 1989; Beaupré, Orr et al. 1990; Jacobs 1994), étend l'aspect isotrope vers une formulation anisotrope (Figure 2-7). De plus, ils considèrent la possibilité d'une évolution négative de la variable d'endommagement. Ainsi, cette évolution négative, définissant une diminution de l'endommagement, représente en fait une réparation du matériau. La variable d'endommagement D est alors directement fonction de la densité apparente du matériau. La distribution de la densité est exprimée à travers le tenseur de fabrique H. La modélisation de la microstructure d'un matériau comprenant deux constituants distincts, comme par exemple l'os trabéculaire et la moelle, a été permise grâce à la définition d'un tenseur spécifique d'ordre deux, le « tenseur de fabrique ». Ce tenseur caractérise la répartition d'un constituant du matériau par rapport à l'autre. Il doit être défini positif et ses directions principales doivent correspondre aux orientations privilégiées de la microstructure dont les valeurs propres sont proportionnelles à la distribution de cette microstructure. Le tenseur de fabrique peut s'exprimer de différentes manières, néanmoins il est communément fait usage de la longueur moyenne d'intersection (Mean Intercept Length: MIL). Elle représente, selon une orientation donnée, la distance moyenne entre l'interface des deux constituants du matériau. Cette valeur est directement fonction de l'angle d'orientation de la direction choisie (Cowin 2007). Ces directions sont représentées sur la Figure 2-6. Son utilisation est très bien adaptée à la détermination des orientations privilégiées de l'os trabéculaire (Odgaard, Kabel et al. 1997; Berger 2011).

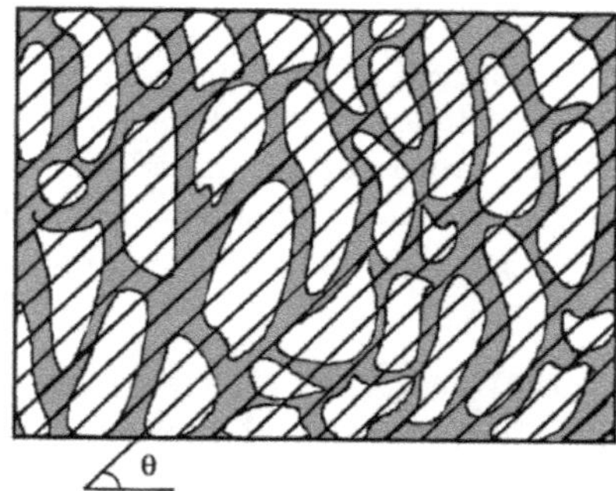

Figure 2-6: Superposition de lignes test sur un échantillon d'os trabéculaire permettant de mesurer la distance moyenne entre les interfaces des constituants matériaux pour un angle θ donné. La distance moyenne entre les interfaces à l'angle θ est notée $L(\theta)$. Ainsi la mesure des $L(\theta)$ pour différents angles va permettre de quantifier la distribution stéréologique de la micro architecture. D'après Cowin (2007).

Ainsi Doblaré et García (2002) définissent l'expression du tenseur d'endommagement anisotrope par:

$$D = 1 - \left(\frac{\rho}{\hat{\rho}}\right)^{\beta/2} \sqrt{A}\hat{H} = 1 - H^2 \tag{2.1}$$

où ρ représente la densité apparente, $\hat{\rho}$ la densité maximale d'un os idéal avec une porosité nulle, 1 le tenseur d'identité d'ordre deux, β un paramètre expérimental reliant le module d'Young avec la densité, A un paramètre d'ajustement permettant de généraliser le cas anisotrope au cas isotrope, et $\hat{H}$ le tenseur de fabrique normalisé tel que $\det(\widehat{H}) = 1$ (Doblaré and García 2002). Leur modèle présente la particularité d'étendre les modèles déjà existants vers une formulation anisotrope thermodynamique. L'avantage du modèle réside tout particulièrement dans la prise en compte de la diminution de la variable d'endommagement, représentant une véritable réparation du matériau. De plus la formulation adoptée leur permet d'appliquer le principe de la minimisation de la dissipation d'énergie dans le cas de la réorganisation d'un matériau vivant à travers le processus de remodelage. En ce sens, le modèle pose les bases thermodynamiques du remodelage osseux à travers la considération énergétique de l'activité cellulaire. Néanmoins, cela n'est dû qu'à la diminution de l'endommagement et ne représente aucune activité cellulaire.

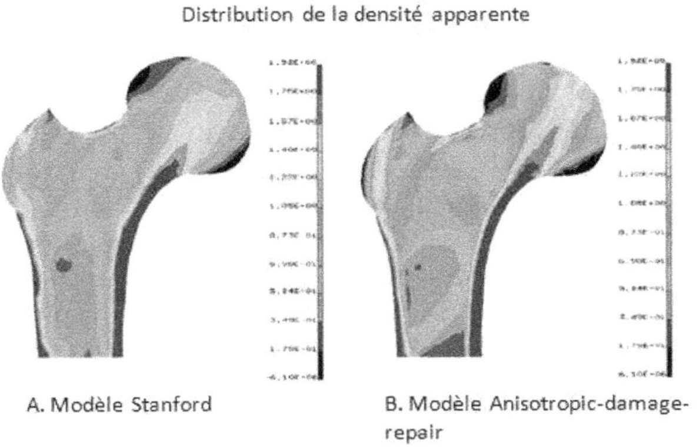

Distribution de la densité apparente

A. Modèle Stanford

B. Modèle Anisotropic-damage-repair

Figure 2-7: Distribution de la densité apparente après un remodelage de 300 jours. Le modèle de Stanford et de Doblaré and García (2002) y sont confrontés.

Müller (2005) propose un modèle appelé SIBA (Simulated Bone Atrophy), il présente une extension aux travaux de Thomsen, Mosekilde et al. (1994). Initialement, le modèle reposait sur une algorithmique stochastique basée sur des données histomorphométriques et structurelles permettant la prédiction, à long terme, de l'action du remodelage sur la masse osseuse, l'épaisseur des travées et le nombre de perforations dans le réseau trabéculaire. Müller (2005) s'inspire des travaux de Frost (1969) qui décrivent les trois phases du remodelage osseux "résorption-inversement-formation" caractérisant le passage des ostéoclastes suivis des ostéoblastes afin d'améliorer le modèle de Thomsen, Mosekilde et al. (1994). Ainsi ces trois phases sont effectuées durant une seule itération au lieu d'une par phase. De plus il agit sur la "balance" caractérisant l'équilibre entre l'activité des ostéoclastes et celle des ostéoblastes, qui se voit perturbée au moment de la ménopause.

McNamara et Prendergast (2007) analysent l'influence sur le remodelage osseux de la composition du stimulus mécanique. Leur étude, basée sur la densité d'énergie de déformation et l'endommagement par fatigue (Figure

2-8), leur permet d'observer l'influence des stimuli sur la capacité de réparation de l'os. Ils considèrent quatre configurations possibles du stimulus : (i) densité d'énergie de déformation, (ii) accumulation de l'endommagement, (iii) densité d'énergie de déformation **et** accumulation de l'endommagement, (iv) densité d'énergie de déformation **ou** accumulation de l'endommagement. De plus, ils définissent deux types de mécano-récepteurs : l'ostéocyte situé à l'intérieur de la matrice osseuse et les cellules bordantes situées à la surface de l'os. Leur étude permet de conclure que l'os tend plus favorablement à se réparer si le signal initiant le remodelage se compose soit de la densité d'énergie de déformation soit de l'accumulation de l'endommagement (cas (iv)). En outre, et contrairement à de précédentes études (Mullender and Huiskes 1997), il semble que le remodelage osseux initié par les seuls ostéocytes ne suffise pas à complètement combler la cavité résorbée par les ostéoclastes afin de réparer l'élément d'os endommagé. Si l'étude amène une meilleure compréhension des mécanismes de régulation et d'initiation du remodelage osseux à l'aide d'une meilleure description du processus de mécano-transduction, elle est cependant incomplète. Effectivement, le modèle se limite non seulement à une formulation 2-D isotrope, mais en plus l'aspect biologique est fortement absent puisque les BMUs ne sont pas modélisés. Le seul phénomène de remodelage réside dans la mise à jour de la densité du tissu régulé par l'amplitude de déformation et son niveau d'endommagement.

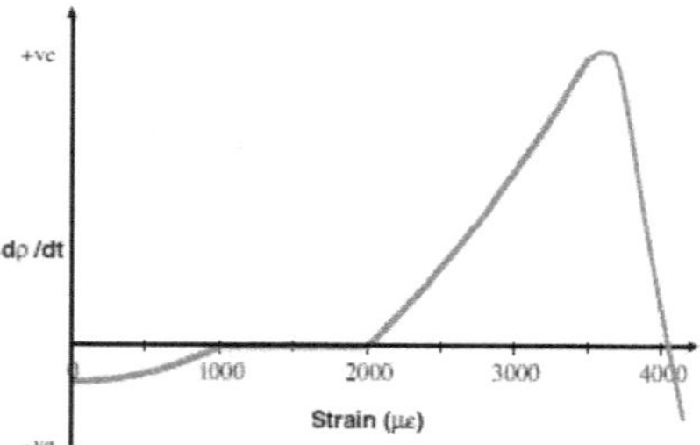

Figure 2-8: Évolution de la densité du tissu osseux en fonction de la valeur de la déformation. On distingue un phénomène d'endommagement qui active une phase de résorption après 3500 $\mu\varepsilon$ (McNamara and Prendergast 2007).

Hambli, Soulat et al. (2009) développent un modèle similaire à celui de McNamara et Prendergast (2007). Cependant ils s'appuient d'une part sur un stimulus mécanique issu d'un potentiel thermodynamique de densité d'énergie de déformation (Lemaitre and Chaboche 1985), qu'ils couplent également avec de l'endommagement. D'autre part, en plus de l'atténuation de la communication intra-ostéocytaire représentée par une fonction spatiale d'influence entre les ostéocytes, ils incluent la dégradation due à l'endommagement de cette même fonction. Le modèle leur permet de simuler quatre configurations de mécano-régulation (régulation du remodelage basée sur le stimulus mécanique) : (i) densité d'énergie de déformation sans endommagement, (ii) couplage densité d'énergie de déformation et endommagement sans fonction spatiale d'influence, (iii) couplage densité d'énergie de déformation et endommagement avec fonction spatiale d'influence, (iv) couplage densité d'énergie de déformation et endommagement avec fonction spatiale d'influence endommageable (Figure 2-9). Leur étude permet de conclure à l'importance de la prise en compte de l'endommagement dans la définition du stimulus. En outre, les auteurs portent l'attention sur la double prise en compte de l'endommagement dans le cas où l'on considère en plus une dégradation de la fonction spatiale d'influence due à l'endommagement (cas (iv)). Ainsi le cas (iii) semble le plus approprié dans le cadre de la définition d'un stimulus initiant le remodelage osseux. Néanmoins le modèle ne prend pas en compte la modélisation des BMUs. C'est pourquoi l'implémentation d'un véritable modèle cellulaire de BMU couplé à l'ostéocyte est nécessaire afin d'en tirer davantage de conclusions.

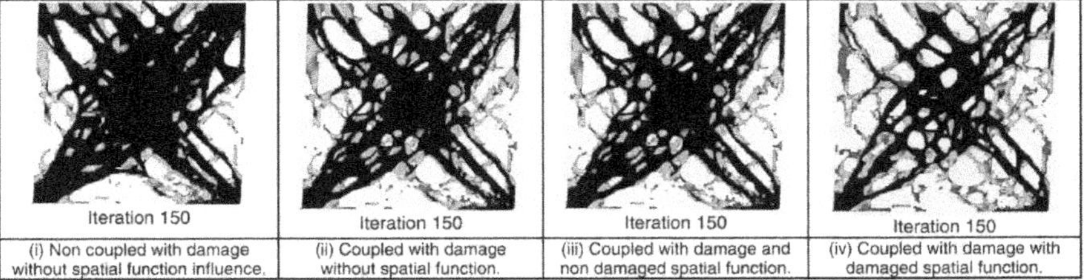

Figure 2-9: Répartition de la densité du tissu osseux après une simulation effectuée sur 150 itérations pour différentes configurations de mécano-régulation (Hambli, Soulat et al. 2009).

Enfin Adachi, Kameo et al. (2010) développent un modèle local de remodelage osseux du tissu trabéculaire. Contrairement à la majeure partie des autres études, ils considèrent l'écoulement interstitiel du fluide contenu dans les canalicules comme stimulus mécanique initiant le remodelage osseux. Plus exactement la vitesse d'écoulement du fluide va engendrer un phénomène de cisaillement de l'ostéocyte qui va alors pouvoir directement ressentir le niveau d'intensité de la contrainte macroscopique appliquée à l'os. À l'instar des dernières études (García-Aznar, Rueberg et al. 2005; Ruimerman, Hilbers et al. 2005; McNamara and Prendergast 2007; Hambli, Soulat et al. 2009), Adachi, Kameo et al. (2010) prennent en compte l'atténuation de la communication cellulaire entre les ostéocytes en fonction de la distance qui les sépare. Leur modèle présente une réorientation de la travée due à l'écoulement du fluide, en revanche il ne tient pas compte de l'endommagement. La particularité du modèle réside principalement dans l'implémentation et la prise en compte de la vitesse d'écoulement du fluide comme stimulus mécanique provoquant un cisaillement des ostéocytes dû à la pression interstitielle. Cependant le modèle présente de nombreuses limitations. D'une part il n'inclut pas l'aspect d'auto-réparation de l'os dû à l'endommagement mais uniquement son adaptation tant que la sollicitation reste dans le domaine « résorption-équilibre-formation » (*disuse-lazy-overuse*). D'autre part, si l'on observe bien une réorientation de la travée en réponse à la sollicitation mécanique, le remodelage est purement artificiel puisqu'il n'inclut ni l'activation des BMUs, ni la modélisation cellulaire de celles-ci.

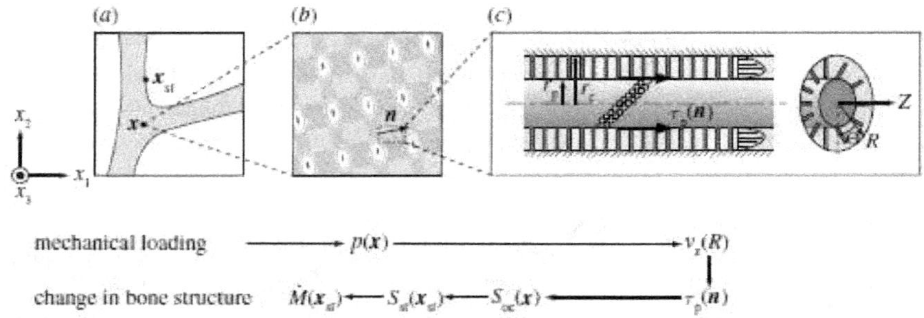

Figure 2-10: Canevas du modèle de remodelage de l'os trabéculaire stimulé par l'écoulement du fluide interstitiel osseux. Trois échelles sont représentées, a. trabéculaire, b. réseau ostéocytaire, c. canalicules (Adachi, Kameo et al. 2010).

2.2. Mécanistique

L'approche phénoménologique est limitative dans le sens où elle ne permet pas de rendre compte de l'action cellulaire dans le processus d'adaptation osseux. Pour pallier à cela, Hazelwood et al. (2001) proposent d'inclure la notion de fonction d'activation qui permet de simuler l'activité des BMUs afin de procéder au remodelage osseux (Figure 2-11). Ils s'inspirent des travaux de Martin (1984; 1992) qui portaient en partie sur la notion d'activation des cellules grâce à l'accumulation de l'endommagement. Ainsi, ils utilisent cette fréquence d'activation déclenchée par le stimulus mécanique et l'état d'endommagement du matériau. Si l'idée est précurseur en la matière, le modèle présente une sensibilité très élevée dans certaines configurations de chargement, ce qui biaise les résultats et impose d'avantage de développement.

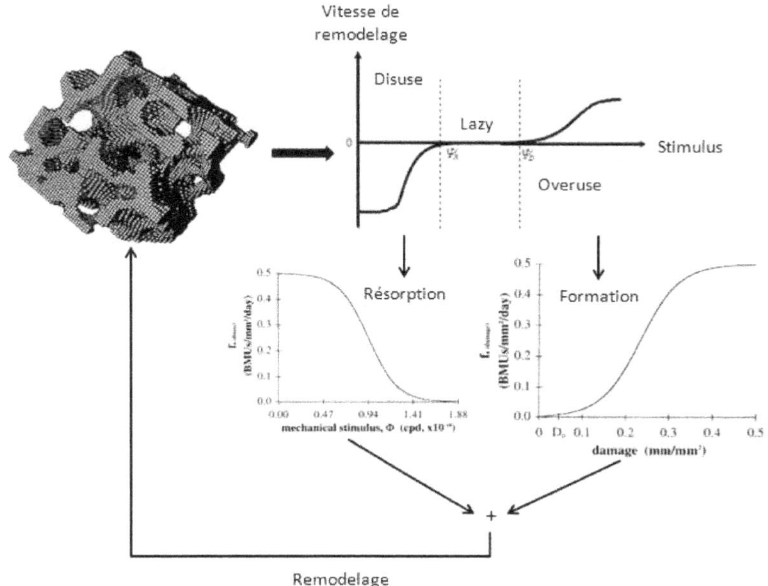

Figure 2-11: Représentation de l'algorithmique des modèles mécanistiques de remodelage osseux. Le niveau du stimulus (densité d'énergie de déformation, vitesse d'écoulement du fluide, déformation équivalente, ...) permet d'évaluer la zone de sollicitation et d'activer les cellules adéquates, ostéoclastes pour la résorption et ostéoblastes pour la formation.

Dans le même temps Hernandez, Beaupré et al. (2000; 2003) commencent à modéliser l'action spatiale des BMUs en définissant la quantité de tissu résorbé et d'ostéoide déposé par un volume représentatif de BMUs (Figure 2-12). Cela permet de simuler la réponse cellulaire à certains traitements médicamenteux et à certaines maladies osseuses, comme l'ostéoporose, par la connaissance de leur effet sur l'altération des activations cellulaires. Cependant le modèle présente un manque important puisqu'il n'inclut pas la réponse du système à l'activité des BMUs, c'est-à-dire la mise à jour des propriétés biochimiques et mécaniques.

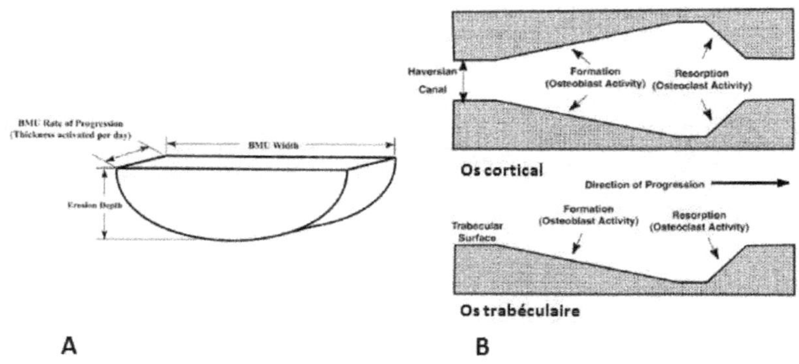

Figure 2-12: A. Volume représentatif d'un BMU comprenant des ostéoblastes et des ostéoclastes dont l'activité est représentée par une vitesse de résorption et une profondeur d'érosion du tissu osseux. B. Représentation de l'action d'un BMU sur un site d'os cortical et d'os trabéculaire (Hernandez, Beaupré et al. 2000).

Nyman, Yeh et al. (2004) développent un modèle de remodelage osseux prenant en compte l'effet des traitements aux bisphosphonates sur le volume et l'endommagement osseux. La particularité du modèle réside également dans la modélisation de la fonction d'activation des BMUs. D'une part la fonction d'activation est régie par le stimulus mécanique et le niveau d'endommagement, d'autre part il prend en compte l'influence d'une déficience en œstrogènes sur le remodelage osseux en diminuant la sensibilité du modèle au stimulus mécanique. De plus pour prendre en compte l'action du traitement aux bisphosphonates, les auteurs modélisent la diminution de la fonction d'activation et de la taille de résorption des sites remodelés de manière inversement proportionnelle à la quantité de bisphosphonates. De cette façon, ils démontrent l'importance de l'accumulation de l'endommagement, du stimulus mécanique, et d'une déficience en œstrogènes représentative de la ménopause dans l'action du traitement par les bisphosphonates sur le volume osseux. En inhibant le remplacement des zones endommagées, le modèle prédit une augmentation du volume osseux associée à une augmentation de l'endommagement. Bien qu'aucune étude n'ait mesurée le niveau d'endommagement lié au traitement par les bisphosphonates chez l'humain, quelques travaux chez le chien confirment cette augmentation et confortent les résultats du modèle. Néanmoins, il est à noter que le modèle ne prend pas en compte l'évolution de la seconde minéralisation qui modifierait le niveau de la densité osseuse. De plus il n'a pas été pris en compte l'influence du traitement sur l'action des BMUs qui, eux, tendent à diminuer l'endommagement, donc l'autoréparation de l'os. Ainsi le modèle permet d'améliorer la prise en compte de la biologie influençant le remodelage osseux. Cependant, seule une influence de différents paramètres sur le niveau d'activité des BMUs est présente, et non une véritable modélisation cellulaire.

Ruimerman et al. (2005) étendent leur précédent modèle (Huiskes, Ruimerman et al. 2000) à une analyse 3-D et y intègrent également la mécano-transduction. Basé sur la densité d'énergie de déformation captée par chaque ostéocyte, cela permet alors de stimuler les ostéoblastes afin d'initier le remodelage osseux. Le modèle répond au changement d'orientation des contraintes. Par conséquent on observe une orientation des travées en fonction de la sollicitation et une variation de l'épaisseur des travées en réponse à l'amplitude de sollicitation (Figure 2-13). Les résultats présentent une bonne corrélation avec les observations effectuées sur la croissance des pores. En outre, le modèle est capable de simuler l'effet d'une déficience en œstrogènes due à la ménopause en augmentant l'activité des ostéoclastes. L'originalité du travail émane de la modélisation de la mécano-transduction permettant l'activation des ostéoblastes. En revanche le modèle souffre d'un manque d'interaction entre les ostéoblastes et les ostéoclastes. En effet, les ostéoclastes sont totalement indépendants et leur activité symbolisant l'effet d'une déficience en œstrogènes doit s'effectuer manuellement.

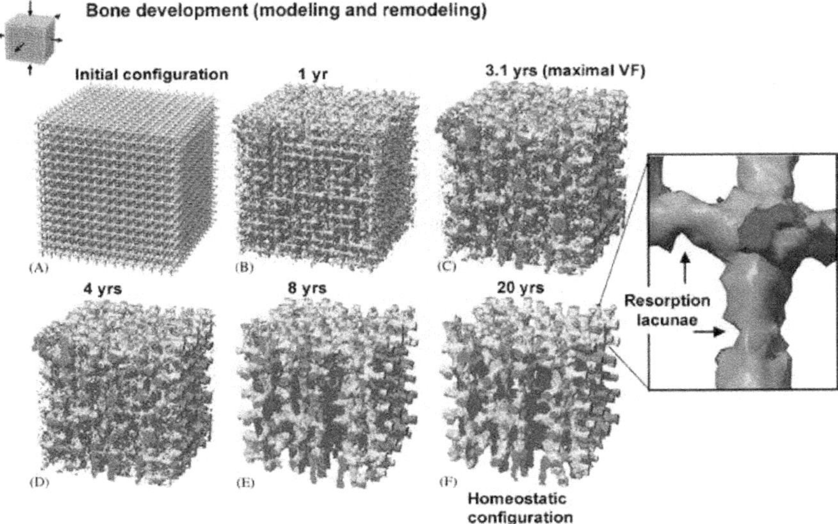

Figure 2-13: Adaptation d'un volume d'os trabéculaire pour un chargement homéostatique (Ruimerman, Hilbers et al. 2005).

Le concept de fonction d'activation est ensuite repris par García-Aznar, Rueberg et al. (2005) qui développent une formulation de l'évolution temporelle et spatiale des BMUs dans un modèle de remodelage osseux 3-D par éléments finis. Si d'autres modèles ce sont déjà attardés sur la réparation de l'endommagement de l'os (Hazelwood, Bruce Martin et al. 2001; Doblaré and García 2002; Nyman, Yeh et al. 2004), l'innovation réside principalement dans la modélisation 3-D des BMUs (Figure 2-14). Basée sur la densité d'énergie de déformation, cette information est captée par l'ostéocyte qui va ensuite moduler l'inhibition de l'activité des BMUs. Ainsi les auteurs considèrent l'information délivrée par l'ostéocyte comme réfrénant l'action des BMUs. La réponse des ostéocytes est également altérée par le niveau d'endommagement de la microstructure. La formulation de l'évolution de l'endommagement varie selon que la sollicitation soit en traction ou en compression. D'autre part les auteurs, contrairement aux précédents travaux, prennent en compte l'évolution des propriétés des matériaux en fonction du remodelage. Ainsi le module d'élasticité isotrope est fonction de l'endommagement, de la fraction volumique v_b correspondant au rapport volume osseux BV sur le volume total V_T tel que $v_b = \frac{BV}{V_T}$ et de l'évolution de la minéralisation. Le modèle permet également de montrer l'influence de l'endommagement dans l'augmentation de la vitesse de réparation, de la fréquence de sollicitation sur la vitesse de remodelage et l'augmentation de la réparation osseuse pour une fréquence d'activation plus importante. En outre, il présente de bons résultats par rapport à certaines études cliniques. Toutefois, le modèle montre quelques limites. Tout d'abord, en dépit de l'aspect anisotrope de l'architecture trabéculaire et corticale, le modèle ne considère qu'une formulation isotrope. De plus, il ne prend pas en compte la différence entre la stimulation de l'ostéocyte due à une sollicitation en compression ou en tension. Enfin le modèle souffre de l'absence de couplage entre les ostéoblastes et les ostéoclastes. En effet la régulation de leurs activités se fait de manière purement mécanistique et aucun agent biochimique ne permet le passage entre phase de formation et phase de résorption de l'élément endommagé.

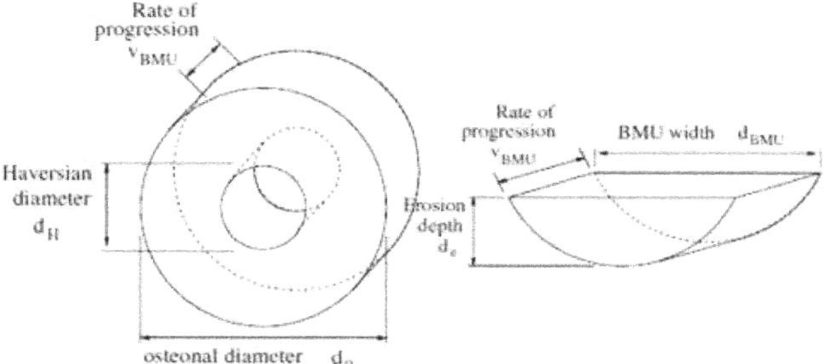

Figure 2-14: Représentation 3-D du volume représentatif d'un BMU. Il est caractérisé par sa vitesse d'avancée et la profondeur de résorption (García-Aznar, Rueberg et al. 2005).

Magnier, Wendling-Mansuy et al. (2007) proposent un modèle de remodelage osseux du tissu trabéculaire sous-contraint. Proche du modèle de McNamara et Prendergast (2007), ils considèrent une fonction spatiale permettant d'évaluer le signal mécanique reçu par chaque ostéocyte et ces proches voisins. Si l'amplitude de ce signal est inférieure au seuil de résorption, alors un cycle de remodelage est déclenché. La particularité du modèle réside principalement dans l'ajout des périodes de résorption et de formation du tissu osseux. De plus, à une loi d'évolution de la minéralisation au cours du temps, permet d'obtenir les modules d'élasticité du tissu en fonction du niveau de remodelage. Par ce moyen, il devient plus évident de prédire l'évolution des pathologies osseuses en faisant varier les valeurs seuils. Toutefois, le champ d'application du modèle serait amélioré en intégrant un modèle de population cellulaire afin de prendre en compte l'altération des activités cellulaires à travers les facteurs biochimiques.

Gerhard, Webster et al. (2009) testent ensuite sur le modèle de Müller (2005), l'hypothèse selon laquelle il est possible de prédire l'évolution de l'architecture osseuse sans connaître la répartition exacte de la densité d'énergie de déformation dans la structure mais uniquement par la connaissance des forces appliquées. Ils valident leur modèle en le comparant à des coupes transverses d'un modèle animal de souris soumis aux mêmes contraintes (Webster, Morley et al. 2008). Le modèle montre une très bonne correspondance avec les données expérimentales, néanmoins il présente de nombreuses limites. Dans un premier temps il ne tient pas compte du réarrangement structural du réseau trabéculaire mais uniquement de l'évolution de l'épaisseur des travées, la densité, le nombre de perforations, ce qui présente un fort handicap dans la prédiction de l'architecture osseuse. De plus, si la modélisation cellulaire est présente, elle reste cependant très basique et n'incorpore pas l'interaction entre les ostéoblastes et les ostéoclastes. Cela a pour effet d'empêcher la prise en compte du fonctionnement physiologique de l'os et donc l'altération du fonctionnement cellulaire. Il présente toutefois en plus du modèle une revue des différents travaux traitant du remodelage et de l'adaptation osseuse.

L'approche mécanistique est la plus répandue dans le domaine de la modélisation du remodelage osseux. Cette approche a la particularité d'incorporer une vision plus biologique en liant les actions des agents biologiques (cellules, agents biochimiques) aux stimuli mécaniques. En revanche, cela augmente considérablement la complexité des modèles et rend plus difficile leur validation. En effet, il ne devient alors pas évident de déceler les bons paramètres (mécanique et/ou biologique) à mesurer. Cela peut être contradictoire avec certaines études (Hazelwood, Bruce Martin et al. 2001). Néanmoins, à l'heure actuelle, il reste encore beaucoup de zones d'ombre en ce qui concerne les mécanismes d'activation et de régulation du remodelage osseux. Pour preuve, comme détaillé dans le Chapitre 4, il existe de nombreux processus de mécano-transduction (amplitude, vitesse, fréquence de déformation, vitesse d'écoulement du fluide interstitiel osseux, déformation de silium) (Stefan J. 2008). Or l'importance et le rôle de chacun des processus dans la régulation du remodelage osseux n'est pas encore totalement connu. De plus, en raison de l'emplacement et de la taille de ces mécanismes il devient alors très difficile de procéder à la validation de ce type de modèles. Néanmoins, les connaissances et les techniques grandissantes appuient l'intérêt de ce type d'approche.

2.3. Optimisation

Cette approche ne représente pas la majorité des travaux que l'on peut trouver dans le domaine de la modélisation du remodelage osseux. Néanmoins elle est une méthode intéressante si l'on veut simplifier la formulation du problème. En revanche, elle comporte trois limitations majeures : (i) elle consiste en un processus global relié à aucun mécanisme physique et mesurable, (ii) ensuite elle ne s'appuie sur aucun phénomène physiologique et ne peut donc apporter aucune compréhension du processus d'adaptation, (iii) enfin, la notion de temps ne peut pas être prise en compte.

Hollister, Fyhrie et al. (1991) et Hollister and Kikuchi (1994) proposent une méthode d'optimisation de la structure trabéculaire basée sur une technique d'homogénéisation de la densité d'énergie de déformation. La méthode permet l'estimation des contraintes et déformations apparentes tout en découplant les analyses locales (le tissu) et apparentes.

À la suite de cela, Bagge (2000) développe un modèle anisotrope apparent basé sur la maximisation de la résistance osseuse et donc la minimisation de la densité d'énergie (equ. (2.2)) comme paramètre d'optimisation. Appliqué à l'extrémité supérieuree du fémur, cela lui permet d'obtenir une cartographie de l'orientation et de la distribution des propriétés mécaniques de l'os.

$$U = \frac{1}{2}\varepsilon_{ij}\sigma_{ij} \qquad (2.2)$$

Tabor et Rokita (2002) utilisent une méthode stochastique basée sur la recherche aléatoire de l'ensemble des solutions du problème. Leur démarche consiste à affecter en chaque pixel de l'image un état de remodelage osseux (résorption, équilibre, formation, ...) de manière aléatoire et d'en rechercher un état stable. Bien que ce type d'approche soit à l'opposé du déterminisme, puisque le but n'est pas la recherche de l'optimum, ce genre d'approche présente l'avantage d'être bien moins gourmand en termes de ressources de calculs. De plus les résultats concordent avec d'autres études.

Tsubota, Adachi et al. (2002) utilisent la contrainte mécanique locale en vue d'initier le remodelage trabéculaire de manière à uniformiser la répartition des contraintes au niveau local. Cette méthode utilisant la méthode des éléments finis permet d'obtenir une anisotropie structurale du réseau trabéculaire. Étendue à un modèle de fémur à large voxel au lieu des pixels (Tsubota, Suzuki et al. 2009), elle leur permet d'obtenir une meilleure visualisation de l'orientation trabéculaire de l'extrémité supérieuree du fémur (Figure 2-15).

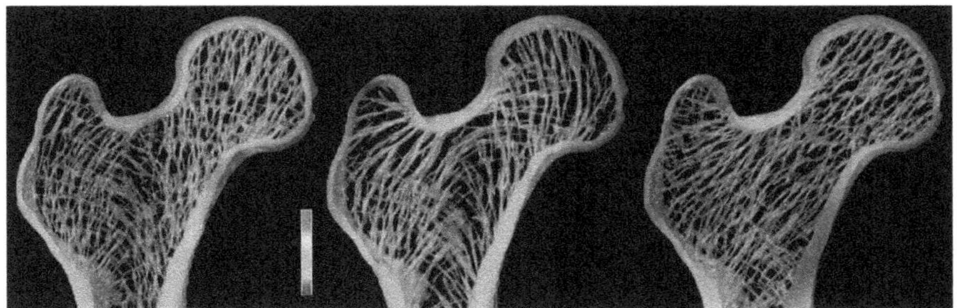

Figure 2-15: Configuration de la structure trabéculaire de l'extrémité supérieuree du fémur en fonction de l'orientation du chargement mécanique (Tsubota, Adachi et al. 2002).

Adachi, Osako et al. (2006) développent un modèle définissant la forme optimale d'un implant osseux bio-actif permettant la formation de nouveaux tissus osseux et la dégradation progressive de l'implant. Le modèle se base sur l'énergie de déformation totale comme critère d'optimisation. Les seules variables d'influence du modèle sont celles reliées à la géométrie du matériau, par conséquent il ne prend pas en compte les propriétés matériaux de l'implant qui pourraient être des facteurs importants d'intégration.

Jang and Kim et al. (2008; 2009; 2010) utilisent également la densité d'énergie de déformation comme variable d'optimisation dans le but de converger vers certaines valeurs de masse imposées. Appliquée à l'extrémité supérieuree du fémur, leur méthode montre un remodelage osseux permettant la disparition d'un surplus de matière inutile (excroissance osseuse) et une réorganisation de l'architecture trabéculaire en concordance avec l'orientation des lignes de contraintes principales (ou lignes de forces cf. Chapitre 3) (Figure 2-16).

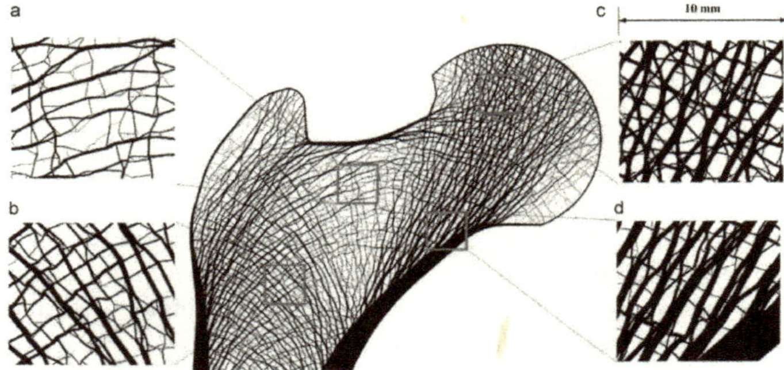

Figure 2-16: Orientation de la structure trabéculaire au niveau de la tête du fémur à l'aide du modèle d'optimisation de Jang and Kim et al. (2008). a. Triangle de Ward, b. Arc inter-trochanter, c. Epiphyse, d. Métaphyse.

On peut également citer les travaux de Coelho et al. (2009) qui vont chercher à maximiser la résistance de l'os. Leur approche est aussi bien locale, puisqu'ils vont travailler à l'échelle de la structure trabéculaire, qu'apparente à travers la géométrie de l'extrémité supérieuree du fémur, et cela de manière tridimensionnelle. On aperçoit ici un aspect multi-échelles qui permet de prédire la répartition de la densité de manière locale et apparente dont les résultats ont été validés par la technique d'imagerie DXA. Cependant la formulation d'optimisation ne satisfait pas en termes de prédiction du niveau de porosité ; critère important pour la migration des cellules. En ce sens la méthode montre ses limites et ne permet pas de lier la porosité de la structure avec l'activité cellulaire.

2.4. Réaction-diffusion

Une approche plus récente émane de l'école japonaise avec les travaux de Matsuura, et al. (2002; 2003) basés sur le concept de réaction-diffusion des BMUs. Ils considèrent un champ électrostatique dû aux propriétés piézoélectriques du collagène ainsi que l'écoulement du fluide interstitiel osseux en tant que stimuli. Ainsi l'ensemble hypothétique ostéoblastes, ostéoclastes et ostéocytes est considéré comme un fluide diffusant à travers les réseaux trabéculaires et réagissant en activant ou en inhibant la formation du tissu osseux. Cette modélisation simpliste peut aider à une meilleure compréhension de certains aspects du remodelage osseux, néanmoins elle requiert un ensemble de paramètres indisponibles actuellement dans la littérature.

Tezuka, Wada et al. (2005) étendent le concept à une géométrie 2-D d'une extrémité supérieuree de fémur à l'aide d'une simulation par éléments finis. Cela leur permet d'obtenir l'orientation du tissu trabéculaire de l'extrémité supérieuree du fémur en fonction de l'orientation de la force appliquée comme le montre la Figure 2-17. La simplicité d'implémentation du modèle est un avantage à ce type d'approche, cependant il existe une sérieuse lacune sur l'établissement des paramètres du modèle caractérisant le passage des contraintes locales, amenant à une certaine concentration de molécules, et leurs effets sur la physiologie de l'os.

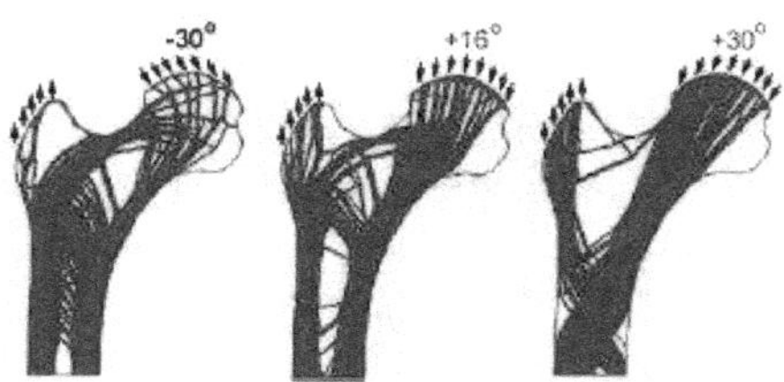

Figure 2-17: Configuration du réseau trabéculaire en fonction de l'orientation de la force appliquée à l'extrémité supérieure du fémur (Tezuka, Wada et al. 2005).

2.5. Multi-échelles

Penninger, Patel et al. (2007) proposent un modèle multi-échelles basé sur les automates cellulaires. Le principe repose sur la simplification de la dynamique cellulaire en vue de définir des règles locales opérant sur des structures simples. Le modèle développé considère une conservation de l'isotropie locale de l'os dont la densité est définie par un stimulus mécanique. La méthode montre une bonne prédiction de la répartition de la densité apparente sur le fémur proximal. Cependant le modèle ne tient compte ni de l'influence de l'endommagement sur les propriétés mécaniques de la structure, ni de ses effets sur le réarrangement structural de l'os et considère donc l'os comme purement élastique.

Sanz-Herrera, García-Aznar et al. (2008) développent une modélisation multi-échelles de remodelage de l'os après implantation d'une prothèse osseuse au sein de l'os trabéculaire. Ils utilisent une loi de diffusion au niveau macroscopique afin de décrire la migration de cellules osseuses. Alors qu'au niveau microscopique la réaction des cellules engendre un remodelage stimulé par la densité d'énergie de déformation. Une plus grande précision pourrait être apportée en considérant la vitesse d'écoulement en tant que stimulus de remodelage à travers les pores de l'implant. De plus la loi de diffusion de Fick reste simpliste et ne prend pas en compte l'adhésion des cellules sur le tissu osseux.

Viceconti, Taddei et al. (2008) proposent un modèle prenant en compte la distribution de la densité du tissu osseux au niveau microscopique ainsi que la densité apparente résultante sur lequel ils greffent l'action des muscles sur les os et les articulations en vue de reproduire l'effort de la marche. L'ensemble de l'appareil locomoteur peut ainsi être modélisé (Figure 2-18). L'aspect cellulaire reste encore à développer, néanmoins, la méthode est construite de manière à pouvoir intégrer les différents facteurs agissant et impactant sur le remodelage osseux. Par conséquent cette étude montre des perspectives très intéressantes en termes d'intégration d'études plus locales à des échelles méso, micro voire nanoscopique.

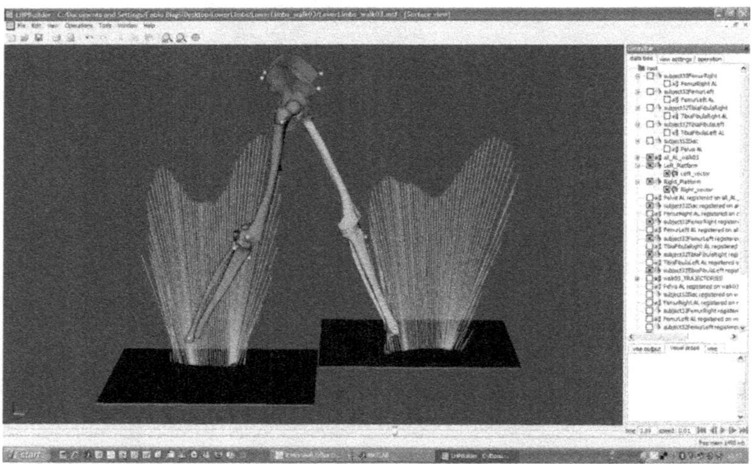

Figure 2-18: Reconstitution de l'appareil locomoteur multi-échelles développé dans le cadre du "Living Human Model" permettant la prédiction du risque de fracture ostéoporotique (Viceconti, Taddei et al. 2008).

Hambli, Katerchi et al. (2010) utilisent l'analyse par éléments finis ainsi que les réseaux de neurones afin d'établir une modélisation multi-échelles du remodelage osseux (Figure 2-19). La méthode éléments finis est utilisée pour le calcul des contraintes à l'échelle de l'organe (macroscopique) alors que les réseaux de neurones ayant subi un apprentissage se substituent à la méthode des éléments finis à l'échelle trabéculaire (mésoscopique). L'utilisation des réseaux de neurones est très intéressante en vue de minimiser les temps de calculs et de développer un calcul en routine clinique. Néanmoins cela nécessite toujours dans un premier temps d'effectuer un ensemble de scénarios lourds en termes de temps de calcul afin d'obtenir une base de données utile à l'apprentissage du réseau de neurones. Par conséquent, d'autres modèles plus complets d'un point de vue biologique devraient être associés à la méthode des réseaux de neurones afin de rendre plus réaliste ces modèles.

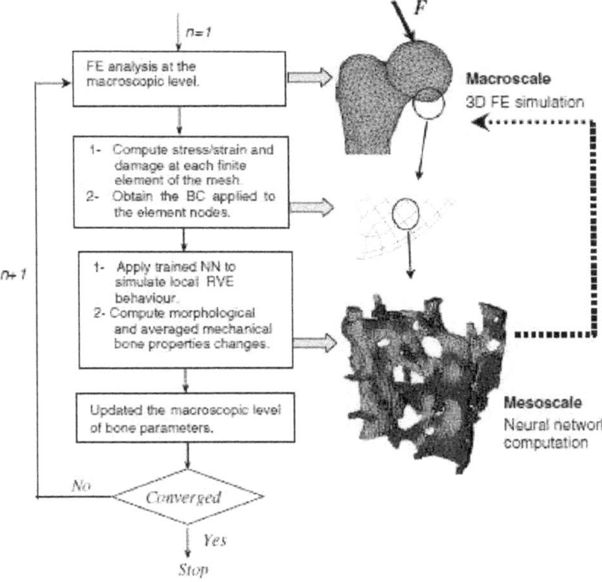

Figure 2-19: Approche multi-échelles du remodelage apparent de l'extrémité supérieure du fémur à l'aide des réseaux de neurones (Hambli, Katerchi et al. 2010).

3. Synthèse et limitation des modèles existants

Ce chapitre fait l'étude des différents modèles existants traitant du remodelage osseux. On a pu constater différentes approches de modélisation, chacune ayant ses avantages et ses inconvénients. Le Tableau 2-1 synthétise les principaux modèles traitant du remodelage osseux et quelques-unes de leurs propriétés.

Tableau 2-1: Synthèse des principaux travaux traitant de la modélisation du remodelage osseux. On y distingue suivant le type d'approche, la formulation de la formation/résorption de tissu osseux, la formulation de l'endommagement, des cellules ostéocytes, des BMUs, de l'aspect isotrope (iso) ou anisotrope (aniso) et de l'application 2-D ou 3-D.

Approche	Principaux travaux	Formation /résorption	Endo	Ocy	BMU	iso/aniso	2D/3D
Phénoménologique	Huiskes, Weinans et al. (1987)	non	non	non	non	iso	2D
	Prendergast and Huiskes (1996)	non	non	*oui*	non	aniso	2D
	Doblaré and García (2002)	non	oui	non	non	aniso	2D
	McNamara et Prendergast (2007)	non	oui	*oui*	non	iso	2D
	Hambli, Soulat et al. (2009)	non	oui	*oui*	non	iso	2D
Mécanistique	Hazelwood et al. (2001)	oui	oui	non	non	iso	2D
	Hernandez, Beaupré et al. (2000; 2003)	oui	non	non	*oui*	iso	2D
	Ruimerman et al. (2005)	oui	non	*oui*	*oui*	iso	3D
	García-Aznar, Rueberg et al. (2005)	oui	oui	non	*oui*	iso	3D
Optimisation	Hollister, Fyhrie et al. (1991)	non	non	non	non	iso	3D
	Tsubota, Adachi et al. (2002)	oui	non	non	non	iso	3D
	Jang and Kim et al. (2008; 2009; 2010)	oui	non	non	non	iso	2D
Réaction-diffusion	Tezuka, Wada et al. (2005)	oui	non	non	*oui*	iso	2D
Multi-échelle	Penninger, Patel et al. (2007)	non	non	non	non	aniso	2D
	Viceconti, Taddei et al. (2008)	oui	oui	*oui*	*oui*	aniso	3D
	Hambli, Katerchi et al.(2010)	oui	oui	*oui*	non	iso	3D

Il est intéressant de voir l'évolution des modèles au sein de la même approche et suivant les différentes approches effectuées. On peut identifier six axes d'évolution : la formulation de la formation/résorption du tissu osseux, la formulation de l'endommagement, la prise en compte des ostéocytes, des BMUs, la formulation isotrope ou anisotrope du problème, et l'application 2-D ou 3-D. En effet, d'un point de vue mécanique on cherche à caractériser le matériau non plus comme isotrope mais de manière anisotrope. Par conséquent les modèles développés prennent en compte les orientations privilégiées de la structure afin de coller davantage aux réalités structurelle et mécanique de l'os. Ensuite, l'os étant un matériau vivant, les cellules osseuses se sont révélées utiles pour justifier du phénomène d'adaptation à travers l'aspect mécano-sensoriel des ostéocytes. De plus, les BMUs se sont vus modéliser, et cela d'une manière de plus en plus complexe afin de simuler la perte osseuse à travers l'altération de l'activité cellulaire elle-même. En outre, les modèles cherchent à décrire les mécanismes de remodelage à des échelles de plus en plus petites. Si au début beaucoup de modèles avaient des considérations davantage au niveau macroscopique, les modèles les plus récents descendent jusqu'au niveau local (la travée) afin de pouvoir prendre en compte les phénomènes locaux (cellules, minéralisation, propriété mécanique locale). Enfin les modèles gagnent également en complexité. Si au départ seule la densité d'énergie de déformation était prise en compte comme stimulus initiant et régulant le remodelage osseux, peu à peu a été pris en compte l'endommagement qui pouvait jouer un rôle dans les mécanismes d'adaptation, ainsi que la vitesse d'écoulement du fluide interstitiel osseux. Ensuite sont intervenues des formulations thermodynamiques permettant la diminution de cet endommagement à travers l'autoréparation du tissu osseux.

Cependant il apparaît dans la totalité des modèles existants qu'aucun n'ait une véritable formulation des BMUs. D'une part les variables représentants les BMUs sont considérées comme constantes et l'on fait le raccourci de considérer qu'une cellule présente est forcément active. D'autre part il est connu qu'une forte communication cellulaire existe entre les ostéoblastes et les ostéoclastes. Or aucun des modèles n'inclut les communications autocrine et paracrine qui s'opèrent entre les BMUs elles-mêmes.

À la vue du Tableau 2-1, on constate que les aspects cellulaire et mécano-biologique sont encore à développer dans le cadre d'un modèle de remodelage osseux. Cela souligne un manque de couplage entre la modélisation du comportement mécanique et l'action résultante des cellules osseuses. Par conséquent, hormis le fait qu'il existe trop peu de modèles intégrant la biologie, il en existe encore moins prenant en compte la transduction de l'os. Si bien que les agents biochimiques (*Ca, PTH,*

Œstrogène) qui relèvent d'une importance capitale dans l'intégrité du remodelage osseux sont fortement absents dans les modèles existants. Ainsi, On remarque que la complexité et la multidisciplinarité (mécanique : contrainte, déformation, endommagement, minéralisation ; biologique : transduction, fonctionnement cellulaire; cybernétique : réseau ostéocytaire, communication cellulaire ; formulation : loi d'implémentation, multi-échelles) inhérentes à la modélisation du processus de remodelage osseux rendent très difficile le développement d'un tel modèle.

4. Démarche de développement du modèle

Le but de ces travaux de thèse est de compiler un certain nombre de lois de comportements mécaniques, biologiques, et de transduction en vue d'initier le couplage entre ces lois afin d'implémenter l'algorithme dans une analyse par éléments finis. On propose donc le canevas du modèle illustré sur la Figure 2-20.

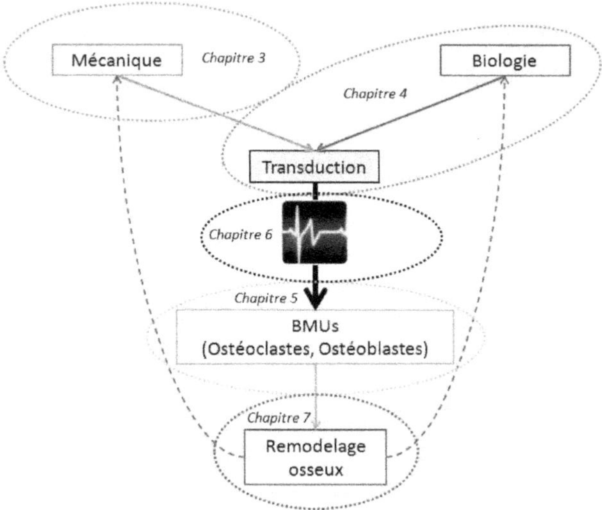

Figure 2-20: Canevas du modèle de remodelage osseux. Il reprend le principe exposé sur la Figure 2-2 complété par l'action des BMUs effectuant le remodelage osseux déclenché par la transduction.

Le développement du modèle s'articule en cinq points. Tout d'abord, on se chargera de dégager une formulation du comportement mécanique de l'os trabéculaire (Chapitre 3). Ensuite on abordera les mécanismes de transduction couvrant la mécano-transduction ainsi que la bio-chimio-transduction qui nous permettront d'établir un modèle mécano-biologique de la transduction (Chapitre 4). À la suite de cela les différents modèles cellulaires des BMUs existants seront étudiés et un modèle en particulier sera choisi et adapté à la problématique de la thèse (Chapitre 5). Puis viendra l'étape du couplage entre le modèle de transduction et le modèle cellulaire en vue du développement d'un modèle mécano-biologique du remodelage osseux local (Chapitre 6). Pour finir la dernière étape visera à l'unification de l'ensemble des travaux afin d'établir un modèle mécano-biologique du remodelage de l'os trabéculaire à l'aide d'une simulation par éléments finis (Chapitre 7). Les propriétés et les applications du modèle seront ensuite illustrées au cours du Chapitre 8.

Conclusion

L'ensemble des modèles présentés au cours de ce chapitre sont sujets à de nombreux problèmes de validation. En effet, si certains présentent des résultats encourageants, il n'en reste pas moins que la plupart des modèles existants ne sont validés que de manière qualitative. Effectivement, étant sur du matériau vivant, il n'est pas facile d'obtenir des données expérimentales. Cependant l'amélioration des techniques d'imagerie peut permettre la validation quantitative de certains paramètres comme l'épaisseur des travées, le niveau de porosité, la densité du tissu, etc. Toutefois il ne faut pas perdre de vue deux choses : (i) cela implique forcément la mise en place d'une étude clinique dont il doit être possible de faire coller le protocole expérimental aux conditions limites numériques ; (ii) plus on atteint un fort niveau de complexité des modèles, plus il faudra de données expérimentales pour effectuer la validation, et donc a *fortiori* un grand nombre de techniques d'analyse. Or on se heurte ici à une difficulté majeure, qui est la connaissance des marqueurs de remodelage permettant de suivre l'activité cellulaire. Si certains marqueurs sont identifiés, il reste que notre compréhension du phénomène d'adaptation osseuse est loin d'être total et de plus amples investigations sont nécessaires. Par conséquent on comprend qu'il ne va pas être possible de valider le modèle développé dans le cadre de cette thèse de manière quantitative. Néanmoins l'on s'appuiera sur les tendances du modèle qui seront confrontées aux résultats cliniques observables et publiés afin d'établir les zones de validité du modèle.

Chapitre 3 : Modélisation du comportement mécanique

Introduction

Dans les chapitres précédents ont été abordés les notions d'architecture, de composition cellulaire et les différents modèles de remodelage. Il convient alors ici de détailler les lois mécaniques susceptibles de rendre compte au mieux du comportement réel de l'os. Le modèle se doit suffisamment précis sans nécessiter des temps de calcul trop importants.

Dans un premier temps une analyse des différentes lois de comportement et propriétés mécaniques sera discutée. Dans un second temps une formulation poro-élastique endommageable orthotrope à capacité de minéralisation sera proposée. Le détail de l'algorithme d'implémentation en FORTRAN 90 dans une formulation par éléments finis sous Abaqus® sera plus amplement discuté dans le Chapitre 7 traitant de l'implémentation numérique du modèle complet.

1. Comportement mécanique de l'os

La complexité de la matière osseuse de par sa structure et les différentes fonctions qui lui sont associées fait de son étude et de sa modélisation une tâche intéressante, mais néanmoins complexe.

Bien que l'os tienne une place importante dans la régulation du taux de calcium et de phosphore de notre corps (l'homéostasie), il est avant tout un matériau devant répondre aux contraintes statiques et dynamiques journalières. Ainsi l'os nécessite d'adapter de façon permanente sa structure et ses propriétés d'un point de vue mécanique.

En ce sens il convient dans un premier temps d'assimiler l'os à un matériau inerte et mature dans le cadre de sa modélisation mécanique. Par inerte il faut entendre que les propriétés mécaniques de l'os n'évoluent pas. Par mature, on considère un os d'adulte complètement formé avec une densité et une minéralisation moyennes. Ainsi, afin de dégager une loi de comportement mécanique, le modelage et le remodelage sont volontairement mis de côté et l'on considère l'os au même titre que le béton ou l'acier. Dans un second temps on discutera de l'action de la minéralisation et de l'impact de l'évolution de la densité (conséquence du remodelage) sur les propriétés mécaniques de l'os.

De ce point de vue il est maintenant communément admis dans la littérature que l'os peut être décrit comme un matériau inhomogène de par sa structure précédemment décrite, mais également comme :

- orthotrope (Taylor, Roland et al. 2002; Schneider, Faust et al. 2009)
- visqueux (Iyo, Maki et al. 2004; Guedes, Simões et al. 2006)
- élastique (Yang, Kabel et al. 1998; Bayraktar, Morgan et al. 2004)
- endommageable (Martin 1992; Zioupos, Wang et al. 1996; Martin 2003)
- poro-élastique (Cowin 1999; Manfredini, Cocchetti et al. 1999; Smit, Huyghe et al. 2002)
- piézoélectrique (Aschero, Gizdulich et al. 1996; Aschero, Gizdulich et al. 1999; Miara, Rohan et al. 2005)

1.1. Orthotropie

La mécanique des milieux continus (MMC) stipule qu'un matériau réagira différemment à une déformation ou à un champ de contraintes en fonction de ses propriétés structurales. On a vu que l'os est un matériau complexe de par sa composition et sa structure, de ce fait il n'est physiquement pas imaginable qu'il réagisse mécaniquement de manière isotrope. Au XIXe siècle Julius Wolff (1836-1902) chirurgien anatomiste allemand énonce la loi selon laquelle l'os s'adapte à son environnement en fortifiant les zones hautement sollicitées et en affaiblissant les zones faiblement sollicitées dans le but de maintenir un rapport résistance/poids maximum. La loi de Wolff (Wolff 1892), aussi connue sous le nom de « loi de Delpech », se résume en disant que la structure se modifie en fonction des contraintes appliquées : « de la fonction née la forme ». Ainsi, l'os développe une structure anisotrope lui permettant de répondre à la fonction qu'on lui demande. De manière plus précise la structure répond à une architecture orthotrope, c'est-à-dire qu'elle présente trois plans de symétrie orthogonaux deux à deux et trois axes orthotropes correspondants. Par conséquent, ses propriétés mécaniques restent inchangées par rotation de 180° autour de l'un de ses axes. De nombreux auteurs ont cherché à caractériser (Saha and Wehrli 2004; Tabor and Rokita 2007) et à mesurer (Turner, Chandran et al. 1995) cette orthotropie structurale dans le but de déterminer les orientations privilégiées de l'os et donc d'aboutir à une meilleure modélisation du comportement mécanique. Ces orientations privilégiées du matériau sont appelées « lignes de forces » : elles symbolisent l'orientation privilégiée des propriétés mécaniques. Ces lignes sont très facilement observables sur la Figure 3-1. Sur la partie gauche de l'image A on observe tout d'abord la distribution des contraintes sur un bras de grue suite à l'application d'une force verticale vers le bas. Cela permet de faire l'analogie avec l'extrémité supérieuree d'un fémur et d'en représenter également la distribution des contraintes. Sur la Figure 3-1 (partie droite de l'image A), on remarque une très bonne correspondance entre la distribution des contraintes, schématisée sur la partie A, et l'orientation privilégiée du matériau (extrémité du fémur) sur la partie B. Les lignes de forces correspondent donc à la direction dans laquelle l'os est capable de subir le maximum de contraintes grâce à une augmentation de ses propriétés mécaniques locales. Ce sont ces lignes de forces que Julius Wolff a mis en évidence.

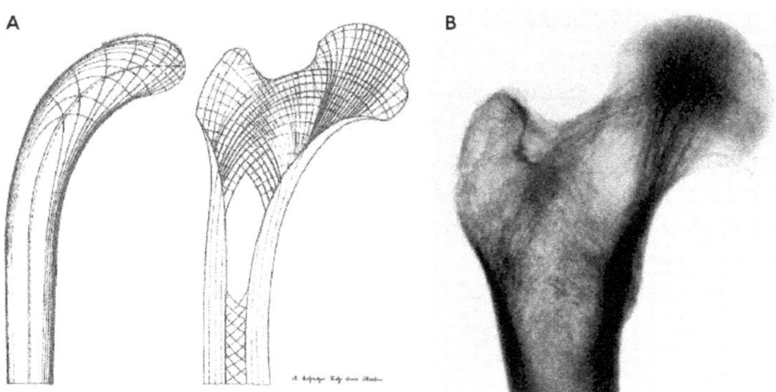

Figure 3-1: Lignes de forces orientées suivant les directions les plus sollicitées sur l'extrémité supérieuree du fémur. A. Représentation de l'orientation des lignes de forces d'après Wolff (Jacobs). Sur la partie gauche, Culmann schématise la répartition des contraintes pour une force appliquée au sommet du bras d'une grue. Résultats schématisés et transposés sur l'extrémité supérieuree d'un fémur (partie droite). B. On observe parfaitement sur cette radiographie l'orientation des lignes de forces de l'extrémité supérieuree du fémur (Turner 1998), elles caractérisent donc les orientations privilégiées du matériau.

Les propriétés orthotropes se reflèteront dans les différentes formulations mécaniques définissant le comportement mécanique de l'os trabéculaire. Ainsi, la section suivante permettra de développer une formulation orthotrope de l'élasticité de l'os à l'aide du tenseur de rigidité. De la même manière une formulation orthotrope de l'endommagement sera nécessaire afin de caractériser la fatigue accumulée par l'os dans les directions principales de sollicitation.

1.2. Elasticité

La caractérisation des paramètres élastiques orthotropes de l'os a fait l'objet de nombreuses publications, et les références dans la littérature ne manquent pas. Cependant, on s'aperçoit que la caractérisation des propriétés élastiques de l'os ne fait pas encore l'objet d'un protocole totalement établi. La diversité des techniques de caractérisation : (i) par éléments finis (van Rietbergen, Weinans et al. 1995; Taylor, Roland et al. 2002; Bayraktar, Morgan et al. 2004; Marcon 2007; Liu, Zhang et al. 2009) qui vise à déterminer les propriétés matériaux par un calcul de structure ; (ii) par nano-indentation (Zysset, Edward Guo et al. 1999; Hoffler, Moore et al. 2000; Wang, Chen et al. 2006) ; (iii) par analyse de structure (Van Rietbergen, Odgaard et al. 1998; van Lenthe and Huiskes 2002; Duchemin, Bousson et al. 2008) liée à la détermination de paramètres géométriques sur des radiographies ou des scans ; (iv) par méthode acoustique (Turner, Rho et al. 1999; Pithioux, Lasaygues et al. 2002), illustre une grande variabilité des résultats.

En réalité les propriétés matériaux de l'os varient selon plusieurs facteurs. Tout d'abord au niveau des propriétés apparentes. Celles-ci varient en fonction : (i) du site anatomique osseux (Zysset, Edward Guo et al. 1999; Espinoza Orías, Deuerling et al. 2009) et du type d'architecture corticale ou trabéculaire (Bayraktar, Morgan et al. 2004) (Figure 3-2), (ii) de la fraction volumique (*i.e.* la porosité) (Figure 3-3), (iii) et des individus (Zysset, Edward Guo et al. 1999) (Figure 3-2).

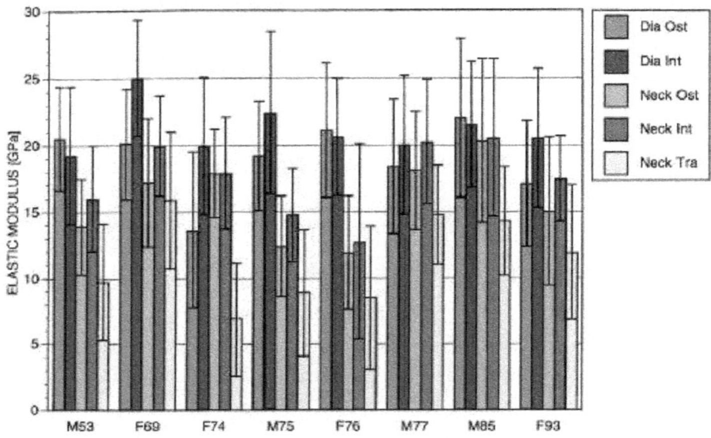

Figure 3-2: Moyennes et écarts-types du module d'Young mesurés sur différentes zones du fémur par nano-indentation pour un panel de huit individus. On y distingue non seulement une variation en fonction de la zone observée (microstructure corticale ou trabéculaire) mais également en fonction des individus (Zysset, Edward Guo et al. 1999).

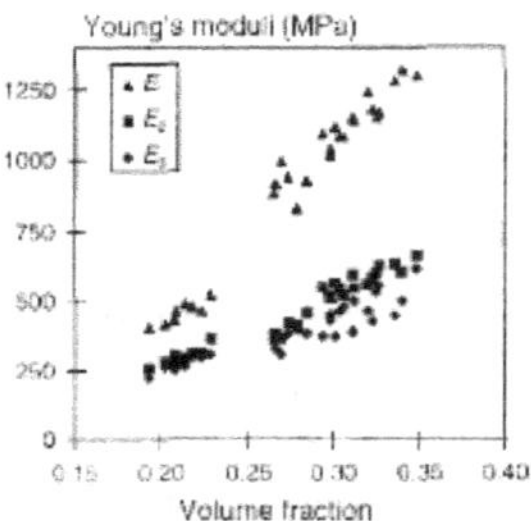

Figure 3-3: Évolution des modules d'Young en fonction de la fraction volumique de l'os trabéculaire (Van Rietbergen, Odgaard et al. 1998).

Cependant il faut distinguer les propriétés apparentes des propriétés du tissu lui-même (cf. ρ_t et ρ section 1.7). Les propriétés du tissu représentent les caractéristiques mécaniques à l'échelle microscopique, c'est-à-dire à l'échelle des lamelles de collagène formant les ostéons pour l'os cortical et les travées pour l'os trabéculaire. Du point de vue expérimental les essais les plus fréquents pour caractériser les propriétés mécaniques du tissu osseux se font par nano-indentation. Ainsi on assimile les propriétés apparentes à une moyenne entre les propriétés du tissu et la porosité de la structure trabéculaire ou corticale (Figure 3-4). En conséquence de quoi, les os trabéculaire et cortical présentent tous deux des propriétés apparentes nettement inférieures à celles du tissu. En revanche, il semble que les propriétés mécaniques locales du tissu trabéculaire soient identiques à celles du tissu cortical (Turner, Rho et al. 1999; Bayraktar, Morgan et al. 2004). Les propriétés du tissu varient également en fonction de (i) la densité du tissu osseux (*i.e.* le niveau de minéralisation) (Hernandez, Beaupré et al. 2001) (Figure 3-5), (ii) de l'âge (Devulder, Aubry et al. 2008; Isaksson, Malkiewicz et al. 2010) (Figure 3-6), (iii) ainsi que de la microarchitecture (Hoc, Henry et al. 2006) (Figure 3-7).

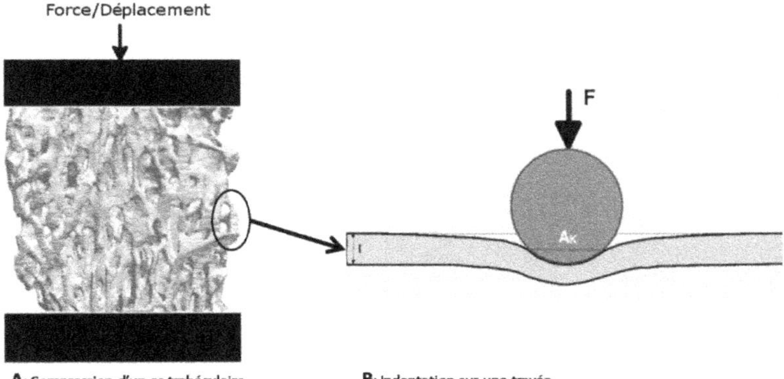

Figure 3-4 : A. Essai de compression sur une carotte d'os trabéculaire. Ce type d'essai permet d'obtenir les propriétés mécaniques apparentes de l'os. B. Essai de nano-indentation sur une travée. La travée étant composée de lamelles de collagène superposées les unes sur les autres, ce type d'essai permet d'obtenir les propriétés mécaniques du tissu osseux en lui-même, c'est-à-dire les propriétés locales.

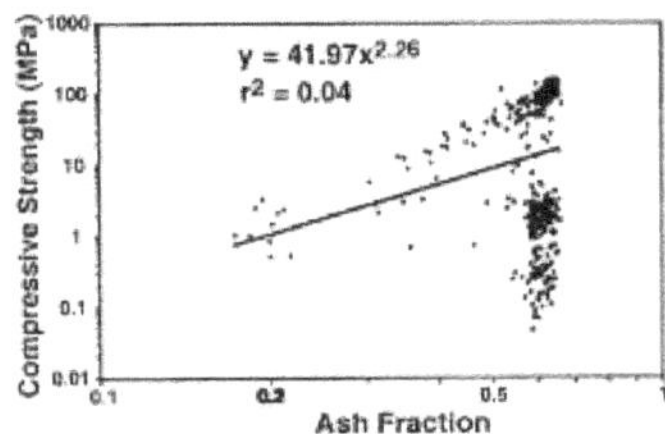

Figure 3-5: Évolution de la résistance à la compression de l'os en fonction du niveau de minéralisation (Hernandez, Beaupré et al. 2001).

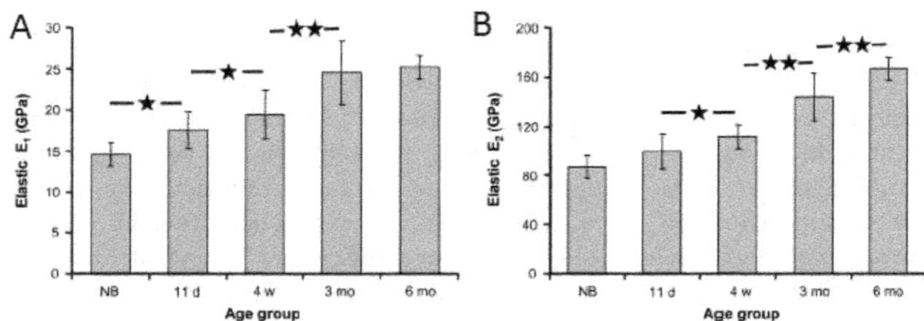

Figure 3-6: Évolution des modules d'Young du tissu cortical en fonction de l'âge chez le lapin (Isaksson, Malkiewicz et al. 2010). A. Module d'Young longitudinal. B. Module d'Young transverse.

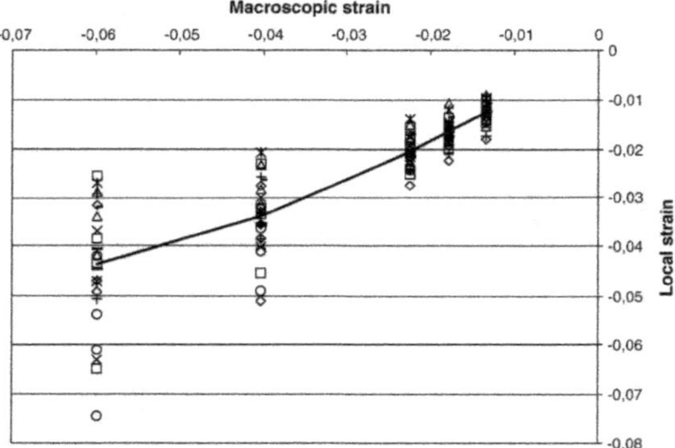

Figure 3-7°: Déformation locale en divers endroits de la microstructure composée de canaux de Havers en fonction de la déformation macroscopique obtenue par microextensiométrie (Hoc, Henry et al. 2006). La variabilité des déformations locales pour une même déformation macroscopique illustre l'influence de la microstructure sur les propriétés mécaniques.

La formulation continue du comportement élastique de l'os s'effectue par l'intermédiaire de la MMC à travers la loi de Hooke. Cette loi donne la forme de la matrice d'élasticité orthotrope $[S]$ appelée « matrice de souplesse », reliant la contrainte σ à la déformation ε tel que $\varepsilon = S\sigma$.

$$\begin{bmatrix} \varepsilon_1 \\ \varepsilon_2 \\ \varepsilon_3 \\ \gamma_4 \\ \gamma_5 \\ \gamma_6 \end{bmatrix} = \begin{bmatrix} S_{11} & S_{12} & S_{13} & 0 & 0 & 0 \\ S_{21} & S_{22} & S_{23} & 0 & 0 & 0 \\ S_{31} & S_{32} & S_{33} & 0 & 0 & 0 \\ 0 & 0 & 0 & S_{44} & 0 & 0 \\ 0 & 0 & 0 & 0 & S_{55} & 0 \\ 0 & 0 & 0 & 0 & 0 & S_{66} \end{bmatrix} \begin{bmatrix} \sigma_1 \\ \sigma_2 \\ \sigma_3 \\ \sigma_4 \\ \sigma_5 \\ \sigma_6 \end{bmatrix} \quad (3.1)$$

Dans le cadre d'une application numérique, la matrice de rigidité $[C] = [S]^{-1}$ reliant la déformation ε à la contrainte, telle que $\sigma = C\varepsilon$ est plus appropriée puisque le logiciel de calcul par éléments finis déduit la contrainte du niveau de déformation.

$$\begin{bmatrix}\sigma_1\\\sigma_2\\\sigma_3\\\sigma_4\\\sigma_5\\\sigma_6\end{bmatrix}=\begin{bmatrix}C_{11}&C_{12}&C_{13}&0&0&0\\C_{21}&C_{22}&C_{23}&0&0&0\\C_{31}&C_{32}&C_{33}&0&0&0\\0&0&0&C_{44}&0&0\\0&0&0&0&C_{55}&0\\0&0&0&0&0&C_{66}\end{bmatrix}\begin{bmatrix}\varepsilon_1\\\varepsilon_2\\\varepsilon_3\\\gamma_4\\\gamma_5\\\gamma_6\end{bmatrix} \tag{3.2}$$

L'établissement de cette matrice ne nécessite que la connaissance de 9 coefficients d'élasticité dans le cas d'une formulation orthotrope qui s'expriment à l'aide des modules d'Young E_{ij}, de cisaillement G_{ij}, et de Poisson ν_{ij} tel que :

$$\begin{gathered}C_{11}=E_1(1-\nu_{23}\nu_{32})Y\\C_{22}=E_2(1-\nu_{13}\nu_{31})Y\\C_{33}=E_3(1-\nu_{12}\nu_{21})Y\\C_{44}=G_{12}\\C_{55}=G_{13}\\C_{66}=G_{23}\\C_{12}=E_1(\nu_{21}-\nu_{31}\nu_{23})Y=C_{21}\\C_{13}=E_1(\nu_{31}-\nu_{21}\nu_{32})Y=C_{31}\\C_{23}=E_2(\nu_{32}-\nu_{12}\nu_{31})Y=C_{32}\\Y=\frac{1}{1-\nu_{12}\nu_{21}-\nu_{23}\nu_{32}-\nu_{31}\nu_{13}-2\nu_{21}\nu_{32}\nu_{13}}\end{gathered} \tag{3.3}$$

Peu de travaux portent sur la caractérisation orthotrope des propriétés mécaniques de l'os cortical (Pithioux, Lasaygues et al. 2002; Kulkarni 2008; Espinoza Orías, Deuerling et al. 2009). Néanmoins une grande variation des propriétés existe parmi les différentes études (Pithioux, Lasaygues et al. 2002) en raison du grand nombre de paramètres influençant les résultats (Kulkarni 2008). Les travaux de Pithioux, Lasaygues et al. (2002) présentent une liste complète des paramètres élastiques orthotropes de l'os cortical, ainsi qu'une micro-analyse de leurs résultats avec d'autres études, et semblent obtenir une bonne corrélation avec ceux-ci. Ainsi, une moyenne de leurs résultats a été effectuée et permet d'obtenir le Tableau 3-1.

Tableau 3-1 : Constantes d'élasticités orthotropes apparentes de deux échantillons d'os cortical d'après les travaux de Pithioux, Lasaygues et al. (2002).

	Constantes ingénieurs		
	Bone 3	Bone 4	Moyenne
$E_1(GPa)$	20.6	18.7	19.65
$E_2(GPa)$	23.4	20	21.7
$E_3(GPa)$	30.2	28	29.1
$G_{12}(GPa)$	3	2.9	2.95
$G_{13}(GPa)$	3	2.8	2.9
$G_{23}(GPa$	4.6	3.7	4.15
ν_{12}	0.12	0.26	0.19
ν_{13}	0.2	0.17	0.185
ν_{23}	0.21	0.28	0.245

La structure trabéculaire subissant un remodelage bien plus important que l'os cortical, il en résulte une plus grande disparité en ce qui concerne les propriétés élastiques orthotropes apparentes. En effet si le remodelage osseux affecte directement le niveau de porosité, et donc de densité apparente (cf. section 1.7), alors cela influera directement sur les propriétés mécaniques apparentes. De plus, si l'on ajoute à cela les variations interindividuelles, c'est-à-dire fonctions des valeurs initiales dues à la génétique, on comprend mieux pourquoi la variabilité des propriétés mécaniques est plus importante pour l'os trabéculaire. Cet aspect est discuté plus en détail dans le livre "Bone Mechanics Handbook" de Cowin (2001). Les travaux de Zysset (2003) fournissent une revue des différents modèles capables de prédire les propriétés élastiques orthotropes apparentes de l'os trabéculaire en fonction de la morphologie. Ainsi ils donnent la plage de variation des différents modules d'élasticité par auteur. Cela permet d'avoir une bonne vue d'ensemble de l'énorme variabilité possible. En conséquence de quoi, les propriétés élastiques orthotropes de l'os trabéculaire sont choisies de manière arbitraire, basée sur les intervalles identifiés par Zysset (2003) ce qui permet d'obtenir le Tableau 3-2.

Tableau 3-2: Propriétés orthotropes élastiques apparentes de l'os trabéculaire

Constantes ingénieurs	Valeurs
$E_1(MPa)$	1200
$E_2(MPa)$	700
$E_3(MPa)$	950
$G_{12}(MPa)$	500
$G_{13}(MPa)$	250
$G_{23}(MPa$	350
ν_{12}	0.28
ν_{13}	0.35
ν_{23}	0.3

La littérature sur les constantes d'élasticité orthotrope du tissu trabéculaire est très pauvre et les informations sur les données isotropes sont contradictoires. Si Zysset, Edward Guo et al. (1999) indiquent une grande disparité des propriétés mécaniques entre les individus et entre les tissus cortical et trabéculaire, Bayraktar, Morgan et al. (2004) essaient de rassembler les différentes études faites et tentent de clarifier la situation. Encore une fois la diversité des techniques d'analyse, par éléments finis, nano-indentation, acoustique,..., ne facilite pas l'établissement d'un consensus autour des propriétés mécaniques du tissu trabéculaire. Lorsque certains reportent de faibles valeurs (Rho, Tsui et al. 1997; Zysset, Edward Guo et al. 1999), d'autres déterminent des valeurs plus élevées (Turner, Rho et al. 1999; Niebur, Feldstein et al. 2000) semblables aux propriétés du tissu cortical. Ainsi, deux études (Turner, Rho et al. 1999; Bayraktar, Morgan et al. 2004) dont l'une plutôt récente, concluent que les propriétés des tissus cortical et trabéculaire sont proches. Cependant, l'ensemble des travaux précédemment cités ne font état que de l'étude isotrope des propriétés du tissu cortical et trabéculaire. Par conséquent, basé sur les résultats de Bayraktar, Morgan et al. (2004) fournissant un intervalle du module d'élasticité isotrope du tissu trabéculaire, on émet l'hypothèse selon laquelle les proportions entre les propriétés mécaniques orthotropes apparentes (Tableau 3-2) et tissulaires de l'os trabéculaire sont les mêmes. On obtient alors le Tableau 3-3.

Tableau 3-3 : Propriétés orthotropes élastiques du tissu trabéculaire

Constantes ingénieurs	Valeurs
$E_1(MPa)$	12000
$E_2(MPa)$	7000
$E_3(MPa)$	9500
$G_{12}(MPa)$	5000
$G_{13}(MPa)$	3700
$G_{23}(MPa)$	4200
ν_{12}	0.28
ν_{13}	0.35
ν_{23}	0.30

1.3. Viscosité

La littérature met en lumière le comportement visqueux de l'os. Dans le cas d'un essai de relaxation sur l'os cortical (Figure 3-8), la recouvrance de 90% d'un état de contrainte ou de déformation nulle nécessite 10 minutes (Joo, Jepsen et al. 2007), ce qui montre la caractère viscoélastique de l'os.

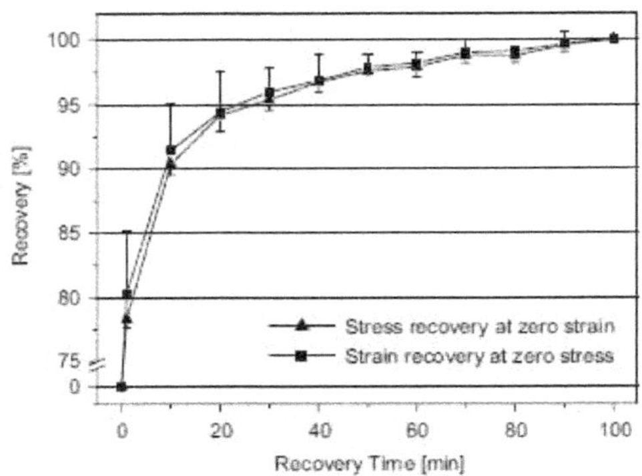

Figure 3-8: Essai de relaxation en contrainte et en déformation illustrant la recouvrance de l'os cortical après un cycle d'endommagement. On y observe une recouvrance de 100 % après 100 minutes (Joo, Jepsen et al. 2007).

L'élaboration d'un modèle mathématique décrivant le comportement viscoélastique des os cortical et trabéculaire est illustré par une loi de puissance exponentielle (Iyo, Maki et al. 2004; Guedes, Simões et al. 2006). Ainsi, on peut d'écrire l'évolution du module viscoélastique $E(t)$ de l'os trabéculaire au cours du temps par une série infinie tel que :

$$E(t) = E_0\left\{1 + \sum_{k=1}^{\infty}(-1)^k\left(\frac{E_0}{E_t}\right)^k\left(\frac{t}{\tau_0}\right)^{kn}\right\} \tag{3.4}$$

où E_0 représente le module viscoélastique initial, E_t le module caractérisant la dépendance temporelle, t le temps, τ_0 le temps de référence unitaire caractéristique ($1\,seconde$) et n un paramètre viscoélastique. La simplification de cette équation au premier ordre permet d'obtenir la relaxation du module viscoélastique normalisé lors d'essais dynamiques (Figure 3-9).

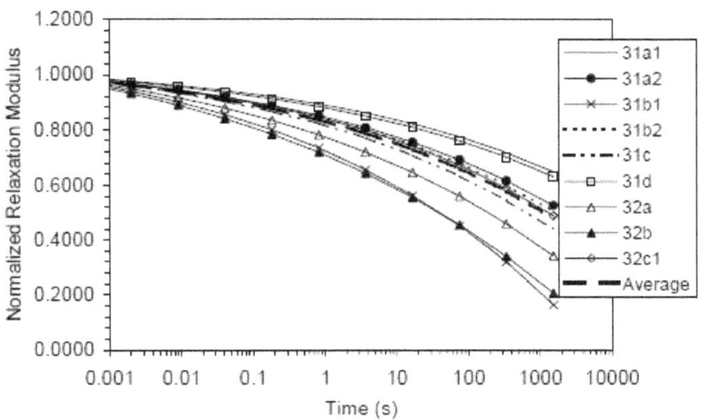

Figure 3-9: Courbes de relaxation du module viscoélastique normalisé de l'os trabéculaire pour différents spécimens sur tests dynamiques (DMTA) (Guedes, Simões et al. 2006).

Quaglini, Russa et al. (2009) décrivent plus particulièrement le comportement viscoélastique de l'os trabéculaire par une loi de puissance à deux temps de relaxation. Le premier à court terme, où $2.18s < \tau_1 < 4.25s$ est fonction d'une contrainte générale initiale permettant de comparer et d'uniformiser les différents tests mécaniques (compression, flexion). Tandis que l'autre, où $\tau_2 \approx 95s$, décrit le comportement à plus long terme. Ces temps caractéristiques semblent être gouvernés directement par les caractéristiques matériaux de la matrice de collagène formant le tissu osseux (Quaglini, Russa et al. 2009). Ainsi les propriétés viscoélastiques de l'os trabéculaire seraient donc totalement indépendantes du chargement et de l'individu, mais définies par les caractéristiques intrinsèques du tissu trabéculaire. Propriétés pouvant être affectées par l'âge par exemple, comme l'illustre la Figure 3-10.

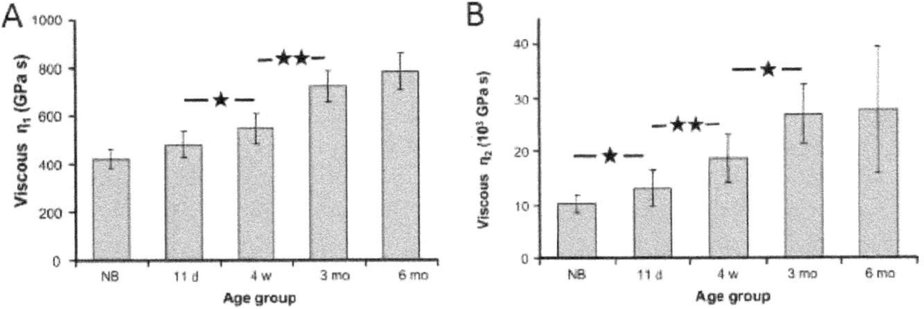

Figure 3-10: Évolution des modules viscoélastiques du tissu trabéculaire en fonction de l'âge chez le lapin. A. Module longitudinal. B. Module transverse (Isaksson, Malkiewicz et al. 2010).

1.4. Endommagement par fatigue

En fonction des sollicitations subies par le matériau, on peut caractériser l'endommagement de quatre manières (Krajcinovic, D., 1984) issue de Zioupos and Casinos. (1998) : (i) défauts de structure à l'échelle microscopique (densité de fissures,...) ; (ii) changement des propriétés physiques (résistivité électrique, densité, conduction acoustique,...) ; (iii) durée de vie et (iv) modification des propriétés mécaniques (élasticité, plasticité, viscoplasticité,...). Étant donné que l'os subit chaque jour une palette de contraintes il sera naturellement endommagé. Cet endommagement se reflètera par une fatigue de l'os, les propriétés matériau vont s'altérer, l'os va vieillir et il perdra de ses qualités élastiques au fur et à mesure de l'apparition de microfissures (Figure 3-11). Une formulation d'endommagement par fatigue peut donc être utilisée afin d'exprimer la détérioration des propriétés mécaniques (*i.e.* des constantes élastiques notamment) de l'os au cours du temps.

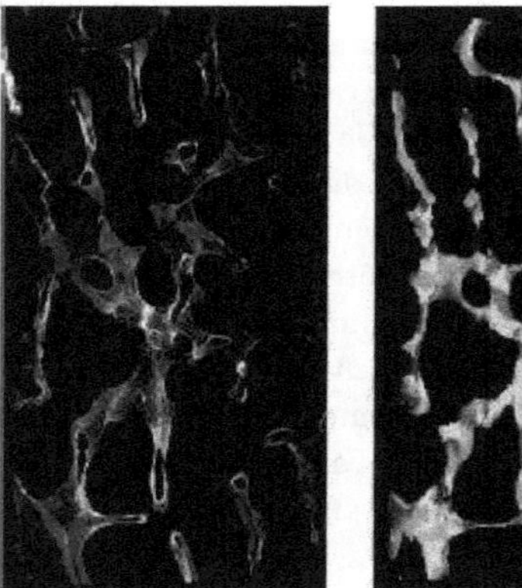

Figure 3-11: Microfissures dans l'os trabéculaire obtenus par histomorphométrie (image de gauche) et répartition de la contrainte de Mises sur une modélisation par éléments finis (micro-CT) (image de droite) (Nagaraja, Couse et al. 2005).

Afin de déterminer cette loi, il est essentiel de comprendre quelles sont les données influençant la variable d'endommagement d. Il a été montré que l'état d'endommagement dépend directement de l'amplitude des contraintes σ ou des déformations ε (Martin 1992; Zioupos, Wang et al. 1996; Zioupos and Casinos 1998; Nagaraja, Couse et al. 2005). De plus, il est classique en mécanique des milieux continus d'utiliser la notion de cycles de vie pour modéliser l'endommagement résultant de sollicitations cycliques (Chaboche 1981). L'endommagement pouvant atteindre la valeur maximum de 1 qui correspond à la rupture du matériau, il convient de faire intervenir la notion de nombre de cycle N définissant le nombre de cycles de sollicitations que le matériau a subi. Il a pour valeur maximum le nombre de cycles de vie (ou cycles de fatigue) N_f, qui représente le nombre maximal de cycles de sollicitations qu'un matériau est capable d'encaisser avant rupture, cela à amplitude de déformation et/ou contrainte donnée (Figure 3-12). Typiquement N_f est de la forme suivante (Pattin, Caler et al. 1996; Martin 2003; Rüberg 2003) :

$$N_f = C\Delta\varepsilon^{-\delta} \quad (3.5)$$

où C et δ sont des constantes définies par fittage avec des données expérimentales.

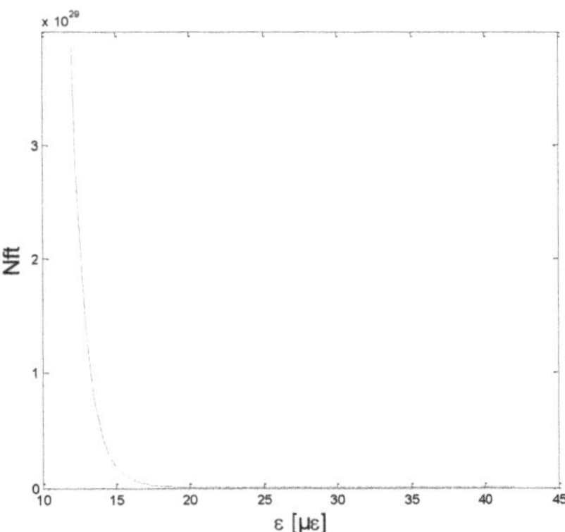

Figure 3-12 : Évolution du cycle de fatigue en tension (Nf_t) en fonction de la déformation principale d'après la formule de (Taylor, Cotton et al. 2002). La forme de la courbe est caractéristique de ce type de loi, et est obtenue par fittage des données expérimentales obtenues sur l'os trabéculaire.

On remarque également que le cycle de vie N_f ne se comporte pas de la même manière que l'on soit en sollicitation de compression (c) ou de traction (t) (Pattin, Caler et al. 1996; Martin 1998) comme l'illustre la Figure 3-13.

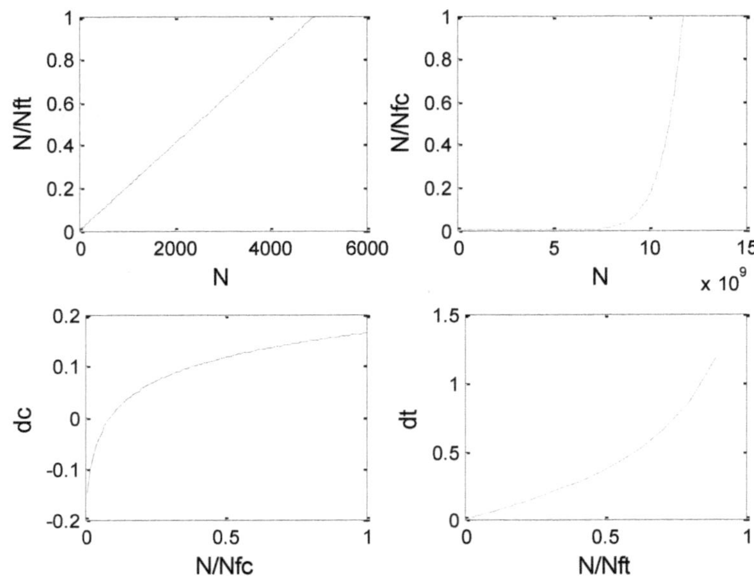

Figure 3-13: Évolution du cycle de fatigue et de l'endommagent en compression (c) et en tension (t). On distingue une évolution plus rapide pour l'os cortical en compression qu'en tension (Pattin, Caler et al. 1996).

En parcourant la littérature on peut rencontrer différentes lois exprimant le cycle de vie N_f comme le montre le Tableau 3-4.

Tableau 3-4 : Bilan non exhaustif des lois de fatigue, pour l'os cortical et trabéculaire, tirées de la littérature. On remarque selon les auteurs des lois en compression $N_{f,c}$ différentes de celles en traction $N_{f,t}$. De plus les expressions ainsi que les coefficients de ces lois peuvent varier d'un auteur à l'autre.

Loi de fatigue		Référence
Os cortical		
$N_{f,c} = 1.479 \times 10^{-21}\varepsilon^{-10.3}$	(3.6)	(Martin 1998)
$N_{f,t} = 3.630 \times 10^{-32}\varepsilon^{-14.1}$	(3.7)	
$N_{f,t} = 10^{-34.5}\varepsilon^{-17}$	(3.8)	(Zioupos and Casinos 1998)
$N_{f,c} = \dfrac{1 - e^{-C_1}}{C_2}\varepsilon^{-\delta_1}$	(3.9)	(Pattin, Caler et al. 1996)
$N_{f,t} = \dfrac{1 - e^{-C_3}}{C_4}\varepsilon^{-\delta_2}$	(3.10)	
Os trabéculaire		
$Log(N_{f,t}) = -28.22\, Log\left(\frac{\sigma}{E^0}\right) - 58.43$	(3.11)	(Taylor, Cotton et al. 2002)
$Log(N_{f,c}) = -13.5\, Log\left(\frac{\sigma}{E^0}\right) - 25.13$	(3.12)	
$N_{f,c} = 1.394 \times 10^{-25}\varepsilon^{-12.17}$	(3.13)	(Kosmopoulos, Schizas et al. 2008)
$0.0121 N_{f,c}{}^{-0.0808} = \dfrac{\sigma}{E_0}$	(3.14)	(Rapillard, Charlebois et al. 2006)

Ces expressions qui diffèrent par leurs écritures ou leurs coefficients reprennent toutes la forme classique de la Figure 3-12 ou de la Figure 3-13 montrant la diminution du cycle de fatigue au fur et à mesure que la déformation et/ou la contrainte augmente.

Étant donné que l'ensemble de ces lois est fitté par rapport à des données expérimentales, la variabilité des expressions, et/ou des coefficients, reflète la diversité des morphologies, des âges des sujets, ainsi que leurs antécédents. Cela modifie alors la vitesse d'évolution de l'endommagement et donc la courbure de la Figure 3-12. Néanmoins chacune des expressions du Tableau 3-4 reprennent cette forme générale. Par conséquent, l'enjeu réside dans le choix d'une loi donnant l'évolution du cycle de fatigue en compression et en tension, facilement implémentable et permettant, s'il le faut, d'être ajustée en fonction de l'individu, donc une loi qui présente peu de coefficients.

Cependant, la connaissance du cycle de fatigue ne permet pas de déduire l'état d'endommagement du matériau. Néanmoins, l'on sait que si $N = N_f$, alors le matériau a atteint le maximum de cycles de sollicitations qu'il pouvait encaisser et donc que l'élément de matière correspondant est arrivé à rupture. Rupture représentée par un état d'endommagement égal à 1. Le calcul de l'endommagement δd s'effectuant pour chaque cycle, on peut écrire l'endommagement d^{n+1} au cycle $n + 1$ comme étant le cumul des δd :

$$d^{n+1} = d^n + \delta d \tag{3.15}$$

où δd est l'endommagement incrémental au cycle $n + 1$ (Figure 3-14).

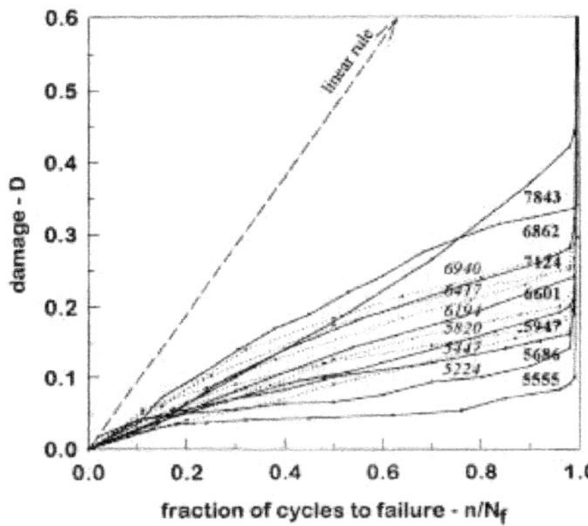

Figure 3-14: Accumulation de l'endommagement sur des échantillons de fémur humain soumis à différents niveaux de contraintes jusqu'à rupture par fatigue. On observe que plus la contrainte augmente, plus l'accumulation de l'endommagement est rapide et devient maximale à mesure que $N/N_f = 1$ (Zioupos and Casinos 1998).

On observe classiquement dans la littérature l'expression $(1/N_f)^\beta$ afin de caractériser le cumul non linéaire de l'endommagement. Cependant on peut trouver d'autres expressions plus complexes d'endommagement non linéaire, telles que celles décrites par Chaboche (1981) (3.16) ou Pattin, Caller et al. (1996) (3.17) :

$$d_c = 1 - \left[1 - \left(\frac{N}{N_f}\right)^{\frac{1}{1-\alpha}}\right]^{\frac{1}{1+\beta}} \tag{3.16}$$

$$d_c = -\frac{1}{C_1}\left[\ln(1 - C_2\varepsilon^{\delta_1}N)\right] \tag{3.17}$$

Ces expressions analytiques plus complexes présentent un plus grand nombre de coefficients de corrélation permettant une meilleure description des mécanismes physiques d'endommagement. Toutefois, en tant que première approximation, il n'est pas aberrant de considérer dans un premier temps une évolution non linéaire plus simpliste telle que :

$$\delta d = \frac{1}{N_f} \tag{3.18}$$

L'endommagement cumulé sera de suite exprimé par le cumul des N cycles de sollicitations :

$$d^{n+1} = d^n + \delta d = \frac{N}{N_f} + \frac{1}{N_f} = \frac{N+1}{N_f} \tag{3.19}$$

De plus, sachant que le cycle de vie d'un matériau est différent selon que le chargement soit du type compression ou traction, on peut définir une formulation du cycle de fatigue en compression $N_{f,c}$ et en traction $N_{f,t}$ à l'aide de l'évolution de l'amplitude de déformation $\Delta\varepsilon$ (Taylor, Cotton et al. 2002)°:

$$\log(N_{f,c}) = -13.5 \log\left(\frac{\Delta\sigma_{comp}}{E_0}\right) - 25.13 \tag{3.20}$$

$$\log(N_{f,t}) = -28.22 \log\left(\frac{\Delta\sigma_{tens}}{E_0}\right) - 58.43 \tag{3.21}$$

La Figure 3-15 montre l'évolution de la variable d'endommagement en compression selon les lois exposées par Taylor, Cotton et al. (2002) et Pattin, Caler et al. (1996). On remarque que la première est caractérisée par une évolution linéaire tandis que la seconde est fortement non linéaire. La Figure 3-15 souligne également la faible différence de l'ordre de 10% sur le résultat, puisque la survenue de l'endommagement maximal apparaît pour un état d'endommagement $D_c = 1$ dans le premier cas et $D_c = 0.9$ dans le second.

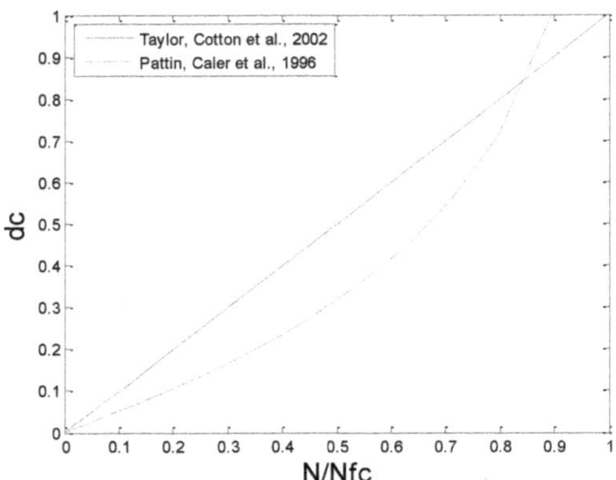

Figure 3-15 : Évolution de la variable d'endommagement en compression (d_c) suivant les lois de Taylor, Cotton et al. (2002) et Pattin, Caler et al. (1996). Dans le premier cas on considère une évolution linéaire de l'endommagement, alors que dans le second, l'évolution est fortement non linéaire.

Bien que l'étude de Pattin, Caler et al. (1996) ait été effectuée sur de l'os cortical et celle de Taylor, Coton et al. (2002) sur de l'os trabéculaire, il n'empêche que les mécanismes d'endommagement entre l'os cortical et trabéculaire sont similaires (Michel, Guo et al. 1993; Bowman, Guo et al. 1998). Ainsi seule la variabilité interindividuelle peut expliquer la différence d'environ 10 % sur le résultat final. Au regard des données d'entrées foncièrement différentes, puisque dans un cas on est sur un module apparent d'os trabéculaire alors que dans l'autre cas on utilise le module sécant de l'os cortical, on peut conclure à des mécanismes et donc des lois d'endommagement similaires pour l'os cortical et l'os trabéculaire.

La traduction de l'état d'endommagement sur le comportement mécanique se caractérise de manière géométrique, à travers les propriétés mécaniques du matériau ou par une formulation thermodynamique. Cet état d'endommagement est notamment développé dans l'ouvrage de Lemaitre et Chaboche (1985). En effet, l'augmentation de l'endommagement provoque une diminution des propriétés mécaniques de l'os, comme le module d'élasticité par exemple (Figure 3-16).

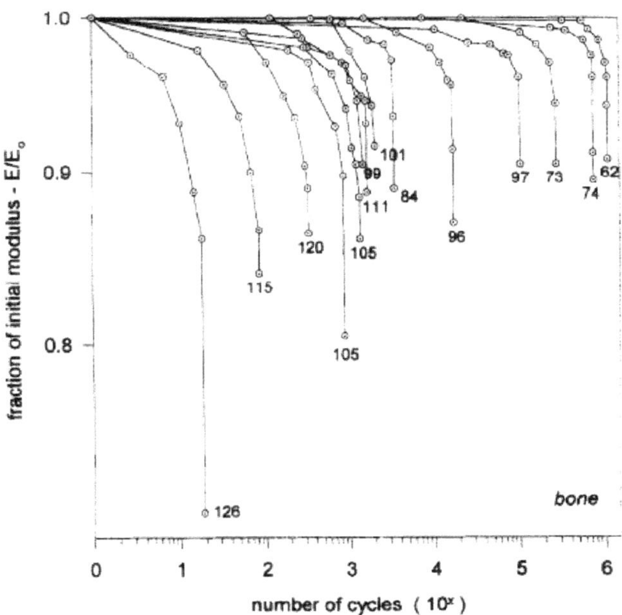

Figure 3-16: Données expérimentales montrant la réduction du module d'élasticité isotrope de l'os en fonction du nombre de cycles de sollicitation pour différentes valeurs de contraintes indiquées sur le graphique (Zioupos, Wang et al. 1996).

Géométriquement, on définit la variable d'endommagement par le rapport (Lemaitre and Chaboche 1985) :

$$d = \frac{S_D}{S^0} \tag{3.22}$$

où $S_D = S^0 - \tilde{S}$ représente la surface résiduelle d'un élément de surface S^0, auquel on retranche les surfaces de résistance effective $\tilde{S}$. Donc si $S_D \to 0$, c'est-à-dire que les microfissures tendent à disparaître car $\tilde{S} \to S^0$, la variable d'endommagement tend alors vers 0 ; ce qui signifie que le matériau est vierge de microfissures. À contrario si $\tilde{S} \to 0$, c'est-à-dire que $S_D \to S^0$ donc que le rapport tend vers 1, cela signifie que le dommage est total et que le matériau est amené à rupture.

Bien entendu cet état géométrique se manifeste par une modification traduisant une altération des propriétés mécaniques de notre matériau. Ce qui amène à exprimer la variable d'endommagement de manière plus physique grâce à la notion de contraintes effectives $\tilde{\sigma}$, c'est-à-dire la contrainte rapportée à la section résistante aux efforts. Dans le cas unidimensionnel et isotrope, on définit la contrainte σ par le rapport de la force sur la surface initiale :

$$\sigma = \frac{F}{S^0} \tag{3.23}$$

Ainsi, la section résistante effective s'exprime par :

$$\tilde{S} = S^0 - S_D = S^0(1-d) \tag{3.24}$$

et l'on posera, par définition la contrainte effective :

$$\tilde{\sigma} = \sigma\frac{S^0}{\tilde{S}} = \frac{\sigma}{1-d} \tag{3.25}$$

Du coup $\tilde{\sigma}$ devient la contrainte à appliquer à un matériau vierge pour obtenir le même état d'endommagement d qu'en appliquant un état de contrainte σ sur un matériau déjà endommagé, donc $\tilde{\sigma} \geq \sigma$.

Si l'on introduit la loi de Hooke par l'ajout de la déformation élastique ε_e et le module d'Young E^0 du matériau vierge (*i.e.* sans endommagement caractérisé par l'exposant 0) on obtient :

$$\tilde{\sigma} = E^0\varepsilon_e = \frac{\sigma}{1-d} \tag{3.26}$$

d'où :

$$\sigma = E^0(1-d)\varepsilon_e \tag{3.27}$$

On pose alors :

$$E = E^0(1-d) \tag{3.28}$$

qui correspond au module d'élasticité du matériau endommagé. Ce qui amène à une nouvelle formulation de la variable d'endommagement reliée aux propriétés élastiques du matériau :

$$d = 1 - \frac{E}{E^0} \tag{3.29}$$

Étant donné que le rapport $\frac{S^0}{\tilde{S}}$ peut s'appliquer à n'importe quel plan, on peut généraliser le concept d'endommagement au niveau tridimensionnel. Donc, la variable d'endommagement s'exprime de manière tensorielle afin de rendre compte de la direction privilégiée des microfissures (Baste, El Guerjouma et al. 1989). Cela permet d'exprimer la loi d'élasticité orthotrope à travers l'état des contraintes en fonction de la déformation et du tenseur de rigidité, telle que°:

$$\begin{aligned}\sigma_{ij} &= C_{ijkl}(D)[\varepsilon_{kl}] \\ &= \left(M(D_{ijkl})\right)^{-1} : C^0_{klij} : \left(M^t(D_{ijkl})\right)^{-1}[\varepsilon_{kl}]\end{aligned} \tag{3.30}$$

où $C_{ijkl}(D)$ représente le tenseur de rigidité d'ordre quatre du matériau endommagé, C^0_{klij} le tenseur de rigidité d'ordre quatre du matériau vierge (caractérisé par l'exposant 0), D le tenseur diagonal d'endommagement, M un opérateur tensoriel, σ_{ij} et ε_{kl} les tenseurs de contrainte et de déformation d'ordre deux (Baste, El Guerjouma et al. 1989). Les éléments non nuls du tenseur de rigidité peuvent s'exprimer à l'aide d'une matrice symétrique, et à l'aide des relations entre les constantes d'ingénieur du matériau vierge et celles du matériau endommagé (equ. (3.28)), on en déduit les expressions des constantes d'élasticité orthotropes suivantes :

$$\begin{aligned}E_1 &= E_1^0(1-D_1)^2 \\ E_2 &= E_2^0(1-D_2)^2 \\ E_3 &= E_3^0(1-D_3)^2 \\ G_{23} &= G_{23}^0(1-D_4)^2 \\ G_{13} &= G_{13}^0(1-D_5)^2 \\ G_{12} &= G_{12}^0(1-D_6)^2 \\ \nu_{12} &= \nu_{12}^0(1-D_1)(1-D_2)^{-1} \\ \nu_{13} &= \nu_{13}^0(1-D_1)(1-D_3)^{-1} \\ \nu_{23} &= \nu_{23}^0(1-D_2)(1-D_3)^{-1}\end{aligned} \tag{3.31}$$

Il existe de nombreuses façons de mesurer l'endommagement à travers les modules d'élasticité, comme par exemple les ultrasons, l'analyse modale, etc. (cf. section 1.2 sur la caractérisation des propriétés matériaux). Mais dans le cadre de la thèse, l'intérêt est de connaître la loi d'évolution de cette variable d'endommagement tridimensionnel D_i (où $i = 1,2,3$ représente les directions principales du matériau) en fonction des paramètres connus, tels que la déformation ou la contrainte. Ces lois seront exposées dans la section 2 portant sur la proposition du modèle mécanique de remodelage.

1.5. Poroélasticité

La structure même de l'os reflète et illustre la porosité de ce matériau, porosité qui présente la particularité d'être saturée par un fluide. En fonction de l'endroit où l'on se place dans l'os, on rencontre différentes structures (os trabéculaire, os cortical, ostéon,...) ainsi que différents fluides (sang, filopodia, moelle osseuse,...). Ces fluides ont pour rôle de transporter les nutriments vers les cellules osseuses, d'évacuer les déchets, de transmettre une information (mécano-transduction), ou de fournir l'os en minéraux afin de les stocker dans l'attente d'un besoin éprouvé par l'organisme. Ces fluides agissent directement sur l'aspect mécano-sensoriel de l'os à travers leurs flux (Burger and Klein-Nulend 1999; Cowin 1999). Par conséquent on arrive à distinguer quatre niveaux de porosité différents liés au type de fluide : (i) la porosité vasculaire, (ii) la porosité du système lacune-canalicule, (iii) la porosité collagène-apatite, (iv) et la porosité intra-trabéculaire qui ne contient pas de fluide à proprement parler mais la moelle osseuse qui est beaucoup plus visqueuse. Il faut bien garder à l'esprit que les niveaux de porosité (ii) et (iii) concernent toutes les architectures osseuses, c'est-à-dire aussi bien l'os cortical que l'os trabéculaire. Cependant la deuxième porosité (ii) est plus importante dans l'os trabéculaire car l'espace lacunaire y est plus important. Néanmoins, seul l'os cortical présente la porosité vasculaire (i) due à sa structure en canaux de Havers concentriques, et seul l'os trabéculaire présente une porosité intra-trabéculaire (iv).

1.5.1. Porosité vasculaire

Elle est constituée des canaux de Havers et des canaux de Volkmann qui contiennent les vaisseaux sanguins, les nerfs ainsi qu'un fluide osseux (Figure 3-17).

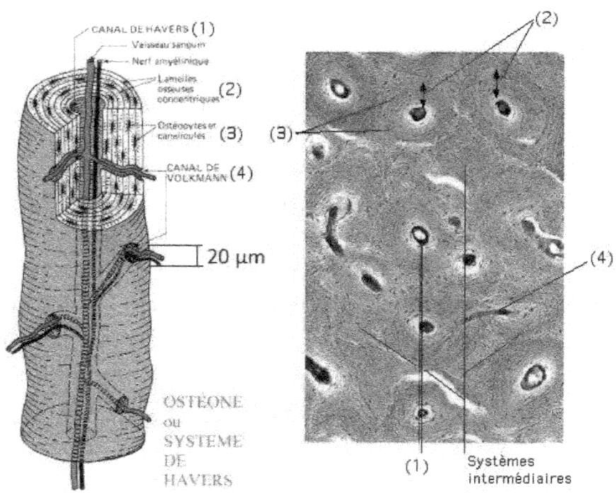

Figure 3-17: Représentation de la porosité vasculaire de l'os cortical comportant les vaisseaux sanguins et les nerfs amyéliniques contenus dans les canaux de Havers et de Volkmann (http://homepage.mac.com/danielbalas/HISTOLOGIE/HISTGENE/histgen1/histgen4/histgen4.htm).

La composition de ce fluide n'a jamais été déterminée de manière exacte et l'on suppose qu'il se comporte de la même manière que l'eau salée (Cowin 1999). Cependant, de récentes études (Smit, Huyghe et al. 2002) basées sur les équations de Cheng and Detournay, (1998) permettent d'obtenir le Tableau 3-5 résumant les coefficients élastiques isotropes de la porosité des systèmes vasculaire et lacune-canalicule de l'os cortical. La grandeur caractéristique de cette porosité correspond au diamètre de ces canaux qui est d'environ 20 μm, ce qui fait d'elle la seconde porosité la plus importante dans le système osseux saturé après la porosité intra-trabéculaire. Ce fluide est en échange permanent avec les vaisseaux sanguins de par leurs parois hautement perméables. Ainsi, la pression à l'intérieur de ces canaux ne peut excéder la pression sanguine d'environ $20\,mmHg = 6.7 \times 10^{-3} MPa$ sous peine de voir les vaisseaux sanguins s'effondrer sur eux même.

Tableau 3-5 : Coefficients poroélastiques isotropes de l'os cortical des systèmes vasculaire et lacune-canalicule.

Coefficients poroélastique	Système vasculaire	Système lacune-canalicule
φ, porosité	0.04	0.05
K_f (GPa), module de Bulk du fluide	2.3	2.3
E_d (GPa), module d'Young drainé	14.58	15.75
ν_d, coefficient de poisson drainé	0.325	0.325
G_d (GPa), module de cisaillement drainé	5.5	5.94
K_d (GPa), module de Bulk drainé	13.92	14.99
E_s (GPa), module d'Young du solide	15.85	17.51
ν_s, coefficient de poisson du solide	0.333	0.335
G_s (GPa), module de cisaillement du solide	5.94	6.56
K_s (GPa), module de Bulk du solide	15.82	17.66
E_u (GPa), module d'Young non drainé	14.65	15.85
ν_u, coefficient de poisson non drainé	0.332	0.333
G_u (GPa), module de cisaillement non drainé	5.5	5.94
K_u (GPa), module de Bulk non drainé	14.56	15.82
α, coefficient de contrainte effective	0.12	0.151
B, coefficient de Skempton (pression interstitielle)	0.367	0.344
M (GPa), coefficient de Biot	45.547	35.66

1.5.2. Porosité du système lacune-canalicule

Elle est constituée de l'espace disponible entre les lacunes et les canalicules où sont disposés les ostéocytes de grandeur caractéristique d'environ 0.1 μm de diamètre (Figure 3-18). Les canalicules ont la particularité de pouvoir supporter des pressions bien supérieures à la pression sanguine. Associé au fait que le fluide soit en contact direct avec les ostéocytes, véritable centre de traitement des données lié au remodelage osseux (Sims and Gooi 2008), cela fait de ce système poreux le plus important dans la dynamique du remodelage osseux. Cette porosité a la particularité d'être présente dans l'os cortical et dans l'os trabéculaire puisque tous deux contiennent des ostéocytes.

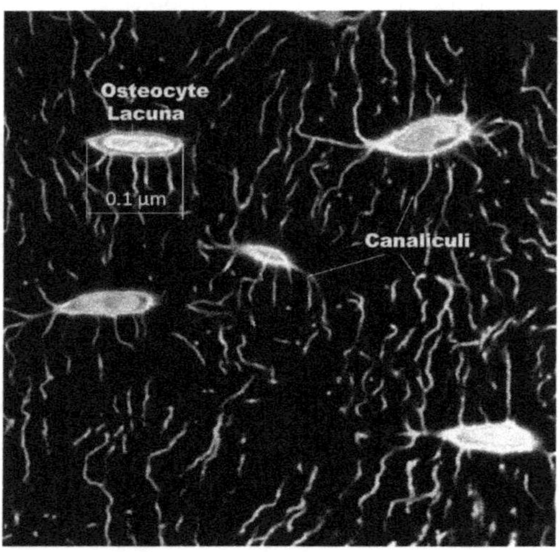

Figure 3-18: Porosité du système lacune-canalicule. Les ostéocytes sont disposés dans des lacunes contenant un fluide interstitiel osseux mis en mouvement lorsque l'os est sous contrainte et s'écoulant le long des canalicules (canaliculi) qui connectent les ostéocytes entre eux.

1.5.3. Porosité du système collagène-apatite

Elle est constituée du domaine extracellulaire : c'est l'espace situé entre les lignes de collagène et les cristaux d'hydroxyapatites de grandeur caractéristique d'environ 10 nm de rayon, ce qui en fait le plus petit système poreux de tous (Figure 3-19). Le mouvement du fluide interstitiel y est quasi inexistant en raison des interactions des ions d'hydroxyapatites sur le fluide, ce qui permet de considérer que le fluide ne contribue pas à l'aspect mécano-sensoriel de l'os. Encore une fois cette porosité est présente aussi bien dans l'os cortical que dans l'os trabéculaire, puisqu'ils présentent tous deux une composition microscopique identique faite de couches périodiques de collagène et de cristaux d'hydroxyapatites. En fait, au niveau du tissu, la composition et les propriétés sont identiques (Bayraktar, Morgan et al. 2004).

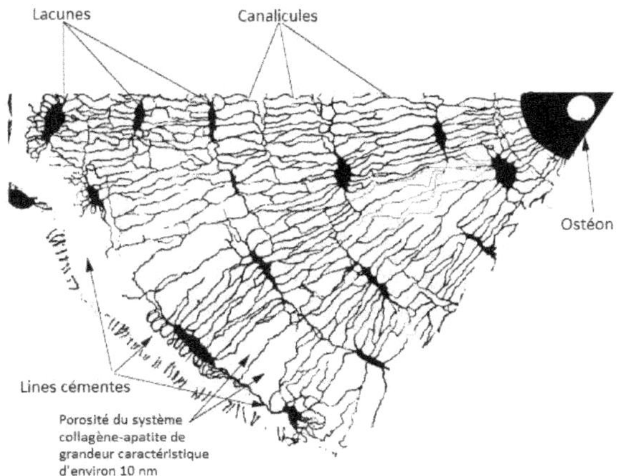

Figure 3-19: Porosité collagène-apatite contenue au sein de la structure même dans laquelle les lacunes ostéocytaires existent (Cowin 1999).

1.5.4. Porosité du système intra-trabéculaire

Comme mentionné plus haut, ce système est constitué par l'espace entre les travées du système trabéculaire (Figure 3-20), et ne comprend pas de fluide à proprement parler. Ce système est connecté à la cavité médullaire et contient de la moelle osseuse, de la graisse et des vaisseaux sanguins qui forment un ensemble ayant une viscosité allant jusqu'à deux ordres de grandeur supérieurs au fluide osseux. Sa dimension caractéristique peut aller jusqu'à $1\,mm$ en fonction de la localisation anatomique et des caractéristiques morphologiques des personnes. Cela en fait le système poreux le plus grand de tous.

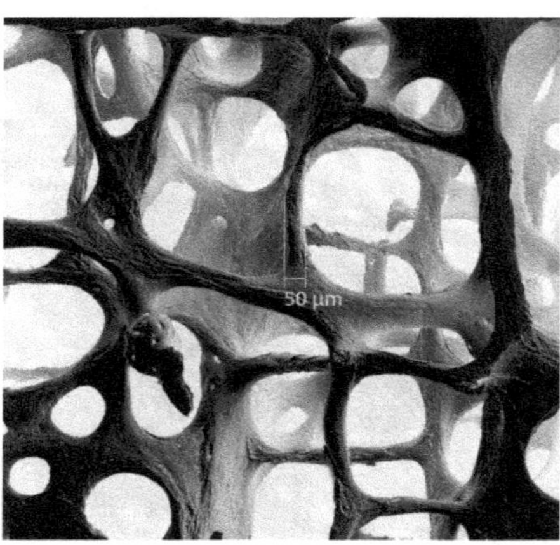

Figure 3-20: Os trabéculaire illustrant la porosité au sein du réseau trabéculaire défini par la taille des pores (http://hdl.handle.net/2451/23326).

1.6. Piézoélectricité

La piézoélectricité, du grec *piézein* qui signifie « presser, appuyer », est la capacité d'un matériau à coupler des effets mécaniques à des effets électriques. On distingue la piézoélectricité directe qui, sous l'action d'une contrainte, va provoquer l'apparition d'un champ électrique, de la piézoélectricité inverse qui, sous l'action d'un champ électrique, va provoquer un état de contrainte interne dans le matériau et va induire une déformation.

Cette propriété a été découverte pour l'os au début des années soixante-dix (Steinberg, Wert et al. 1973; Aschero, Gizdulich et al. 1996). Depuis, quelques auteurs se sont penchés sur ce phénomène afin de proposer un modèle et de caractériser les constantes piézoélectriques de l'os (Aschero, Gizdulich et al. 1996).

Les équations constitutives du caractère piézoélectrique d'un matériau adoptent la formulation suivante :

$$\sigma_{ij} = C_{ijkl}\colon \varepsilon_{kl} - e_{mij}.E_m \qquad (3.32)$$

$$q_i = e_{ijk}.\varepsilon_{ij} + K_{ij}.E_j \qquad (3.33)$$

avec les équations d'équilibre mécanique et de conservation du flux électrique :

$$\int_V \sigma : \delta\varepsilon \, dV = \int_S t.\delta u \, dS + \int_V f.\delta u \, dV \qquad (3.34)$$

$$\int_V q.\delta E \, dV = \int_S q_s.\delta\varphi \, dS + \int_V q_V.\delta\varphi \, dV \qquad (3.35)$$

$$\delta\vec{E} \overset{\text{def}}{=} -\overrightarrow{grad}\delta\varphi \qquad (3.36)$$

où σ_{ij} est le tenseur des contraintes, C_{ijkl} est le tenseur de rigidité du matériau, ε_{ij} le tenseur des déformations, e le tenseur des constantes piézoélectriques, E_m le tenseur du champ électrique induit dans le matériau dû à l'état de contrainte interne, q le tenseur du flux électrique, K le tenseur des constantes diélectriques, q_s et q_v les tenseurs des flux électriques respectivement par unité de surface et par unité de volume et φ un scalaire représentant le potentiel électrique. Par conséquent il faut résoudre l'équation en φ, ce qui permet alors d'évaluer E, d'en déduire q et la contrainte σ associée.

Même si, aujourd'hui, ce phénomène est parfaitement compris d'un point de vue physique et si la formulation mathématique associée est clairement établie, il réside une difficulté dans la détermination des constantes piézoélectriques de l'os (Aschero, Gizdulich et al. 1996). Ces difficultés sont principalement dues à (i) la forte impédance de l'os qui rend la mesure peu fiable, (ii) l'effet capacitif des interfaces os-électrodes altérant la mesure (Gizdulich 1993), (iii) la polarisation des électrodes et (iv) l'influence de ces mêmes électrodes lors de la déformation de l'os. Il existe donc de grandes variations d'un auteur à l'autre en ce qui concerne la caractérisation des coefficients piézoélectriques et donc une grande incertitude empêche une modélisation fidèle. Cependant il apparaît que ce phénomène est relativement important puisqu'il influence et participe au remodelage osseux (Bassett 1962; Miara, Rohan et al. 2005; Ramtani 2008).

Si les propriétés piézoélectriques de l'os participent tant au phénomène d'initiation du remodelage osseux, on peut se poser la question de la raison d'une si faible utilisation dans les modèles de remodelage osseux. Il faut rappeler que l'os est composé de fibres de collagène au niveau microscopique. De nombreux auteurs se sont penchés sur les caractéristiques mécaniques et physiques, notamment électriques, du collagène (Fukada, Ueda et al. 1976; Pfeiffer 1977; Silva, Thomazini et al. 2001). Il en ressort que le collagène est un matériau fortement piézoélectrique. Il est communément admis aujourd'hui qu'à l'échelle microscopique, c'est-à-dire au niveau du collagène, l'os présente un comportement piézoélectrique. Predoi-Racila et Crolet. (2007) ont développé un outil multi-échelles du comportement de l'os cortical incluant les propriétés piézoélectriques du collagène (Crolet and Racila 2008). Leur outil montre le lien possible entre le processus de régulation osseuse (mécano-transduction) et l'effet de la chute des propriétés piézoélectriques liée au vieillissement (Crolet, Stroe et al. 2010). Cependant au niveau trabéculaire, l'aspect orthotrope de sa structure inhibe ce comportement piézoélectrique à l'échelle macroscopique.

1.7. Densité et minéralisation osseuse

La phase de minéralisation (ou calcification) a lieu lors de la croissance et du développement osseux, comme vu précédemment lors de l'analyse du processus de formation osseuse. Elle détermine le degré de minéralisation de l'os et est d'une grande importance dans la notion de résistance mécanique de l'os.

En biologie, la minéralisation consiste en la transformation d'éléments organiques en éléments inorganiques (ou minéraux). De ce fait, la minéralisation osseuse est le processus de transformation du calcium et des ions phosphates inorganiques en un matériau solide appelé « phosphate de calcium », de formule $Ca_3(PO_4)_2$.

Dans le cas de l'os secondaire (os cortical et trabéculaire), la minéralisation osseuse comprend alors deux étapes (Figure 3-21). La première étape se déroule dans un laps de temps allant de quelques heures à quelques jours. Lors de cette étape, l'os se minéralise à un taux d'environ 60%. La minéralisation apparaît tout d'abord dans les zones interstitielles, entre les fibres de collagène, avant d'occuper tout l'espace.

Dans une seconde étape, puisque la minéralisation s'est déjà déroulée dans tout le volume osseux, elle consiste en une accumulation lente et progressive jusqu'à saturation. Ici la durée de minéralisation s'étend sur plusieurs années. C'est pour cela qu'un squelette d'enfant sera bien moins minéralisé qu'un squelette adulte. Puisque la minéralisation rigidifie l'os, on comprend que les os d'enfant ont tendance à se courber alors que les os d'adulte (matures) tendent d'avantage à casser. En fonction du degré de minéralisation l'os devient donc plus rigide et moins flexible.

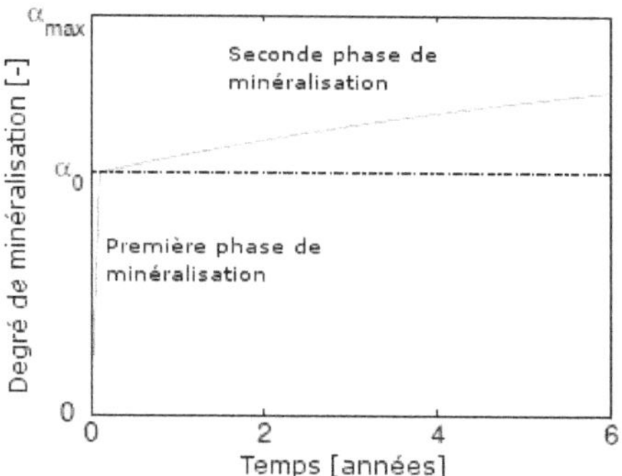

Figure 3-21 : Courbe de minéralisation osseuse montrant l'évolution des phases primaire et secondaire au cours du temps. Extrait de la thèse de Thomas Rüberg (2003).

L'analyse de la BMD (Bone Mineral Density ou densité minérale osseuse) obtenue par absorptiométrie biphotonique (ou ostéodensitométrie) permet d'évaluer le degré de minéralisation de l'os α à travers les équations (3.53) et (3.54). Cette technique utilisant les Rayons X (Dual Energy X-ray Absorptiometry, *DEXA*) fourni le niveau de densité apparente. Cette méthode n'est pas l'unique possibilité, mais à l'heure d'aujourd'hui c'est la plus rapide, la plus précise et la plus utilisée permettant d'évaluer la densité minérale osseuse pour une irradiation très faible. C'est la raison pour laquelle cette technique est devenue une routine dans les études cliniques.

1.8. Évolution des propriétés mécaniques

De nombreux auteurs ont tenté une formulation de l'évolution des propriétés mécaniques apparentes en fonction de différentes variables, comme la porosité ou la densité osseuse apparente ρ, afin de d'écrire des modèles de remodelage osseux (Thomsen, Mosekilde et al. 1994; Doblaré and García 2002; Müller 2005). Le Tableau 3-6 illustre une partie des différentes lois d'évolution des propriétés mécaniques apparentes de l'os trabéculaire que l'on peut trouver dans la littérature.

Tableau 3-6: Bilan non exhaustif des différentes lois d'évolution des propriétés mécaniques de l'os trabéculaire, en particulier le module d'Young isotrope et apparent, reportées dans la littérature.

Loi de d'évolution des propriétés mécaniques apparentes $[MPa]$		Référence
$E_{app} = (8.83 \times 10^5)p^6 - (2.99 \times 10^6)p^5 + (3.99 \times 10^6)p^4 - (2.64 \times 10^6)p^3 + (9.08 \times 10^5)p^2 - (1.68 \times 10^5)p + (2.37 \times 10^4)$	(3.37)	(Hazelwood, Bruce Martin et al. 2001)
$E_{app} = 84370\upsilon_b^{2.58\pm0.02}\alpha^{2.74\pm0.13}$	(3.38)	(Hernandez, Beaupré et al. 2001)
$E_{app} = \begin{cases} 2014\rho^{2.5} \text{ pour } \rho \leq 1.2 \text{ g.cm}^{-3} \\ 1763\rho^{3.2} \text{ pour } \rho \geq 1.2 \text{ g.cm}^{-3} \end{cases}$	(3.39)	(Doblaré and García 2002)
$\nu_{app} = \begin{cases} 0.2 \text{ pour } \rho \leq 1.2 \text{ g.cm}^{-3} \\ 0.32 \text{ pour } \rho \geq 1.2 \text{ g.cm}^{-3} \end{cases}$	(3.40)	
$E_{app} = 5546\rho^{1.33}$	(3.41)	(Nyman, Yeh et al. 2004)
$E_{app} = 5000\rho^3$	(3.42)	(Ruimerman, Hilbers et al. 2005)
$E_{app} = 84370\upsilon_b^{2.58}\alpha^{2.74}(1-d)$	(3.43)	(García-Aznar, Rueberg et al. 2005)
$E_{app} = 6000\rho^3$	(3.44)	(McNamara and Prendergast 2007)
$E_{app} = 4000(1-d)\rho^{2.5\pm0.5}\alpha^{2.74}$	(3.45)	(Hambli, Soulat et al. 2009)

Certains travaux fournissent, par une analyse structurale (Yang, Kabel et al. 1998) ou par élément finis (Kowalczyk 2003), des relations permettant d'obtenir les constantes élastiques du tissu trabéculaire. Une étude récente de (Berger 2011) portant de manière plus générale sur les solides poreux, donne des relations très intéressantes, dont les valeurs sont proches des propriétés orthotropes apparentes trabéculaires illustrées par Zysset (2003).

2. Proposition d'un modèle mécanique de remodelage

L'étude portant en partie sur l'évolution des propriétés de la microarchitecture osseuse, cela implique la prise en compte des propriétés mécaniques du tissu en raison des calculs mécaniques portant directement sur les travées. Pour des raisons de simplification, il est nécessaire de faire l'hypothèse d'une invariabilité des propriétés en fonction du type d'os (plat, long, petit), de la localisation (endoste, périoste), du sexe, de l'âge ou encore de la diversité ethnique. S'il est certain que les propriétés mécaniques varient avec l'âge et le sexe (Zysset, Edward Guo et al. 1999; Bayraktar, Morgan et al. 2004), l'ethnicité peut également avoir une influence (Han, Palnitkar et al. 1996; Nelson and Megyesi 2004). Cependant l'étude n'a pas comme objectif de caractériser ces différences puisqu'elles représentent simplement une variabilité des données d'entrées du modèle. Cela étant il est malgré tout nécessaire de faire la distinction entre les propriétés de l'os cortical et trabéculaire. De fait ce sera le seul critère de distinction des propriétés mécaniques que l'on considèrera pour la suite de l'étude.

L'aspect viscoélastique de l'os est un aspect intéressant, notamment lors d'essais dynamiques lorsque l'on cherche à déterminer la dissipation d'énergie due aux cycles de sollicitations. Dans le cas de notre étude cet aspect n'est pas essentiel et cela pour plusieurs raisons.

- Étant donné que la modélisation thermodynamique du comportement osseux (mécanique et biologique) n'est pas un objectif prioritaire, il n'est pas utile d'aborder la notion de conservation de l'énergie interne. La raison d'un tel choix et d'une telle restriction vient du fait qu'il faille alors non seulement modéliser le comportement mécanique de l'os d'un point de vue thermodynamique, mais également les équations cellulaires. Or cela pose à l'heure actuelle la question de la modélisation thermodynamique du vivant qui est davantage de l'ordre du questionnement fondamental.
- L'objectif du travail étant de prédire l'architecture ainsi que la qualité de l'os trabéculaire, cela impose de se placer sur une échelle de temps relativement longue pour permettre aux cellules de réorganiser l'architecture trabéculaire et de modifier les propriétés du tissu. Ainsi les cycles de sollicitations sont relativement longs et mettent en œuvre un effet d'endommagement par fatigue détaillé à la section 1.4. Or comme le soulignent (Guedes, Simões et al. 2006), les modèles viscoélastiques sont utiles et intéressants avant que l'endommagement n'intervienne.

- Les simulations effectuées dans le cadre de l'étude étant pilotées par des cycles où un cycle représente une journée d'activité physique moyenne, il apparaît que les échelles de temps diffèrent de plusieurs ordres de grandeur. Si les temps de relaxation sont de l'ordre de la centaine de secondes, un cycle de sollicitations représente une journée soit 86 400 secondes. Ainsi on remarque que les effets viscoélastiques ne peuvent être prépondérants dans le comportement mécanique de l'os.

De ce fait on comprend bien que la viscosité n'est pas nécessaire pour la modélisation du comportement mécanique dans le cadre de cette étude. Par conséquent elle ne sera pas prise en compte.

Peu d'études existent sur la définition de l'endommagement orthotrope et en général, elles n'ont aucune base expérimentale, mais sont intéressantes d'un point de vue numérique (Pidaparti 1997), et certaines études l'utilisent au sein d'un processus de couplage endommagement-remodelage (Doblaré and García 2002). On fait alors l'hypothèse simple que l'endommagement peut s'effectuer dans les directions orthotropes i, c'est-à-dire dans les directions principales du matériau. Les travaux de Baste, El Guerjouma et al. (1989) mesurent l'endommagement anisotrope d'un composé céramique par une méthode ultrasonore. De même Stolk, Verdonschot et al. (2004) utilisent un modèle anisotrope pour caractériser l'endommagement dans un ciment acrylique osseux. Ainsi il suffit d'évaluer l'amplitude des déformations suivant les axes orthotropes i et la relation (3.19) devient :

$$D_i^{n+1} = D_i^n + \delta D_i \quad (3.46)$$

où D_i représente la composante dans la direction i du tenseur diagonal d'endommagement, i allant de 1 à 6. Dans un premier temps on se focalise sur l'endommagement dans les trois directions principales (Stolk, Verdonschot et al. 2004). De ce fait il faut réduire i à 3 et le tenseur diagonal d'endommagement s'exprime de la manière suivante :

$$\delta D = \begin{bmatrix} \delta D_1 & 0 & 0 \\ 0 & \delta D_2 & 0 \\ 0 & 0 & \delta D_3 \end{bmatrix} \quad (3.47)$$

L'incrément d'endommagement s'exprime en fonction du cycle de fatigue en compression et/ou traction dans la direction orthotrope i correspondante. De plus, puisque le matériau peut subir des efforts de compression et/ou de traction, la variable d'endommagement local devra prendre en compte ces deux efforts. C'est pourquoi il est nécessaire d'additionner l'endommagement en traction et en compression afin d'exprimer l'endommagement complet de notre élément de matière dans chacune des directions comme suit :

$$\begin{aligned}
\delta D_{i,c} &= \frac{1}{N_{f,c}} = \frac{1}{2.719 \times 10^{-10} \Delta\varepsilon_i^{-1.2}} \\
\delta D_{i,t} &= \frac{1}{N_{f,t}} = \frac{1}{3.630 \times 10^{-10} \Delta\varepsilon_i^{-1.2}} \\
\delta D_i &= \delta D_{i,c} + \delta D_{i,t}
\end{aligned} \tag{3.48}$$

Les formulations unidirectionnelles des cycles de fatigue en compression et en traction sont inspirées de Martin (1998). L'état d'endommagement affectant les propriétés matériaux, il est nécessaire d'en développer une formulation orthotrope suivant l'exemple de Baste, El Guerjouma et al. (1989) en multipliant les modules vierges par l'expression $(1 - D_i)$. Ainsi les modules élastiques de l'équation (3.31) deviennent :

$$\begin{aligned}
E_1 &= E_1^0 (1 - D_1)^2 \\
E_2 &= E_2^0 (1 - D_2)^2 \\
E_3 &= E_3^0 (1 - D_3)^2 \\
G_{23} &= G_{23}^0 \\
G_{13} &= G_{13}^0 \\
G_{12} &= G_{12}^0 \\
\nu_{12} &= \nu_{12}^0 \\
\nu_{13} &= \nu_{13}^0 \\
\nu_{23} &= \nu_{23}^0
\end{aligned} \tag{3.49}$$

Seuls les modules de cisaillement G_{ii} restent inchangés, étant donné que l'endommagement n'est calculé que pour les directions $i = 1,2,3$ et non pour les directions transverses. Puisque le calcul de la contrainte est directement fonction de ces mêmes propriétés, il faut alors évaluer la contrainte $\Delta\sigma = E(N)\Delta\varepsilon$ au $N^{ième}$cycle.

De plus afin d'avoir une vision globale de l'état d'endommagement moyen local, on définit une variable D telle que :

$$D = \left(\sum_{i=1}^{3} D_i \right) \Big/ 3 \tag{3.50}$$

D représente alors l'état d'endommagement moyen. Cette variable verra son utilité plus loin dans le cadre de l'altération des communications cellulaires.

La poroélasticité de l'os est complexe et la détermination de la totalité de ses paramètres reste une tâche à accomplir. Il faut alors procéder à une simplification dans la description du modèle. Dans un premier temps on peut considérer la poroélasticité osseuse comme un système uniforme qui réunit tous les systèmes poreux comprenant les fluides osseux et la moelle. Cette simplification sommaire et drastique faite par Nowinski et Davis (1970; 1971) a été reconnue inadéquate et trop limitative en raison de la forte disparité des ordres de grandeur de porosité dans l'os et de la diversité des fluides interstitiels. On doit donc prendre chaque type de porosité (vasculaire, lacune-canalicule, intra trabéculaire, collagène apatite) et étudier la nécessité de sa prise en compte au cas par cas.

Le système poreux intra-trabéculaire, représentant la porosité trabéculaire saturée par la moelle osseuse, est le système poreux le plus important de l'os trabéculaire. Étant donné que la viscosité de la moelle est environ un à deux ordres de grandeur plus importante que celle du fluide interstitiel osseux (Bryant 1983; Bryant 1988), c'est-à-dire équivalent à de l'huile d'olive (0.081 $Pa.s$), on comprend que la moelle ne s'écoule pas comme le fluide interstitiel osseux contenu dans les canalicules. Ainsi, on propose de modéliser la moelle osseuse comme un solide élastique constituant de l'os trabéculaire. Cependant ces propriétés visqueuses peuvent être intéressantes afin d'en caractériser l'écoulement rhéologique en raison de la présence de cellules non différenciées en son sein. Cet aspect sera d'avantage développé au Chapitre 7. Ainsi, le Tableau 3-7 fait état des propriétés mécaniques de la moelle osseuse et permet de modéliser son influence au sein de la porosité trabéculaire. L'idée est donc de définir le tissu trabéculaire et la moelle comme deux matériaux différents et constituants de l'os.

Tableau 3-7 : Paramètres élastiques isotrope de la moelle osseuse

Coefficients élastique	Valeurs	Références
E (Mpa), module d'Young isotrope	30	-
ν, coefficient de poisson isotrope	0.3	-
μ^m $(Pa.s)$, viscosité dynamique	0.081	(Bryant 1988)
k_p^m (m^2), perméabilité	$7.5e^{-20}$	(Gururaja, Kim et al. 2005)

Il a été montré que deux systèmes poroélastiques sont prédominants dans l'os, par leur taille et/ou leur importance vis-à-vis du comportement mécanique ou de la transmission d'un signal initiant le remodelage osseux (Weinbaum, Cowin et al. 1994). Ainsi un modèle bi-poroélastique devrait être utilisé incluant le système vasculaire et le système lacune-canalicule avec les hypothèses suivantes : (i) les comportements poreux de chacun des systèmes agissent de manière indépendante en raison des temps de relaxation qui diffèrent de quatre ordres de grandeur l'un par rapport à l'autre (Smit, Huyghe et al. 2002) ; (ii) la modélisation suit une formulation élastique isotrope. Cela implique alors une modélisation multi-échelles puisqu'il existe deux ordres de grandeur en termes de taille de pores entre ces deux niveaux, allant de 20 μm pour la porosité vasculaire à 0.1 μm pour les canalicules (Cowin 1999). Par conséquent, il faudrait alors augmenter la résolution de la structure trabéculaire afin de rendre compte des différents niveaux d'échelle. Or dans le cas d'étude considéré il n'est pas souhaitable d'alourdir la modélisation puisque le but est, non pas d'établir un modèle fin et complexe, mais un modèle général rendant compte du comportement osseux et incluant les éléments influençant son remodelage. Néanmoins, et cela sera vu plus en détail dans le Chapitre 4, il existe différents mécanismes physiques permettant d'initier ou de réguler le remodelage osseux. L'hypothèse selon laquelle l'écoulement du fluide interstitiel osseux est contenu dans les canalicules semble la plus communément admise (Weinbaum, Cowin et al. 1994; Cowin, Weinbaum et al. 1995; Bonewald 2006). Ainsi, cela permet de contourner le problème des multi-échelles en choisissant de ne pas modéliser la porosité du système vasculaire, car ce n'est pas *a priori* un facteur prédominant dans la régulation du remodelage osseux.

Comme la taille des canalicules dans lesquelles s'écoule le fluide interstitiel osseux est d'environ 0.1 μm alors que celle des travées constituant le réseau trabéculaire est d'environ 50 μm, soit environ trois ordres de grandeur supérieurs, on est en présence de deux échelles différentes. Encore une fois une modélisation multi-échelles s'impose afin de distinguer la poroélasticité du système intra-trabéculaire et du système lacune-canalicule. Or pour les mêmes raisons de simplification du modèle énoncées plus haut, on peut à nouveau se dégager de ce problème. Le système lacune-canalicule peut être fondu au sein même du réseau trabéculaire en considérant qu'en chaque point d'intégration il existe un ostéocyte connecté à un ou plusieurs ostéocytes par l'intermédiaire des canalicules. Ces canalicules définissent en fait le pourtour de l'élément numérique de type triangle ou quadrangle, comme indiqué sur la Figure 3-22 :

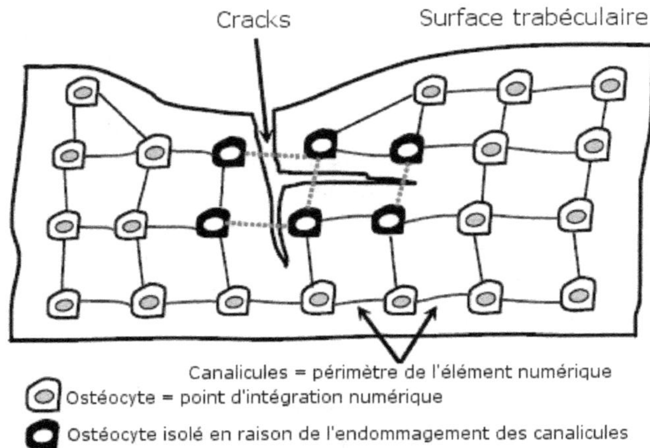

Figure 3-22: Représentation du réseau ostéocytaire et de la porosité lacune-canalicule dans la modélisation par éléments finis. Le maillage du réseau trabéculaire représente les canalicules et les points d'intégration de ce maillage représentent les ostéocytes.

Les canalicules étant enfermées dans la matrice osseuse trabéculaire, elles vont subir une variation de pression $\frac{\delta P}{\delta x}$. Cette variation de pression va permettre de mettre en mouvement le fluide interstitiel osseux et donc d'obtenir une vitesse d'écoulement V_p. Afin de rendre compte de l'endommagement possible des canalicules, on ajoute le terme $(1 - D_i)^\gamma$ symbolisant la dégradation du réseau de communication des ostéocytes (Rieger, Hambli et al. 2011). Cet aspect sera plus détaillé au Chapitre 4. Ainsi on décide d'une formulation analytique du second ordre de la porosité du système lacune-canalicule grâce à la loi de Darcy qui caractérise la vitesse d'écoulement d'un fluide dans un canal soumis à une variation de pression :

$$V_p = -\frac{k}{\mu}\frac{\delta P}{\delta x_i}(1 - D_i)^\gamma \tag{3.51}$$

où k et μ sont des paramètres caractéristiques explicités dans le Tableau 3-8, P la pression dans le canalicule obtenue à l'aide du tenseur de pression hydrostatique ($P = 1/3\, tr\sigma$) et x_i la coordonnée axiale de la canalicule dans la direction i, D_i la variable d'endommagement tridimensionnel de la canalicule définie selon l'équation (3.48) et γ un coefficient d'endommagement arbitraire.

Tableau 3-8 : Paramètres de la loi d'écoulement du fluide interstitiel osseux.

Coefficients poroélastique	Valeurs	Références
k (m^2), perméabilité effective	7.5×10^{-14}	(Gururaja, Kim et al. 2005)
μ $(Pa.s)$, module de Bulk du fluide	0.65×10^{-9}	(Lemaire, Naïli et al. 2005)
V_p^{max} $(m.s^{-1})$, vitesse d'écoulement maximale	2.27×10^{-3}	(Goulet, Cooper et al. 2008)
γ, coefficient d'endommagement	2	-

Bien que cette simplification d'ordre numérique ne soit pas véritablement représentative du réseau poreux lacune-canalicule, le fait de calculer en chaque point la pression hydrostatique P à l'aide du premier invariant du tenseur des contraintes permet toutefois une première approche simple et pratique de l'écoulement du fluide interstitiel osseux.

Ainsi, seules la porosité trabéculaire à travers le comportement mécanique de la moelle, considérée comme un matériau constitutif à part entière, et la porosité lacune-canalicule à travers l'écoulement du fluide osseux, représentée par la loi de Darcy, modélisent le comportement poroélastique de l'os trabéculaire.

Étant donné que les algorithmes de simulation numérique s'effectuent selon un processus incrémentiel, qui la plupart du temps a pour unité le jour, la modélisation de la première phase de minéralisation perd de son intérêt. Cependant la seconde phase de minéralisation α $[-]$ s'effectuant sur plusieurs années, sa prise en compte devient indispensable et s'exprime par la relation suivante :

$$\alpha(t) = \alpha_{max} + (\alpha_0 - \alpha_{max})e^{-\kappa t} \quad (3.52)$$

où $\alpha_0 = 0.1$ représente la minéralisation issue de la première phase, $\alpha_{max} = 0.7$ la minéralisation maximale du tissu osseux et $\kappa = 20.387 \times 10^{-3}$ un paramètre déterminant la pente de la courbe (*i.e.* la vitesse de minéralisation), choisi de manière à achever la seconde phase de minéralisation au bout de deux cents cycles (Figure 3-23). Un cycle représente un jour d'activité, soit un remodelage effectué sur deux cents jours (Lemaire, Tobin et al. 2004; Pivonka, Zimak et al. 2008). Les valeurs α_0, α_{max} sont issues de Rüberg (2003) et Hernandez, Beaupré et al. (2001).

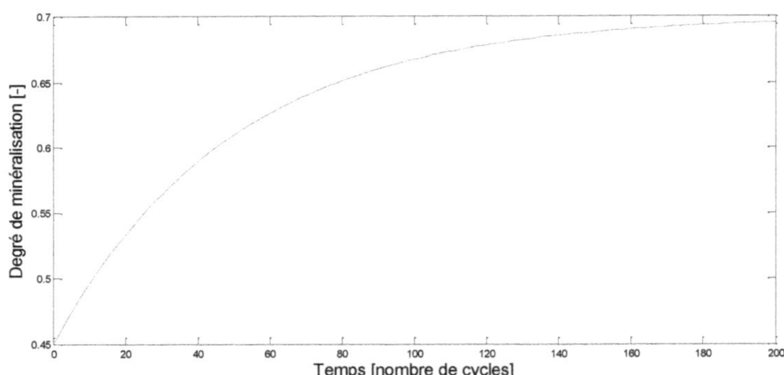

Figure 3-23: Représentation de la seconde phase de minéralisation selon l'équation (3.52). Le paramètre κ a été choisi de manière à ce que la phase soit achevée au bout de 200 cycles de sollicitation, où 1 cycle représente 1 jour d'activité. Cela correspond à la période nécessaire pour effectuer un remodelage local complet (cf. Chapitre 6) (Lemaire, Tobin et al. 2004; Pivonka, Zimak et al. 2008).

La densité du tissu osseux ρ_t $[g.cm^{-3}]$ est directement fonction de sa minéralisation α. Ainsi, il est nécessaire de relier ces deux variables afin de déterminer le niveau de densité du tissu osseux à l'aide de la relation suivante (Hernandez, Beaupré et al. 2001) :

$$\rho_t = 1.41 + 1.29 \times \alpha(t) \tag{3.53}$$

La plage de variation de la densité du tissu ρ_t s'étend de $1.41\, g.cm^{-3}$ à $2.31\, g.cm^{-3}$ (Hernandez, Beaupré et al. 2001) aussi bien pour le tissu cortical que trabéculaire. Cependant, la plupart des études traitant du remodelage osseux et donc de l'évolution des propriétés de l'os (minéralisation, densité, porosité, module d'élasticité) se concentrent sur les propriétés apparentes ρ puisque directement fonction de l'évolution du volume osseux BV. Il s'agit alors de relier la densité du tissu ρ_t à la densité apparente du matériau ou de la structure. Pour cela on utilise la relation suivante :

$$\rho = \upsilon_b \rho_t = \frac{BV}{V_T} \rho_t \tag{3.54}$$

où ρ représente la densité apparente (macroscopique) et ρ_t la densité du tissu osseux. $\upsilon_b = BV/V_T$ représente la fraction volumique osseuse définie par le rapport du volume d'os BV sur le volume total V_T. Étant donné que la présence de vide au sein de l'architecture trabéculaire ou corticale est plus importante qu'au sein du tissu, la densité apparente ρ est naturellement bien plus faible. Classiquement, elle est de l'ordre de $0.6\, g.cm^{-3}$ pour l'os trabéculaire et de $1.885\, g.cm^{-3}$ pour l'os cortical (Hernandez, Beaupré et al. 2000; Hernandez, Beaupré et al. 2001).

On suppose que le module d'Young du tissu n'est fonction que du niveau de minéralisation et donc de la densité du tissu osseux lui-même. Ainsi, puisque la densité du tissu est plus élevée que la densité apparente, le module d'Young du tissu est également supérieur au module apparent. On propose alors d'exprimer l'évolution du module d'Young $E\ [MPa]$ du tissu osseux à l'aide de l'évolution de la de la densité du tissu $\rho_t\ [g.cm^{-3}]$ (equ. (3.53)) telle que :

$$E = E^0 \left(\frac{\rho_t}{\rho_t^0}\right)^{2.58} \tag{3.55}$$

où ρ_t^0 représente la densité initiale et E^0 le module d'Young initiale du tissu trabéculaire. Ainsi, on fait l'hypothèse que les propriétés mécanique du tissu ne varient qu'en fonction de la minéralisation du tissu qui induit selon l'équation (3.52) une densification de celui-ci.

Par conséquent, la formulation des paramètres matériaux du tissu trabéculaire de l'équation (3.31) devient :

$$\begin{aligned}
E_1 &= E_1^0(1-D_1)^2\left(\frac{\rho_t}{\rho_t^0}\right)^{2.58} \\
E_2 &= E_2^0(1-D_2)^2\left(\frac{\rho_t}{\rho_t^0}\right)^{2.58} \\
E_3 &= E_3^0(1-D_3)^2\left(\frac{\rho_t}{\rho_t^0}\right)^{2.58} \\
G_{23} &= G_{23}^0 \\
G_{13} &= G_{13}^0 \\
G_{12} &= G_{12}^0 \\
\nu_{12} &= \nu_{12}^0 \\
\nu_{13} &= \nu_{13}^0 \\
\nu_{23} &= \nu_{23}^0
\end{aligned} \tag{3.56}$$

Conclusion

Ce chapitre a permis de se familiariser avec les principaux comportements mécaniques de l'os. En conséquence de quoi, différentes formulations mathématiques ont pu être dégagées. L'os est donc considéré tout d'abord comme un matériau orthotrope. En effet les sollicitations qu'il subit lui permettent de mettre en place une symétrie de ses propriétés suivant l'axe de sollicitation. Généralement ces axes ou directions correspondent à la verticale orientée de quelques degrés par rapport au point d'appui (cf. lignes de forces caractéristiques sur l'extrémité supérieuree du fémur). De plus l'os présente des propriétés élastiques puisqu'il est capable de subir des déformations non permanentes. L'exemple le plus parlant reste simplement la marche : effectivement ce n'est pas parce que l'on marche tous les jours que nos jambes et nos hanches se déforment progressivement. L'os est capable d'encaisser des déformations et de reprendre sa forme initiale. Un comportement visqueux a également été mis en évidence. Cependant les temps caractéristiques mis en jeux sont trop faibles par rapport aux simulations effectuées. L'unité de référence étant le cycle de sollicitation, où un cycle correspond à un jour, le comportement visqueux devient désuet. De plus dans le cas où l'on ne cherche pas à exprimer la conservation de l'énergie par une formulation thermodynamique, l'implémentation de la viscosité n'est pas nécessaire. Étant donné la durée pendant laquelle l'os subit des contraintes, il est naturel de penser qu'il puisse endurer un endommagement par fatigue. Cet endommagement étant dû à des sollicitations en traction et en compression, une formulation orthotrope de l'endommagement par fatigue a été développée. Il est également connu que la structure osseuse est fortement poreuse, et cela à plusieurs niveaux. Comme on l'a vu, la prise en compte de chacune des porosités n'est pas utile dans le cadre d'un premier modèle de remodelage. Ainsi, la porosité du système lacune-canalicule a été simplifiée et celle du système intra trabéculaire prise en compte par l'intermédiaire de la moelle en tant que solide élastique isotrope. Pour finir certains travaux ont pu révéler un caractère piézoélectrique de l'os. Toutefois il faut faire attention au niveau d'échelle sur lequel on se place. Si le collagène est considéré comme piézoélectrique, en revanche au niveau macroscopique, l'os trabéculaire ne présente plus aucune propriété piézoélectrique en raison d'un effet de moyenne. Or le modèle ne rentre pas dans l'intimité du tissu osseux, il ne considère pas l'organisation des cristaux de collagène, mais se situe davantage à l'échelle des travées. En conséquence, il est inutile et impossible de modéliser l'aspect piézoélectrique des composants organiques du tissu osseux. Cela étant, la base mécanique du modèle est donc établie et permet de se concentrer à présent sur le fonctionnement métabolique et physiologique de l'os, que nous allons traiter dans les chapitres suivants.

Chapitre 4 : Modélisation de la transduction

Introduction

La transduction est un concept physique et biologique que l'on retrouve dans de nombreux domaines. Si le terme de transduction est à la base utilisé pour décrire la capacité d'une cellule à répondre à une information qu'elle reçoit, on peut retrouver ce terme dans d'autres applications, comme l'électronique, l'optique, etc. À l'instar d'une cellule, un capteur électronique, physique, ou encore optique, jouera systématiquement le même rôle. Un capteur a pour mission de transformer l'information qu'il reçoit en une autre interprétable par l'élément qui le suit, comme par exemple un oscilloscope ou un écran d'ordinateur. Ainsi on peut proposer un principe général de transduction applicable aussi bien au vivant qu'au capteur mécanique, électronique ou encore thermique, pour ne citer qu'eux.

Dans ce chapitre on propose dans un premier temps de décrire le principe de transduction. Ensuite il sera fait état des différents modèles de transduction mécanique (mécano-transduction) existants. Puis on parlera des principes régissant la bio-chimio-transduction dans le domaine de l'os en présentant les différents travaux menés sur cette thématique. Pour finir le modèle de transduction développé dans le cadre de cette thèse et les résultats associés seront discutés.

1. Concept et processus de transduction

Le concept de transduction peut être décrit comme un enchaînement d'actions visant à réceptionner un signal afin d'en produire un autre à destination d'une cible spécifique. Ce concept a été traité par Oesterhelt (2010). Il propose un diagramme général du processus découpé en différentes actions schématisées par la Figure 4-1 :

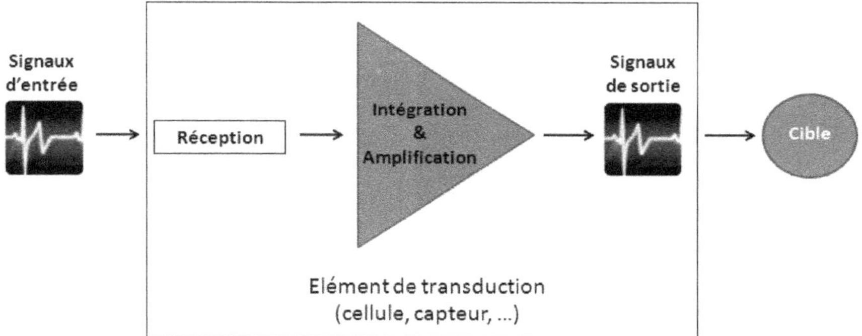

Figure 4-1: Diagramme représentant les différentes actions nécessaires au processus de transduction d'après Oesterhelt (2010). Dans un premier temps l'élément de transduction réceptionne un signal entrant afin de l'intégrer et de l'amplifier avant de le renvoyer en direction d'une autre entité cible. Cette autre entité peut être un dispositif d'affichage ou encore une entité similaire (cellule vivante).

L'élément de transduction commence par réceptionner un signal entrant puis procède à une intégration du ou des différents signaux lui permettant de les traiter et de les convertir. Ces informations intégrées et converties sont amplifiées et envoyées en direction d'une cible capable de traiter l'information. Cette cible peut être un dispositif d'affichage comme un oscilloscope, un autre capteur comme par exemple le capteur d'allergène "Vichy" situé sur le toit de l'hôpital de Clermont-Ferrand ou encore une cellule vivante. Ainsi ce processus de transduction peut s'apparenter à une chaîne d'acquisition permettant la circulation et le traitement d'une information ou d'un signal.

Ce concept permet alors d'établir une base pour un modèle de transduction applicable à l'os. Le principe repose sur la capacité du système osseux à détecter une information du type signal mécanique et/ou biochimique et à traduire cette information en une réponse adéquate. Cette réponse adéquate consiste à réguler le remodelage osseux ; l'os va donc s'adapter en fonction des différentes informations qu'il reçoit.

Dans le cas de l'os, l'ostéocyte est un élément de transduction très important. En effet les ostéocytes ont la particularité d'être les cellules les plus abondantes du système osseux, mais également d'être organisés en réseaux ce qui les rends particulièrement intéressants pour la propagation d'une information. Les travaux de Guo, Takai et al. (2006) montrent pour la première fois que la réponse d'un seul ostéocyte soumis à un chargement mécanique (nano-indentation) amène ses voisins à répondre de la même manière. Ainsi, l'information de production en Ca se propage à tous les ostéocytes voisins et s'atténue avec la distance (Figure 4-3). La Figure 4-2 montre la présence de la protéine "Connexin 43 (Cx43)" témoin de la transmission d'information entre les ostéocytes.

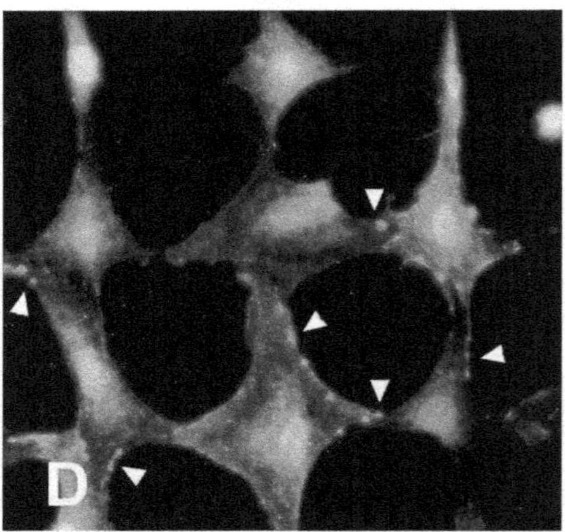

Figure 4-2: Image au microscope électronique d'un réseau ostéocytaire montrant la propagation de l'information. Les flèches blanches dénotent une forte concentration de Connexin 43 (Cx43), une protéine révélatrice de la transmission d'informations entre les ostéocytes (Guo, Takai et al. 2006).

Mullender and Huiskes (1997) proposent une loi permettant de décrire la propagation et l'atténuation d'un stimulus $F(x,t)$ à l'emplacement x au temps t, représentant la densité d'énergie de déformation $S_i(t)$ à l'aide de la fonction spatiale d'influence $f_i(x) = exp^{-D/d_i(x)}$, et qui a pour expression la forme suivante :

$$F(x,t) = \sum_{i=1}^{N} f_i(x)[S_i(t) - k] \tag{4.1}$$

où N représente le nombre de cellules i allant jusqu'à 20 maximum, D un paramètre d'atténuation de la fonction spatiale d'influence, et $d_i(x)$ la distance entre les cellules.

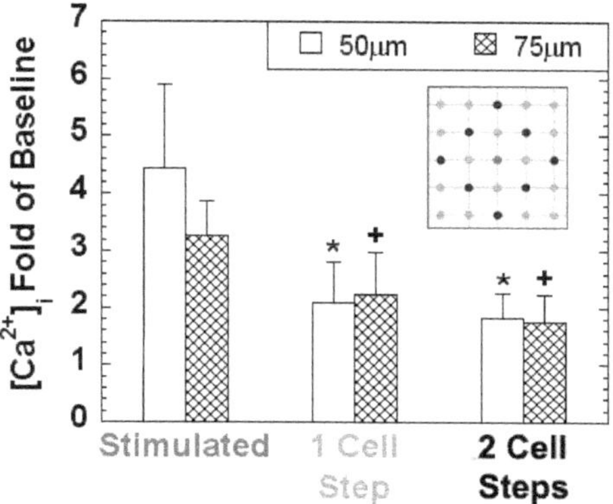

Figure 4-3: Taux de production de calcium par les cellules proches de celles stimulées par nano-indentation. On remarque que plus elles sont éloignées, plus la production diminue, ce qui illustre une atténuation de la propagation de la réponse (Guo, Takai et al. 2006).

Toutefois dans le cadre de cette thèse on propose la modélisation du processus de transduction que pour **un seul** ostéocyte. Par conséquent, la propagation du stimulus n'est pas prise en compte, et chaque ostéocyte ne traitera que sa propre information. En revanche, comme explicité au Chapitre 3 sur la modélisation de la poroélasticité du système lacune-canalicule, la modélisation de l'écoulement du fluide interstitiel osseux contenu dans les canalicules est pris en compte à travers la modélisation du réseau comme indiqué sur la Figure 3-22. La détérioration du réseau, et donc l'amplitude de l'information mécanique, n'est altéré que par l'existence d'un endommagement mais la notion de distance entre les ostéocytes n'est pas prise en compte.

La contrainte mécanique est donc un facteur important dans la dynamique du remodelage osseux. Pour preuve, on sait qu'un os sain qui ne subit pas assez de contraintes (*i.e.* un sédentaire) se fragilisera au cours du temps et présentera un plus grand risque de fracture. Cela veut dire que l'activité physique est un critère essentiel dans la qualité osseuse (Cadore, Brentano et al. 2005). La qualité osseuse regroupe différentes notions, la macro et la microarchitecture (Le Corroller, Halgrin et al. 2011), la minéralisation (Hernandez, Beaupré et al. 2001), le nombre de microfissures (Nyman, Reyes et al. 2005), les propriétés mécaniques et le niveau de remodelage osseux. Du point de vue clinique, seule la densité minérale osseuse (DMO, ou son homologue anglais BMD), facilement accessible, permet de caractériser un aspect de la qualité osseuse. Or, il a été prouvé que pratiquer une activité physique augmente la BMD (Chappard, Vico et al. 1986). De plus l'activité du remodelage osseux lui-même augmente et est plus élevée chez les athlètes que chez les personnes sédentaires (Maïmoun and Sultan 2011). Cependant, une trop forte activité physique, supérieure à six heures par semaine chez des hommes sains âgés est susceptible d'amincir l'épaisseur de l'os cortical (Chappard, Vico et al. 1986). Par conséquent, le remodelage osseux modifie la structure et les propriétés mécaniques de l'os, ce qui implique une évolution des seuils du stimulus nécessaire pour déclencher l'adaptation osseuse, comme illustré sur la Figure 4-4.

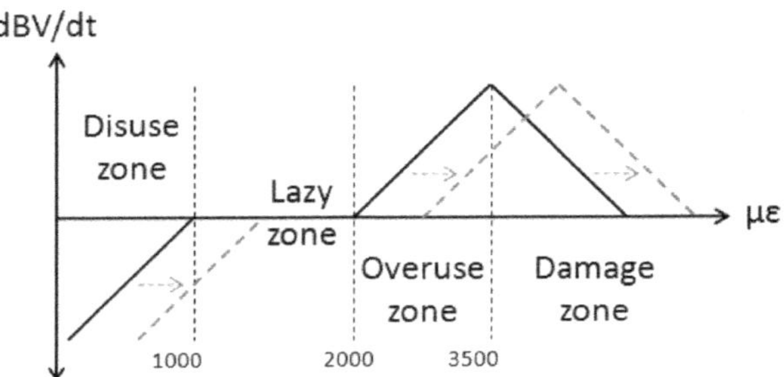

Figure 4-4: Évolution des seuils d'adaptation du volume osseux en fonction de la micro déformation due à l'action du remodelage osseux sur les propriétés mécaniques et structurales de l'os.

L'os s'adapte même en l'absence de contraintes mécaniques (Verhaeghe, Thomsen et al. 2000). Cela montre donc l'importance des agents biochimiques non sécrétés par la stimulation mécanique dans l'équilibre du remodelage osseux. Le squelette d'un athlète ou d'une personne sédentaire dont le système physiologique présente une altération peut également s'affaiblir. Les cellules biologiques (BMUs) se chargeant de l'adaptation osseuse ne répondent plus de manière optimale. Pour preuve, on a pu observer qu'un déficit de monoxyde d'azote (ou oxyde nitrique : NO, qui est un élément très important dans la biochimie de l'os (Inoue, Hiruma et al. 1995; Dong, Williams et al. 1999)) provoqué par une pathologie vasculaire par exemple, peut réduire l'effet ostéogénique de l'activité physique (Barlet, Gaumet-Meunier et al. 1999). De la même manière un niveau anormalement élevé de dérivé réactif de l'oxygène dans le sang (Reactive Oxygen Species : ROS) est en lien avec le développement de pathologies osseuses impliquant la perte minérale osseuse, comme l'ostéoporose (Wauquier, Leotoing et al. 2009). La nutrition et les médicaments comme les diurétiques sont également susceptibles d'induire une perte minérale osseuse de laquelle peut survenir différentes pathologies comme l'ostéoporose (Funck-Brentano and Cohen-Solal 2011). Les diurétiques vont en fait perturber l'absorption rénale du calcium et donc perturber la minéralisation osseuse. Une étude récente vient expliquer le lien qui peut être fait entre mutation génétique et apparition de pathologies osseuses, telles que la maladie de Paget (Michou and Brown 2010). Finalement toutes ces altérations osseuses peuvent être en partie dues à une altération du métabolisme ou de la physiologie de l'os.

Ainsi on comprend bien ici que l'os présente deux moteurs essentiels à son maintien et à son adaptation environnementale. S'il n'y a pas assez de sollicitation mécanique, alors on observe une fragilisation de l'os due à une perte de densité minérale. De surcroît, quand bien même le sujet présente une bonne activité physique, une altération du métabolisme osseux peut provoquer une ostéorésorption accrue. On peut alors schématiser les acteurs du processus d'adaptation osseuse suivant la Figure 4-5.

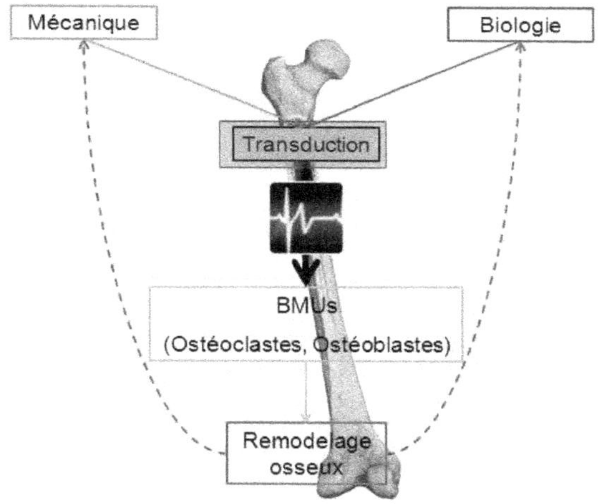

Figure 4-5 : Schématisation du processus de remodelage osseux mettant en lumière les moteurs mécanique et biologique nécessaires à l'adaptation osseuse. Les informations mécaniques et biologiques sont réceptionnées et interprétées par l'élément de transduction qui produit un signal adéquat en direction des cellules effectrices du remodelage osseux (BMUs). L'adaptation osseuse va ensuite produire un feedback en modifiant les propriétés mécaniques et les concentrations de certains éléments biochimiques.

Ce schéma est analogue au modèle développé par Tsubota, Suzuki et al. (2009) qui utilise le niveau de contrainte locale pour initier le processus d'adaptation fonctionnelle de l'os trabéculaire (Figure 4-6).

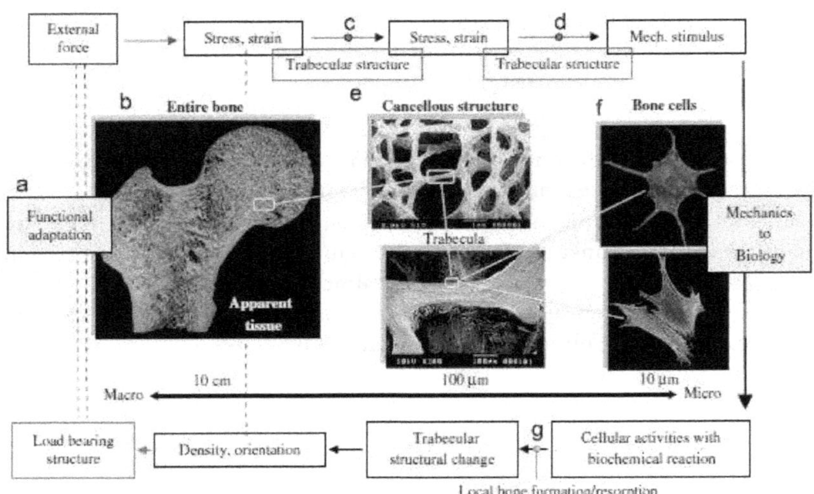

Figure 4-6: Algorithmique du modèle d'adaptation fonctionnelle de l'os trabéculaire utilisé par Tsubota, Suzuki et al. (2009).

Le modèle développé par Tsubota, Suzuki et al. (2009), et proposé dans le cadre de cette thèse, repose sur le concept de «°Mechanostat°» proposé par Frost (1987) qui, en évaluant le niveau du stimulus mécanique, permet de définir la réponse de l'adaptation osseuse et donc l'action des BMUs de manière à adapter l'os à la fonction demandée comme indiqué sur la Figure 4-4.

Dans un premier temps, on cherchera à établir les différents moyens dont l'os dispose pour «°sentir°» son environnement, c'est-à-dire ses capacités de mécano-sensation. Ensuite les différents modèles basés sur la mécano-sensation de l'os permettant d'initier et d'effectuer l'adaptation osseuse seront discutés. Dans un second temps la sensibilité d'une cellule spécifique de l'os à différents facteurs biochimique sera étudiée. Cela permettra alors de définir un certain nombre de facteurs essentiels dans la régulation du remodelage osseux à l'aide du processus de bio-chimio-transduction.

2. Processus de mécano-transduction

Il existe différentes cellules osseuses, comme cela a été vu dans le Chapitre 1. Chacune de ces cellules a un rôle particulier à jouer dans la dynamique du maintien et de l'adaptation de l'architecture et de la masse osseuse. Dans le cadre de ce chapitre on s'intéresse plus particulièrement à l'ostéocyte. L'ostéocyte a tout d'abord été considéré comme une cellule en fin de vie enfermée au sein de la matrice minérale osseuse. Aujourd'hui les choses ont bien évoluées puisque, depuis quelques années, de plus en plus d'études concernant l'ostéocyte revendiquent le rôle prépondérant de cette cellule dans l'initiation du remodelage osseux (Bonewald 2007). Bien que le rôle fondamental de l'ostéocyte soit établi, il subsiste un débat sur les mécanismes sensoriels que l'ostéocyte utilise pour initier le remodelage osseux (Rochefort, Pallu et al. 2010). Différentes voies ont cependant été mises en évidence à ce jour (Bonewald 2006; Cowin 2007). Ainsi on suppose quatre voies par lesquelles il serait possible pour l'ostéocyte de ressentir les différents stimuli mécaniques.

- Dans un premier temps l'hypothèse de mécano-stimulation la plus répandue est celle de l'écoulement du fluide interstitiel osseux contenu dans les canalicules (Figure 4-7 et Figure 4-8). Ce fluide serait mis en mouvement par les pressions extracellulaires dues aux déformations de la matrice osseuse induite par les contraintes mécaniques macroscopiques. Weinbaum, Cowin et al. (1994) proposent un modèle géométrique théorique caractérisant la pression du fluide interstitiel osseux ainsi que la contrainte de cisaillement résultante en fonction de la variation de différents paramètres géométriques. Un autre modèle, celui de Cowin, Weinbaum et al. (1995), se focalise plus particulièrement sur la vitesse d'écoulement du fluide et sur le potentiel de déformation généré qui en découle. Leur modèle plus simple diffère principalement par les conditions limites et une géométrie un peu différente. Récemment une étude de Lemaire, Naïli et al. (2005) propose une formulation différente de l'écoulement du fluide en considérant qu'il est gouverné par trois effets couplés. L'écoulement du fluide interstitiel osseux serait alors induit par (i) le gradient de pression dû aux contraintes mécaniques ; (ii) un effet électro-osmotique dû à la différence d'électronégativité des ions dans le fluide ; (iii) un effet osmotique dû à une variation spatiale de la salinité du fluide. Cependant il apparaît que les effets induits par le gradient de pression impactent pour 95 % de l'écoulement du fluide.

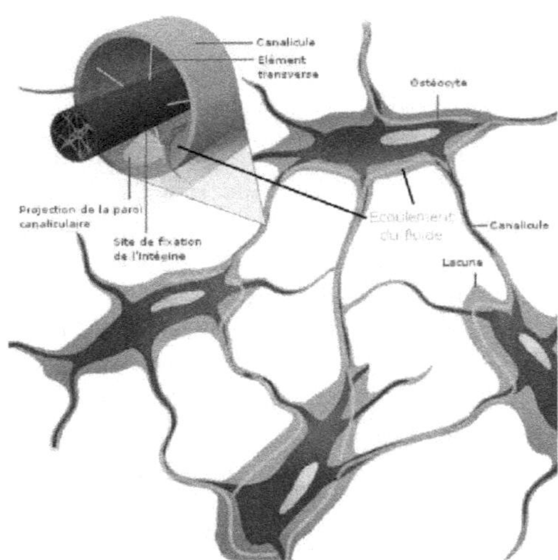

Figure 4-7: Schéma d'un réseau ostéocytaire montrant l'écoulement du fluide le long des dendrites dans les canalicules. La vitesse d'écoulement du fluide interstitiel osseux va déformer les éléments transverses connectant la dendrite à la paroi canaliculaire (http://classic.the-scientist.com/2009/12/1/26/1/#Reference_Anchor#Reference_Anchor).

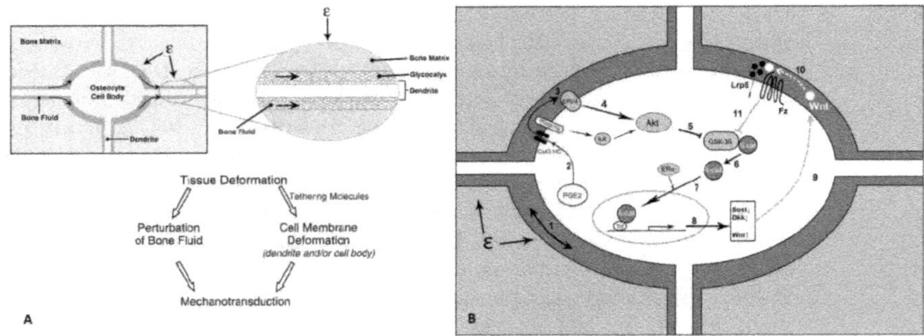

Figure 4-8: A. Représentation du mécanisme de mécano-transduction de l'ostéocyte en réponse à l'écoulement du fluide interstitiel osseux. B. Réponse métabolique de l'ostéocyte suite à la stimulation par la vitesse d'écoulement du fluide (Bonewald 2007).

- Toutefois un paradoxe semble émerger en ce qui concerne l'amplitude de la déformation osseuse macroscopique due à la locomotion qui est bien trop faible pour initier la transduction intracellulaire. Lorsque la déformation de l'os devrait être de 0.04 à 0.3 % elle excède rarement 0.1 % (You, Cowin et al. 2001). Ainsi, de nombreux travaux tentent d'expliquer cette incohérence par différentes théories d'amplification du signal mécanique de déformation. Tous ces modèles reposent sur les caractéristiques structurales du réseau ostéocytaire formé des canalicules (You, Cowin et al. 2001; Weinbaum 2003; Han, Cowin et al. 2004; Wang, McNamara et al. 2007). Ces canalicules exprime nt une architecture complexe composée d'éléments transverses, de filaments d'actine, etc., comme le montre la Figure 4-9 (You, Cowin et al. 2001). Le but ici n'est pas de faire une explication détaillée de l'architecture du réseau ostéocytaire mais simplement d'exposer les différents travaux existants qui tentent d'expliquer le processus d'amplification du signal mécanique de ce réseau. Ainsi certains travaux utilisent la déformation des filaments d'actine contenus dans la matrice péricellulaire de la porosité lacune-canalicule comme mécanisme d'amplification du signal mécanique (You, Cowin et al. 2001; Weinbaum 2003). Le modèle de Weinbaum (2003) est ensuite raffiné et étendu en trois dimensions par Han, Cowin et al. (2004). Il prédit un écoulement de fluide à travers l'espace canaliculaire qui déforme les éléments transverses (glycocalyx) connectant la dendrite à la surface canaliculaire. Cette force va alors imposer une déformation des filaments d'actine contenus dans la dendrite.

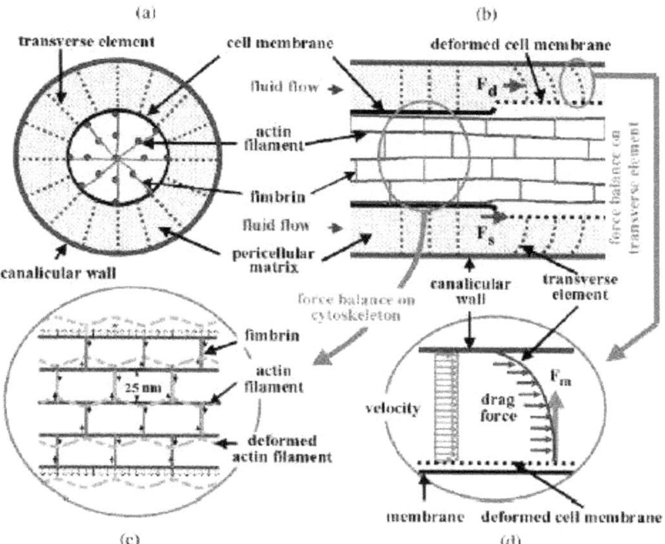

Figure 4-9 : Schéma représentant la structure de la matrice péricellulaire de l'ostéocyte et le squelette intracellulaire d'actine. (a) Coupe transverse d'un canalicule. (b) Coupe longitudinale d'un canalicule, avant et après la déformation induite par l'écoulement du fluide interstitiel osseux. (c) Schéma du cytosquelette. (d) Représentation de l'équilibre des forces appliquées sur les éléments transverses. D'après You, Cowin et al. (2001).

- D'autres travaux vont utiliser une protéine située en surface de l'ostéocyte, appelée « intégrine » (Figure 4-10). Cette protéine découverte dans les années quatre-vingt-dix a la particularité d'interagir avec la matrice extracellulaire d'une cellule (Salter, Robb et al. 1997), ici l'ostéocyte (Gohel, Hand et al. 1995). L'intégrine est un mécano-récepteur et mécano-transducteur majeur qui connecte la matrice extracellulaire au cytosquelette (Hynes 2002) et interagit avec les membranes plasmiques de différentes protéines (Giancotti 2000). Ainsi Wang, McNamara et al. (2007) proposent un modèle d'amplification de la déformation du tissu osseux grâce aux caractéristiques de l'intégrine. Étant donné que l'intégrine joue un rôle central dans la régulation des cations au travers des demi-canaux (hemichannels), celle-ci pourrait ouvrir ces demi-canaux pour laisser passer des éléments biochimiques tels que la Prostaglandine E2 (PGE_2), lorsqu'elle est stimulée par des forces de cisaillement.

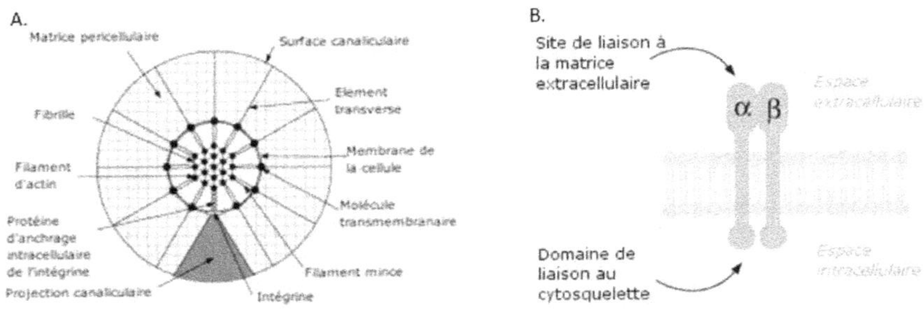

Figure 4-10: Schéma de l'emplacement et de la forme de l'intégrine en surface de l'ostéocyte. A. Schéma d'après Wang, McNamara et al. (2007) représentant la section transverse d'un canalicule pour illustrer l'architecture du système d'amplification de la déformation à l'aide de l'intégrine. B. Représentation d'une intégrine située à la frontière de l'espace intracellulaire.

- Récemment il a été découvert que les « cilia » sont présentes aussi bien sur les ostéoblastes que sur les ostéocytes. Les cilia sont de véritables capteurs chimiques et/ou mécaniques en fonction du type de cellules sur lesquelles elles sont présentes (Anderson, Castillo et al. 2008) (Figure 4-11). Récemment des résultats préliminaires ont montré que la perte de cilia sur les ostéocytes pouvait provoquer une diminution de la mécano-sensitivité de l'écoulement du fluide interstitiel osseux (Malone, Anderson et al. 2007). Ainsi il apparaît que les cilia jouent un rôle important dans la mécano-sensation et donc dans la mécano-transduction de l'os (Anderson, Castillo et al. 2008).

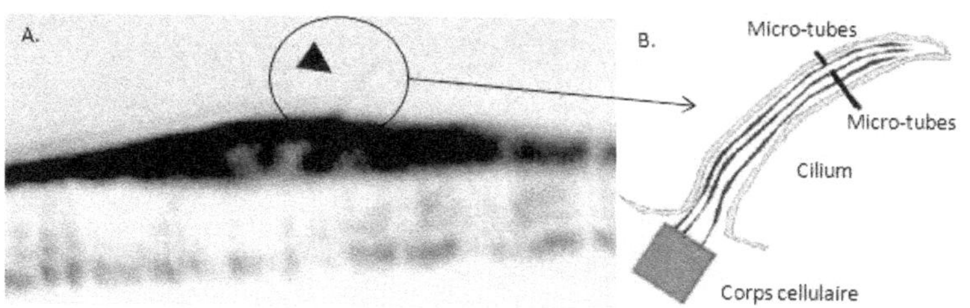

Figure 4-11: Cilium. A. Image au microscope électronique d'un cilium en surface d'un ostéoblaste (Malone, Anderson et al. 2007). B. Schéma de la composition d'un cilium. On peut y observer la présence de micro-tubes à l'intérieur du cilium.

Il a été observé que l'écoulement du fluide interstitiel osseux, dû au gradient de pression exercé par une force appliquée sur l'os, provoque une cascade de transduction induisant une production d'agents biochimiques. En réponse à l'écoulement du fluide, l'ostéocyte est notamment capable de produire de l'oxyde nitrique (NO) et de la Prostaglandine E2 (PGE_2) (Ajubi, Klein-Nulend et al. 1999; Zaman, Pitsillides et al. 1999; Bakker, Soejima et al. 2001). À l'heure actuelle les seuls travaux ayant modélisé la production en NO et en PGE_2 sont ceux de Maldonado (2006). Cependant ils ne considèrent pas l'influence de l'écoulement du fluide mais simplement la contrainte directement appliquée sur l'os. Ces agents biochimiques sécrétés par l'ostéocyte en réponse à l'écoulement du fluide vont ensuite stimuler les BMUs, et donc participer à la régulation du remodelage osseux (Brandi, Hukkanen et al. 1995; Pilbeam, Choudhary et al. 2008). L'effet de ces agents sur la stimulation et/ou l'inhibition de la formation et/ou de la résorption osseuse sera abordé au Chapitre 6 qui traite du couplage entre les signaux issus de la transduction et les BMUs. Ainsi l'action du NO et de la PGE_2 sur les cellules responsables de l'adaptation osseuse sera étudiée.

On peut alors résumer les différents processus de mécano-transduction permettant à l'os de ressentir les contraintes mécaniques à travers la Figure 4-12. Il existe donc différents stimuli mécaniques que sont capables de ressentir les mécano-récepteurs. Ces récepteurs vont ensuite activer leurs processus de transduction au travers desquels ils vont sécréter des agents biochimiques qui serviront à leur tour de stimulant et/ou d'inhibiteur. Le processus de bio-chimio-transduction fait l'objet de la section suivante, et va permettre de donner suite au processus de mécano-transduction et de compléter la transduction.

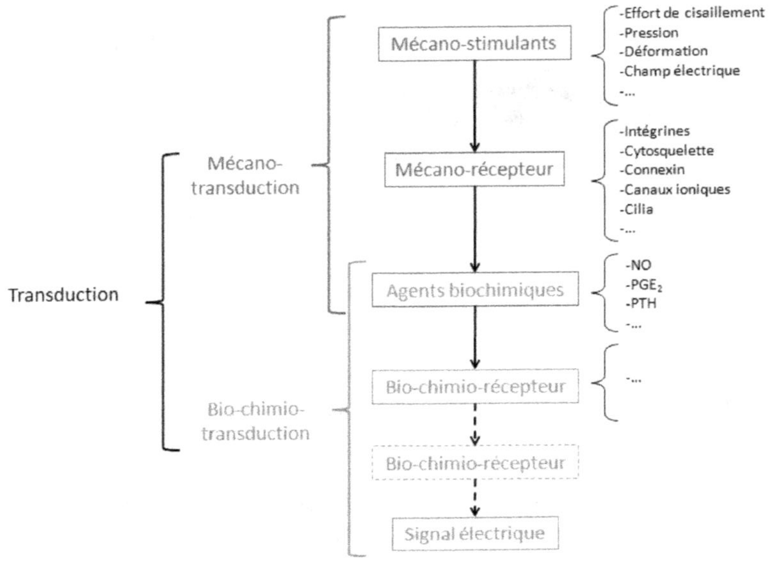

Figure 4-12 : Diagramme des différentes phases et processus de la transduction. Dans un premier temps l'os est stimulé par différents stimulants mécaniques ; comme la pression ou le cisaillement. Ensuite des mécanos-récepteurs se chargent de capter ces informations et d'y apporter une réponse adéquate grâce au processus de mécano-transduction. Ici on parle de mécano-transduction car ce sont des informations d'origine mécanique qui sont interprétées. À la suite de quoi les mécanos-récepteurs vont sécréter des agents biochimiques. Ces agents seront à leur tour réceptionnés par des bio-chimio-récepteurs qui, par l'intermédiaire d'un processus de transduction, ici de bio-chimio-transduction vont alors produire un signal électrique en réponse au stimulus. La réunification de ces deux phases correspond au processus de transduction. Basé sur Rochefort, Pallu et al. (2010).

3. Processus de bio-chimio-transduction

Comme mentionné dans la section précédente et illustré par la Figure 4-12, le processus de bio-chimio-transduction donne suite au processus de mécano-transduction. Il ne s'agit pas de discuter des voies de communications intracellulaire à proprement dites, mais des différents agents biochimiques sécrétés par le processus de mécano-transduction agissant sur la régulation du mécanisme d'adaptation osseuse. L'adaptation osseuse est également régulée par des agents déjà présents dans l'environnement cellulaire (le sang, la matrice extracellulaire). Ces agents peuvent être modulés non pas par la stimulation mécanique, mais par leur présence en excédant ou en déficience. Une réaction de transduction biochimique sera donc mise en route afin de répondre au manque ou à l'excédant d'un agent biochimique.

On sait que l'os est le réservoir principal en calcium (Ca) et en Phosphore (Ph) du corps humain. De fait le squelette joue un rôle majeur dans l'équilibre minéral du métabolisme humain (Talmage and Mobley 2009). Le Ca est donc un élément central dans le métabolisme osseux. Ainsi, le corps humain dispose de différents moyens de régulation de la quantité de Ca. Si l'on prend le chemin digestif du Ca on se rend compte qu'il peut être absorbé à différents niveaux. Dans un premier temps l'absorption s'effectue au niveau de l'estomac, puis le Ca est extrait du sang et enfin des reins (Peterson and Riggs 2010) (Figure 4-13).

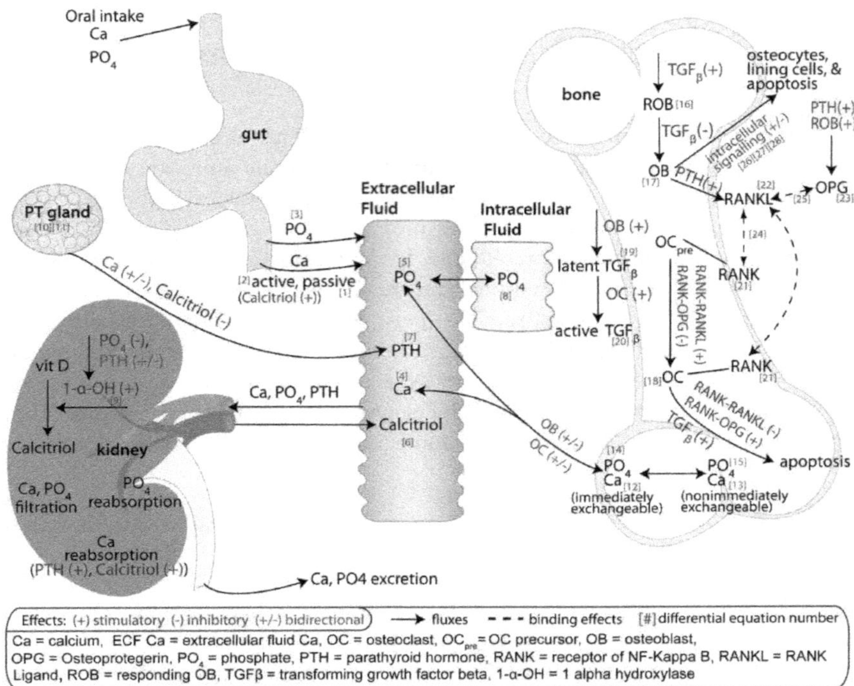

Figure 4-13: Schéma de régulation homéostatique de l'absorption orale de calcium et ses conséquences sur la régulation du remodelage osseux (Peterson and Riggs 2010).

Ces absorptions sont principalement régulées par les glandes parathyroïdiennes par l'intermédiaire des hormones parathyroïdiennes (*PTH*) et permettent de contrôler l'absorption et le taux de calcium dans le sang (Goodman, Veldhuis et al. 1998; Robert 2003; Houillier 2009). Or l'ostéocyte dispose de récepteurs réagissant à la *PTH* (van der Plas, Aarden et al. 1994; Fermor and Skerry 1995; Kousteni and Bilezikian 2008; Rhee, Allen et al. 2011). De cette manière on sait que la quantité de *PTH* stimule directement la formation des ostéocytes (Lee, Deeds et al. 1993; Langub, Monier-Faugere et al. 2001). De même la *PTH* va augmenter la sensibilité des ostéocytes à la stimulation mécanique (Chow, Fox et al. 1998; Jilka, Weinstein et al. 1999; Bellido, Ali et al. 2005). Par conséquent, on sait que la *PTH* influence fortement l'adaptation osseuse (Kroll 2000) comme cela sera vu au Chapitre 6, mais dépend sensiblement de son mode d'administration. Une faible dose administrée de manière continue est associée à un effet catabolique, alors qu'une administration continue à forte dose est associée à un effet anabolique sur la formation osseuse (Bellido, Ali et al. 2005; Kousteni and Bilezikian 2008).

L'importance du NO et de la PGE_2 issue du processus de mécano-transduction vient d'être abordée. De plus il a été exposé d'autres agents biochimiques comme le Ca ou la PTH qui ne sont pas régulés par le processus de mécano-transduction mais hautement influants dans le processus de remodelage osseux. Donc si dans un cas la mécano-transduction permet la sécrétion d'agents influençant le remodelage (NO et PGE_2), dans un autre cas l'influence d'agents différents (Ca, PTH) vient directement stimuler les récepteurs biochimiques de régulation du remodelage osseux. De fait il apparaît nécessaire de prendre en compte de ces agents dans la construction d'un modèle permettant la régulation du mécanisme d'adaptation osseuse. Ce qui fait l'objet de la prochaine section.

4. Proposition d'un modèle de transduction par l'ostéocyte

En suivant l'approche proposée par Oesterhelt (2010) décrivant le principe général de la transduction en quatre phases (Figure 4-1), on propose une architecture détaillée du modèle de transduction en quatre étapes.

La première étape représente l'envoi des **signaux** en direction de la cellule réceptrice. Par la suite la cellule en question, l'ostéocyte, va **réceptionner** les informations mécaniques et biochimiques entrantes afin de les traiter. L'ostéocyte va ensuite se charger d'**intégrer** l'ensemble des informations afin de les **amplifier** et de les convertir en signaux adimensionnels. Étant donné que l'on a, d'une part un écoulement de fluide $[m.s^{-1}]$, et d'autre part une notion de concentration en $[mM]$ pour la concentration sérique en Ca, et en $[pM]$ pour le NO et la PGE_2, il est nécessaire de normaliser ces valeurs par leurs valeurs maximales afin de pouvoir les traiter uniformément (Brazel and Peppas 1999; Coatanéa E; Vareille J. 2003). Cet aspect sera détaillé plus loin. Enfin les signaux normalisés sont envoyés en direction de leurs **cibles**, ici ce sont les cellules effectrices du remodelage osseux, les BMUs.

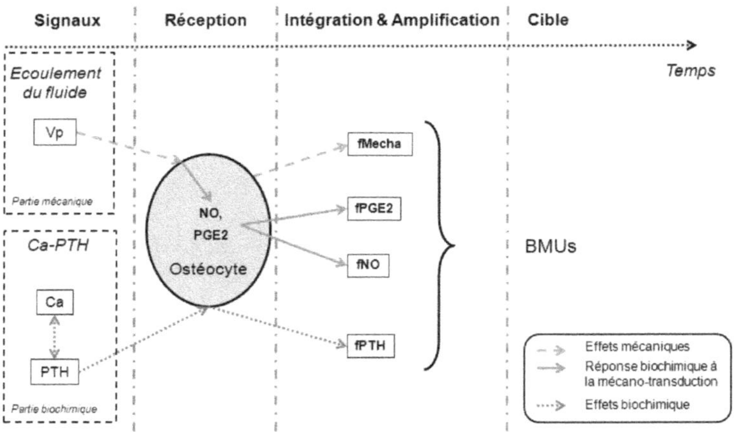

Figure 4-14: Représentation du modèle de transduction incluant la mécano-transduction symbolisée par les flèches en traits continus et discontinus, ainsi que la bio-chimio-transduction symbolisée par les flèches en pointillés. Les quatre étapes du concept de Oesterhelt (2010) (Signalisation, Réception, Intégration & Amplification, Cible) sont représentées. L'ostéocyte agit comme le chef d'orchestre traitant les informations mécaniques et biochimiques pour les convertir en signaux. Ces signaux sont ensuite dirigés vers les BMUs afin de réguler le processus d'adaptation osseuse.

4.1. Modélisation des signaux

Comme vu précédemment la littérature s'accorde sur l'hypothèse de l'écoulement du fluide interstitiel osseux contenu dans les canalicules comme étant le processus principal de mécano-transduction. Cet écoulement est dû à 95 % au gradient de pression dP/dx_i dans le canalicule (Lemaire, Naïli et al. 2005). Macione et al. (2011) ont montré que l'endommagement par fatigue pouvait s'exprimer à différents niveaux d'échelle, du macro au nano. Ainsi cela se traduit par la rupture des canalicules dans le réseau ostéocytaire et donc perturbe l'écoulement du fluide. De fait il est intéressant de modéliser ce phénomène en ajoutant une variable d'endommagement $(1 - D_i)^\gamma$ (Hambli and Rieger 2011; Rieger, Hambli et al. 2011) qui viendrait altérer la vitesse d'écoulement du fluide où D_i est donnée par l'équation (3.46). La vitesse d'écoulement du fluide V_p s'exprime donc de la même manière qu'à l'équation (3.51) et est rappelée ci-dessous :

$$V_p = -\frac{k}{\mu}\frac{\delta P}{\delta x_i}(1 - D_i)^\gamma \tag{4.2}$$

où k_p représente la perméabilité de Poiseuille, μ la viscosité dynamique, x_i la direction d'écoulement parallèle au canalicule et γ un coefficient d'endommagement (Tableau 4-1) représentant la sensibilité à l'endommagement de l'écoulement du fluide.

Le couple biochimique retenue dans la modélisation du processus de bio-chimio-transduction est le binôme Ca-PTH. La régulation du Ca est aussi bien passive qu'active. Si 90 % de l'échange de Ca entre le plasma (le sang) et l'os résulte d'une diffusion passive, le reste résulte de l'activité des ostéoblastes et des ostéoclastes (Peterson and Riggs 2010). On considère que l'échange passif est maintenu constant durant la phase de remodelage osseux et que la seule perturbation de la concentration en Ca émane de la régulation active (*i.e.* l'activité des BMUs). L'extraction du Ca par l'activité des ostéoclastes a été étudiée et déterminée expérimentalement par Frick, LaPlante et al. (2005). En revanche, à notre connaissance il ne semble exister aucune donnée concernant la fixation du Ca sur l'os par l'action des ostéoblastes. C'est pourquoi on considère les coefficients d'extraction et de fixation comme identique en tant que première approximation. De fait la régulation du Ca s'exprime uniquement par la variation de volume osseux dBV/dt dans le volume de calcul élémentaire :

$$\frac{dCa}{dt} = \alpha\frac{dBV}{dt} \tag{4.3}$$

où Ca est la variable représentant la concentration en Ca en $[mM.L^{-1}]$ et α $[nM.\%^{-1}.jour^{-1}]$ le coefficient d'extraction/fixation du Ca par l'activité des BMUs.

Divers travaux ont montré une relation sigmoïdale inverse entre la quantité de Ca et de PTH. En particulier Haden et al. (2000) et Houillier (2009) ont obtenu des données expérimentales sur la relation entre Ca et PTH. Cela permet alors d'établir par fittage avec les points expérimentaux d'Houillier (2009) (Figure 4-15) une relation analytique reliant la quantité de PTH avec la concentration en Ca :

$$PTH = \alpha_1 + \frac{\alpha_2}{1 + e^{\frac{Ca - \alpha_3}{\alpha_4}}} \tag{4.4}$$

où PTH est la variable représentant la concentration en PTH en $[pg.ml^{-1}]$ et $\alpha_1, \alpha_2, \alpha_3, \alpha_4$ des coefficients de fittage.

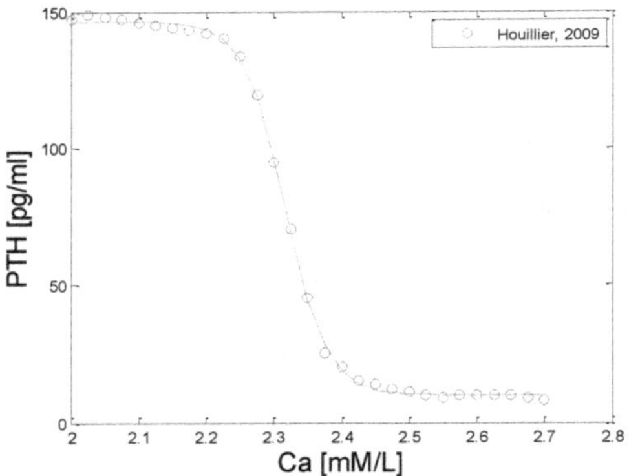

Figure 4-15: Données expérimentales de la production de PTH $[pg.ml^{-1}]$ régulée par la concentration en Ca $[mM]$ d'après Houillier (2009). La courbe rouge représente le fittage des points expérimentaux et permet de dégager l'expression de l'équation (4.4).

4.2. Modélisation de la réception

On a vu que l'ostéocyte répondait à la sollicitation mécanique en produisant du NO et de la PGE_2. Maldonado (2006) a développé un modèle exprimant la sécrétion de NO et de PGE_2 par l'ostéocyte en réponse à une force mécanique. Dans le cas d'étude on est en présence d'une vitesse d'écoulement, par conséquent, il faut adapter son modèle au cas présent en adaptant la fonction f_{V_p} à l'écoulement du fluide, telle que :

$$f_{V_P} = \frac{K_6 V_P Ocy}{1 + e^{-(K_6 V_P + K_7 Ocy)}} \quad (4.5)$$

où $K_6\,[s.m^{-1}]$ est une constante traduisant la sensibilité de l'ostéocyte à l'écoulement du fluide, $K_7\,[pM^{-1}]$ le taux d'influence des ostéocytes, et $Ocy\,[pM]$ est la variable représentant le nombre d'ostéocytes contenus dans le volume élémentaire de calcul. L'expression de la variable Ocy sera détaillée dans le chapitre suivant.

Une fois cette fonction f_{V_P} établie on peut exprimer la variation de production de NO et de PGE_2 :

$$\frac{dNO}{dt} = K_1 f_{V_P} - K_2 NO \quad (4.6)$$

$$\frac{dPGE2}{dt} = K_3 f_{V_P} - K_4 NO - K_5 PGE2 \quad (4.7)$$

où NO et PGE_2 sont les variables représentant la quantité de NO et de PGE_2 en $[pM]$, K_1, K_3 les coefficients de production et K_2, K_4 les coefficients d'élimination.

4.3. Modélisation de l'intégration et de l'amplification

Afin d'avoir un signal adimensionnel compris entre 0 et 1, et dans le but de pouvoir traiter l'ensemble des informations d'origine mécanique et biochimique de la même manière, il est nécessaire de normaliser l'ensemble des signaux décrits plus haut. Ainsi, V_p doit être normalisé par sa valeur maximale V_p^M (Goulet, Cooper et al. 2008). Le signal mécanique a donc l'expression suivante :

$$f_{mecha} = \frac{V_p}{V_p^M} \quad (4.8)$$

De même, il est nécessaire de normaliser les concentration en NO et en PGE_2. C'est pourquoi on définit deux fonctions f_{NO} et f_{PGE2} :

$$f_{NO} = \frac{NO}{NO_{max}} \quad (4.9)$$

$$f_{PGE2} = \frac{PGE2}{PGE2_{max}} \quad (4.10)$$

où NO_{max} et $PGE2_{max}$ sont les concentrations maximales en NO et en PGE_2 respectivement.

Encore une fois il faut normaliser la quantité de PTH par la concentration maximale PTH_{max} et définir une fonction f_{PTH}°:

$$f_{PTH} = \frac{PTH}{PTH_{max}} \tag{4.11}$$

4.4. Modélisation de la cible

Une fois l'ensemble des signaux intégrés et amplifiés, on dispose d'un panel de signaux de sortie mécano-bio-chimique $(f_{Mecha}, f_{NO}, f_{PGE2}, f_{PTH})$ permettant la régulation des BMUs. Le couplage entre les signaux issus de la transduction avec les BMUs fait l'objet du Chapitre 6. Pour l'heure, la prochaine section se charge de présenter et de discuter la sensibilité du modèle de transduction développé.

L'ensemble des coefficients utilisés dans le modèle de transduction est résumé dans le Tableau 4-1 :

Tableau 4-1 : Paramètres du modèle de transduction.

	Symboles	Valeurs	Description	Source
Vitesse d'écoulement	V_p^M	$2.1269e^{-6}$ $m.s^{-1}$	Vitesse maximale	Goulet et al. 2008
	k_p	$7.5e^{-20}$ m²	Perméabilité	Gururaja et al. 2005
	μ	$0.65e^{-3}$ Pa.s	Viscosité dynamique	Lemaire et al. 2005
	γ	2	Coef. d'endommagement	-
	K_6	1.0 $s.m^{-1}$	Influence de l'écoulement du fluide	Basé sur Maldonado et al. 2006
	K_7	1.0 pM^{-1}	Taux d'influence des Ocy	Maldonado et al. 2006
Calcium	Ca_{min}	2.1 $mM.L^{-1}$	Valeur min. de Ca	Basé sur Houillier 2009
	Ca_{max}	2.5 $mM.L^{-1}$	Valeur max. de Ca	Basé sur Houillier 2009
	α	150 nM.$[\%.jour]^{-1}$	Coef. d'extraction/fixation du Ca	Basé sur Frick et al. 2005
PTH	α_1	9.92 $pg.ml^{-1}$	Coef. equ. PTH	Basé sur Houillier 2009
	α_2	136.4 $pg.ml^{-1}$	Coef. equ. PTH	Basé sur Houillier 2009
	α_3	2.317 $mM.L^{-1}$	Coef. equ. PTH	Basé sur Houillier 2009
	α_4	$3.097e^{-2}$ $mM.L^{-1}$	Coef. equ. PTH	Basé sur Houillier 2009
	X_{PTH}^M	150 $pg.ml^{-1}$	Valeur max. de PTH	Basé sur Houillier 2009
NO	K_1	$4e^{-11}$ $s.m^{-1}.jour^{-1}$	Coef. de prod. du NO	Basé sur Maldonado et al. 2006
	K_2	1.0 day^{-1}	Coef. d'élimination du NO	Basé sur Maldonado et al. 2006
	NO^0	$1e^{-2}$ pM	Valeur initial de NO	Bakker et al. 2001
	NO_{max}	2.86 pM	Valeur max. de NO	Basé sur Maldonado et al. 2006
PGE_2	K_3	$2e^{-13}$ $s.m^{-1}.jour^{-1}$	Coef. de prod. du PGE_2	Basé sur Maldonado et al. 2006
	K_4	$1e^{-3}$ $jour^{-1}$	Coef. d'influence du NO	Basé sur Maldonado et al.

			2006
K_5	1e^{-2} jour^{-1}	Coef. d'élimination du PGE_2	Basé sur Maldonado et al. 2006
$PGE2^0$	1e^{-2} pM	Valeur initial de PGE_2	Bakker et al. 2001
$PGE2_{max}$	1.199 pM	Valeur max. de PGE_2	Basé sur Maldonado et al. 2006

5. Résultats préliminaires du modèle

Le modèle développé peut être utilisé de deux manières différentes. Dans un premier temps on peut combiner les différents signaux de sortie $(f_{Mecha}, f_{NO}, f_{PGE2}, f_{PTH})$ afin d'obtenir un seul signal, appelé stimulus. On peut ensuite étudier le comportement de ce stimulus en fonction des variations des informations d'entrée. Dans un second temps on peut également coupler le modèle avec un modèle cellulaire afin d'observer les impacts de chaque sortie sur l'équilibre cellulaire du remodelage osseux. Cette deuxième partie sera notamment traitée dans le Chapitre 6.

Afin de justifier de la sensibilité du modèle on combine les différents signaux de sortie dans le but de créer un stimulus unique servant à réguler l'adaptation osseuse Rieger et al. (2011) et Hambli et Rieger, (2011). Tout d'abord on combine les signaux issus de la mécano-transduction (f_{NO}, f_{PGE2}) avec les biochimiques pures (f_{PTH}). Pour cela on crée les fonctions f_{MB} et f_{Bio} telles que :

$$f_{MB} = W_{NO}\langle f_{NO}\rangle + W_{PGE2}\langle f_{PGE2}\rangle \tag{4.12}$$

$$f_{Bio} = W_{PTH}\langle f_{PTH}\rangle + W_{MB}\langle f_{MB}\rangle \tag{4.13}$$

pour enfin établir la formulation du stimulus somme de la fonction mécanique f_{Mecha} et biochimique f_{Bio} telle que :

$$\begin{gathered} \Psi = W_{Mecha}\langle f_{Mecha}\rangle + W_{Bio}\langle f_{Bio}\rangle \\ \langle x\rangle = \begin{cases} x, & x > 0 \\ 0, & x \leq 0 \end{cases} \end{gathered} \tag{4.14}$$

où $W_i, i = Mecha, Bio, MB, PTH, NO, PGE2$ sont des coefficients de pondération vérifiant : $0 < W_i > 1$ et $W_{NO} + W_{PGE2} = W_{PTH} + W_{MB} = W_{Mecha} + W_{Bio} = 1$.

Le modèle ainsi constitué permet d'obtenir un signal de régulation du remodelage osseux représentatif des doses d'agents biochimiques (NO, PGE_2, PTH) et de la contrainte mécanique à travers l'écoulement du fluide interstitiel osseux.

Dans un premier temps on observe l'effet de l'écoulement du fluide sur l'amplitude du stimulus en fonction de la concentration en Ca. Sur la Figure 4-16 on remarque une nette augmentation du stimulus pour différentes vitesses d'écoulement du fluide (courbes carrés, ronds et triangles). Si la production en NO et en PGE_2 est directement régie par les équations (4.6) et (4.7) et suit une évolution physiologique, en revanche on remarque qu'au fur et à mesure de l'augmentation de la concentration en *Ca* sérique, le stimulus augmente également. Ainsi la valeur du stimulus est influencée d'une part par la concentration en *Ca* sérique, et d'autre part par la vitesse d'écoulement du fluide.

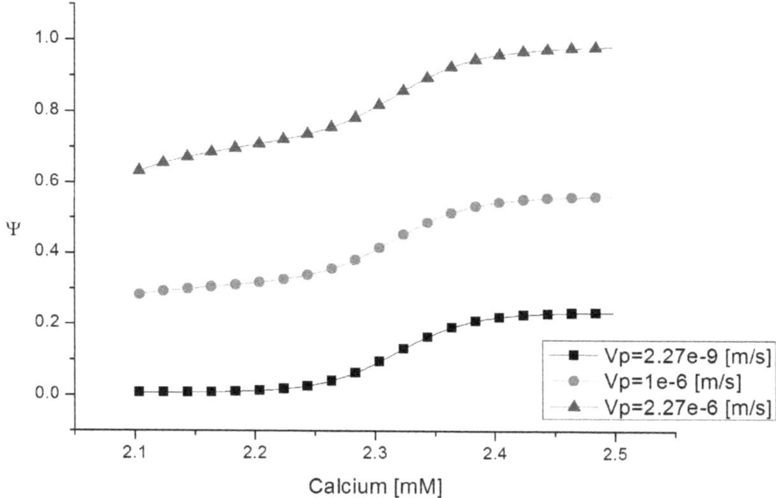

Figure 4-16: Stimulus mécano-biologique Ψ en fonction de la concentration en *Ca* sérique pour différentes valeurs de la vitesse d'écoulement du fluide. Les concentrations en NO et en PGE_2 suivent les lois d'évolution physiologique définies par les équations (4.6) et (4.7).

Comme décrit précédemment, le modèle incorpore l'endommagement des canalicules symbolisant la dégradation de la communication entre les ostéocytes. Ainsi pour une vitesse d'écoulement du fluide donnée et une évolution physiologique de la production de NO et de PGE_2, la Figure 4-17 montre la diminution du stimulus pour différents niveaux d'endommagement des canalicules. Par conséquent le niveau d'endommagement diminue le stimulus de remodelage osseux et reflète une prise d'information altérée concernant les environnements mécanique et biochimique par les ostéocytes. Il est alors possible de simuler la qualité de communication cellulaire entre les ostéocytes, et donc le stimulus d'adaptation osseuse envoyé aux BMUs, par l'état d'endommagement des canalicules. La variable d'endommagement utilisée ici est arbitrairement fixée, néanmoins l'implémentation du modèle dans une simulation par éléments finis permettra l'évolution de l'endommagement suivant l'équation (3.48). Ainsi on considère que l'état d'endommagement se reflète à l'échelle microscopique (Macione, Kavukcuoglu et al. 2011) par l'altération des canalicules et donc de la communication entre les ostéocytes.

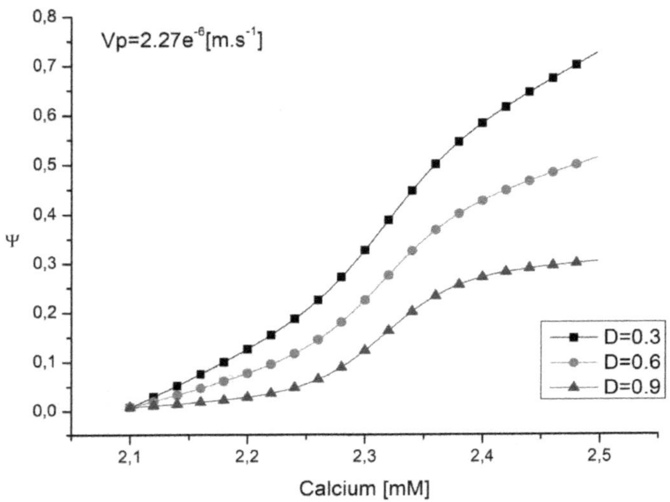

Figure 4-17: Estimation de l'altération du stimulus en fonction de la concentration en Ca sérique pour différents niveaux d'endommagement *D* des canalicules. Les concentrations en NO et en PGE_2 suivent les lois d'évolution physiologique définies par les équations (4.6) et (4.7)

Le stimulus mécano-biologique est dépendant de la production de NO et de PGE_2 par l'ostéocyte. Le modèle développé peut considérer une évolution purement physiologique stimulée directement et uniquement par l'écoulement du fluide interstitiel osseux. Cependant, cette production peut également être forcée en imposant une production constante plus ou moins importante. Ainsi la Figure 4-18 représente le stimulus d'adaptation osseuse en fonction de l'amplitude d'écoulement du fluide pour différentes concentrations en NO $[pM]$ et en PGE_2 $[pM]$. La courbe en étoile est issue d'une régulation physiologique définie par les équations (4.6) et (4.7), alors que les autres courbes correspondent à des quantités fixes. On observe que si l'on garde une évolution physiologique normale, la valeur du stimulus couvre la plage de valeur des trois autres courbes et montre une cohérence du modèle. Par conséquent en augmentant V_p jusqu'à V_p^M, le modèle permet de décrire un stimulus allant de 0 à quasi 100 %. La capacité du modèle à considérer une évolution physiologique ou constante en NO et en PGE_2 permet de moduler la valeur du stimulus Ψ en le diminuant ou en l'augmentant.

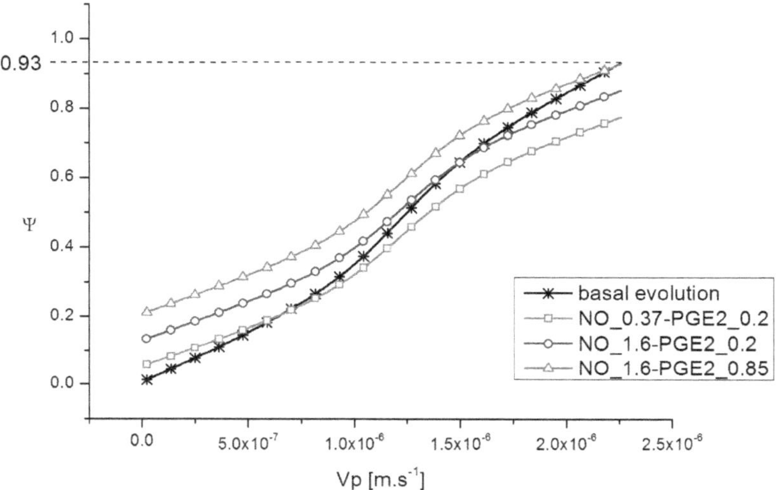

Figure 4-18: Estimation du stimulus en fonction de l'écoulement du fluide interstitiel osseux pour différentes valeurs de concentration en NO $[pM]$ et PGE_2 $[pM]$.

Le modèle permet également de distinguer l'importance des parts mécaniques et biochimiques. Par conséquent en jouant sur les coefficients de pondération W_i, on obtient la Figure 4-19. On remarque que plus la part de la partie biochimique est importante (courbe en pointillés), plus l'influence de la concentration en NO et en PGE_2 est importante, ce qui a pour effet de nettement augmenter l'amplitude du stimulus. De plus en diminuant l'effet du signal f_{PTH} devant f_{MB} (courbe continue et en pointillés), la forme sigmoïdale de la courbe est moins marquée.

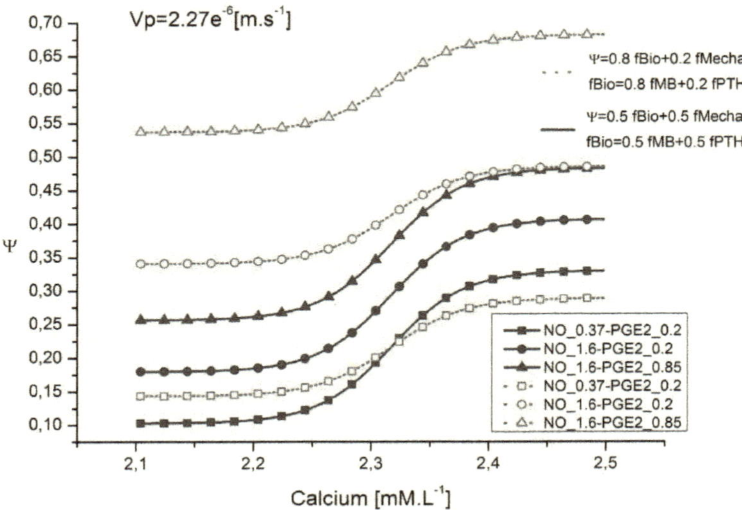

Figure 4-19: Estimation du stimulus mécano-biologique à vitesse d'écoulement fixe en fonction de la concentration en Ca sérique pour différentes concentrations en NO $[pM]$ et PGE_2 $[pM]$ et différents coefficients de pondération W_i entre la partie mécanique et la partie biochimique.

Ainsi, on observe la forte sensibilité du modèle au regard de l'écoulement du fluide interstitiel osseux et de la concentration des doses d'agents biochimiques (Ca-PTH, NO et PGE_2). De plus le modèle incorpore une modélisation de l'altération des communications cellulaires à travers l'endommagement des canalicules. Par conséquent le modèle de transduction développé montre des résultats du stimulus d'adaptation osseuse encourageants.

Conclusion

Ce chapitre a permis d'établir le concept de transduction qui englobe la mécano-transduction ainsi que la bio-chimio-transduction. Le concept de transduction est donc un terme générique qui fait intervenir différents processus. Comme détaillé sur la Figure 4-5, cela illustre bien le rôle et l'importance des deux acteurs fondamentaux dans la régulation de l'adaptation osseuse, à savoir la mécanique et la biologie.

Ce chapitre a également permis de proposer un modèle mathématique de la transduction couplant la mécanique et la biologie à travers la mécano et la bio-chimio-transduction. Le modèle est basé sur des concepts validés issus de la littérature concernant l'architecture même du modèle et la description de certains phénomènes intervenants durant les phases une à quatre. Le modèle présente d'ailleurs une bonne sensibilité aux informations mécaniques et biochimiques. De plus il permet une variation de cette sensibilité en fonction de ce que l'on considère comme facteur limitant, comme par exemple une stimulation mécanique trop faible, ou une déficience physiologique. Si l'on considère l'ensemble des modèles de transduction développés aujourd'hui, seuls les travaux de Maldonado (2006; 2007) présentent une description de la production d'agents biochimiques lors du processus de mécano-transduction. Ainsi le modèle développé ici issu des travaux de Hambli and Rieger (2011) et Rieger (2011) est une extension aux modèles de Maldonado (2006; 2007). Par conséquent bien que le modèle soit loin de considérer les véritables mécanismes de transduction, il permet d'une part de s'en rapprocher et d'autre part d'initier la régulation du remodelage osseux par un modèle mécano-biologique de transduction. Le chapitre suivant va alors traiter du modèle cellulaire de BMU qui sera ensuite couplé avec le modèle de transduction dans le Chapitre 6.

Chapitre 5 : Modélisation des activités cellulaires

Introduction

Les récentes avancées dans la compréhension des mécanismes cellulaires d'adaptation osseuse ont permis le développement des premiers modèles mathématiques. La difficulté de leur formulation est triple. Dans un premier temps elle requiert une bonne connaissance de la biologie osseuse couplée à de fortes compétences en modélisation mathématique. Dans un second temps puisque l'état des connaissances en biologie osseuse et en ce qui concerne le fonctionnement du corps humain en général n'est pas encore totalement élucidé, le modélisateur se heurte à une base de données incomplète qui l'empêche d'être le plus fidèle possible à la réalité. En dernier lieu, certains paramètres *in vivo* étant difficiles à étudier, beaucoup de travaux se voient cantonnés à l'étude *in vitro*. Or il peut exister une forte disparité entre les données réelles *in vivo* et celles obtenues lors d'études *in vitro*. Ainsi, ces trois facteurs limitent le développement de modèles cellulaires aboutis. Néanmoins, il ne faut pas oublier que les découvertes dans ce domaine restent très récentes et on peut donc espérer, à plus ou moins court terme, une amélioration des connaissances et techniques d'investigation permettant d'aller plus loin dans la modélisation des mécanismes cellulaires osseux.

Toutefois, il est une chose importante qui n'est discutée dans aucun des modèles cellulaires existants : l'altération cellulaire. En effet, une cellule altérée est une cellule dont l'activité sera moins performante. Plusieurs facteurs agissent sur l'altération cellulaire mais on peut en retenir deux principaux en relation avec ces travaux de thèse : l'âge et les pathologies. Le vieillissement cellulaire est inéluctable et provoque obligatoirement une altération de l'activité cellulaire, c'est l'une des raisons qui explique la perte d'autonomie des personnes âgés et la diminution de la qualité osseuse. Les pathologies amènent une modification des activités cellulaires qui résultent en une altération de la formation/résorption osseuse. Ainsi l'ostéoporose est un facteur aggravant qui s'additionne aux effets de l'âge sur la diminution de la qualité osseuse. La considération de l'âge dans l'altération du fonctionnement cellulaire est absente de tout modèle cellulaire de remodelage osseux et nécessite d'être prise en compte afin d'améliorer les modèles. Cela n'est pas l'objet de cette thèse, mais il est néanmoins important de garder cette notion à l'esprit vis-à-vis de la thématique étudiée.

Ainsi ce chapitre ne vise pas au développement d'un nouveau modèle décrivant les activités cellulaires de l'os, mais il présente l'ensemble des modèles actuels afin de faire le choix d'un et de l'adapter au cas d'étude.

1. Étude des modèles existants

La découverte des cellules ostéoclastes date des années dix-huit-cent soixante-dix (Kölliker 1873). Plusieurs dizaines d'années après, les premiers travaux sur les ostéoblastes menés par les équipes de Friedenstein et Owen (Alexander and Friedenstein 1976; Ashton, Allen et al. 1980) permettent une meilleure compréhension des mécanismes cellulaires de formation osseux. Le terme BMU (Bone Multicellular Unit) caractérisant le couple ostéoblaste/ostéoclaste nait grâce aux travaux de Frost (1966). Une première revue de la littérature concernant la nature et le fonctionnement des ostéoblastes et des ostéoclastes est écrite par Nijweide, Burger et al. (1986). Ces cellules ayant un rôle prépondérant dans la formation/résorption osseuse, de nombreux travaux ont été menés sur leur génération, différenciation (Aubin 1996; Turner, Owan et al. 1998; Mackie 2003; E. 2008; Naoyuki Takahashi 2008) et leurs fonctionnements (Roodman 1999; Boyle, Simonet et al. 2003; Troen 2003).

Bien que l'intégralité des mécanismes de régulation des BMUs ne soit pas encore établie et comprise, l'état des connaissances actuelles a néanmoins permis la formulation d'un certain nombre de modèles cellulaires se complexifiant les uns à la suite des autres.

Ce n'est qu'au début des années deux mille que les premiers modèles cellulaires d'adaptation osseuse locale apparaissent. Dans un premier temps les cellules ne sont pas modélisées à proprement dites, cependant on définit une variable mathématique permettant de rendre compte de leur vitesse de déplacement, de résorption, de formation, et de leur durée de vie (Figure 5-1). Ainsi ce sont les caractéristiques propres des BMUs qui sont modélisées et non pas les populations cellulaires elles-mêmes (Hernandez, Beaupré et al. 2000; Hernandez, Beaupré et al. 2003).

Remodeling parameter	Nominal value	Sensitivity $\left(\frac{\%\ \text{Change in parameter}}{\%\ \text{Change in BMD}}\right)$
Origination frequency[a]	0.00585 BMUs/mm^2 per day	0.141
BMU life span[b]	100 days	0.141
Local resorption rate[c]	1.24e-06 mm^3/site per day	Undefined
Local formation rate[c]	4.27e-07 mm^3/site per day	Undefined
Secondary mineralization period	6 years	0.094
Resorption period[d]	42 days	0.016
Reversal period[d]	9 days	0.004
Mineralization lag time[d]	15 days	0.000
Formation period[d]	130 days	0.005

Note. The values are based on clinical studies in young healthy individuals. The sensitivity of the model to changes in each parameter from the nominal value is expressed.

[a] Based on an activation frequency of 9e-04 days^{-1} found by Parfitt et al. [41].

[b] Value based on estimates by Parfitt et al. [5].

[c] Based on BMU geometry measured histologically assuming cavities are resorbed and formed in their entirety during the resorption and formation periods [18].

[d] Value based on measures from young healthy individuals [42].

Figure 5-1°: Paramètres caractéristiques de l'activité des BMUs utilisées dans le modèle d'Hernandez, Beaupré et al. (2003). Pour plus d'information sur les références indiquées par les lettres a,b,c et d, se référer directement à l'article.

Avec les travaux de Komarova (2003) apparaît la première modélisation mathématique des BMUs (Figure 5-2) en tant que modèle dynamique de population cellulaire. Bien que simpliste, le modèle comprend un coefficient représentant l'activité de la cellule, ainsi qu'un coefficient de mort cellulaire programmée aussi appelé « apoptose ». De plus, le modèle intègre un couplage entre les ostéoblastes et les ostéoclastes représentant les régulations élémentaires autocrines (communications intra-cellulaires) et paracrines (communications inter-cellulaires). Ainsi Komarova (2003) établit un système d'équation différentielle décrivant la dynamique des populations cellulaires de manière locale. L'inconvénient de ce modèle réside principalement dans le caractère constant de ces régulations autocrines et paracrines. Par conséquent, la variation des agents biochimiques de régulation n'est pas représentée, ce qui réduit le champ d'exploitation du modèle.

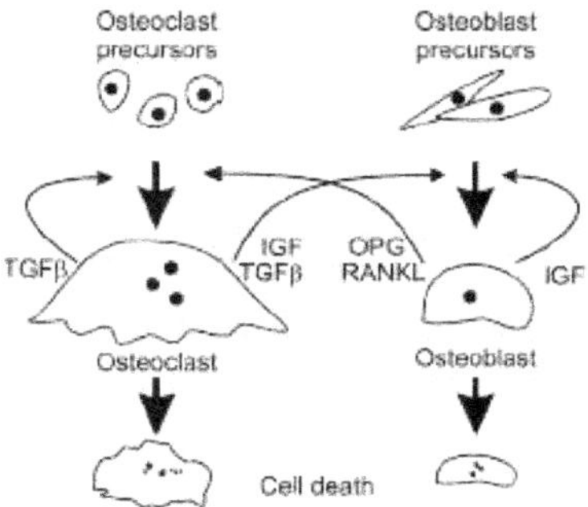

Figure 5-2: Schéma représentant les régulations autocrine et paracrine entre les ostéoblastes et les ostéoclastes (Komarova 2003).

Puis Martin et Buckland-Wright (2004) développent un modèle plus descriptif de l'activité des ostéoclastes mais qui supprime celle des ostéoblastes (Figure 5-3). Ce modèle intègre de nombreux agents biochimiques, comme la $TGF\beta$ (Transforming Growth Factor) extraite lors de la dégradation de la matrice osseuse, le ligand $RANKL$ (Receptor Activator for Nuclear Factor κB Ligand) qui stimule la différenciation des ostéoclastes, ou encore l'OPG (Osteoprotegerin) qui vient se fixer au $RANKL$ afin d'inhiber son action (Filvaroff and Derynck 1998). Le modèle prend également en compte l'action spatiale des ostéoclastes, c'est-à-dire leur vitesse de résorption et de progression à la surface de l'os. Toutefois, le modèle est incomplet puisqu'il ne considère pas l'action des ostéoblastes et donc le couplage avec les ostéoclastes. De plus, la considération des agents biochimiques reste assez faible puisqu'elle se restreint à leur action directe sur les cellules en omettant leur régulation propre. Par exemple il s'avère que le $RANKL$ est avant tout sécrété pas les ostéoblastes (Collin-Osdoby, Rothe et al. 2001), tout comme l' OPG (Aubin and Bonnelye 2000; Hofbauer, Khosla et al. 2000). Ainsi les termes sources des quantités de $RANKL$ et d'OPG varient uniquement par retour d'information (feedback) (Figure 5-3).

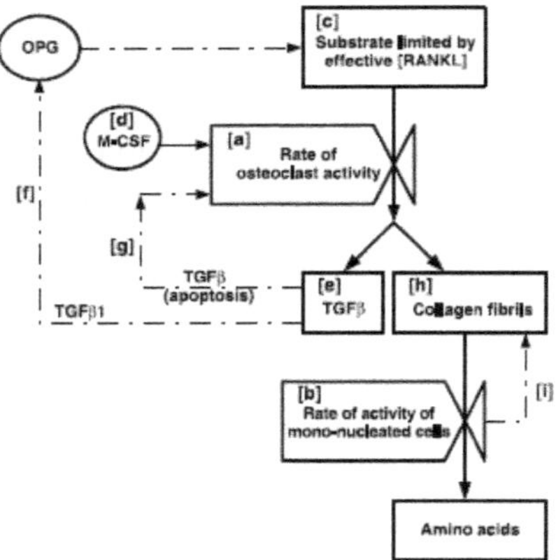

Figure 5-3: Diagramme de fonctionnement du modèle de résorption osseuse de Martin et Buckland-Wright (2004).

Par la suite, Lemaire, Tobin et al. (2004) établissent un modèle comprenant les mêmes agents biochimiques que Martin et Buckland-Wright (2004), auquel ils ajoutent l'action de la PTH (Figure 5-4). La PTH est connue pour avoir un effet sur la production de $RANKL$ à travers les ostéoblastes (Goltzman 1999; Teitelbaum 2000). L'autre particularité du modèle repose sur l'intégration d'une véritable communication paracrine entre les ostéoblastes et les ostéoclastes, notamment à travers la modélisation d'une partie de leur lignée. Par conséquent, le $RANKL$ est directement produit par les ostéoblastes suite à la stimulation par la PTH. Néanmoins, le modèle définit une quantité de PTH constante qui ne permet pas de moduler la production de $RANKL$ en particulier.

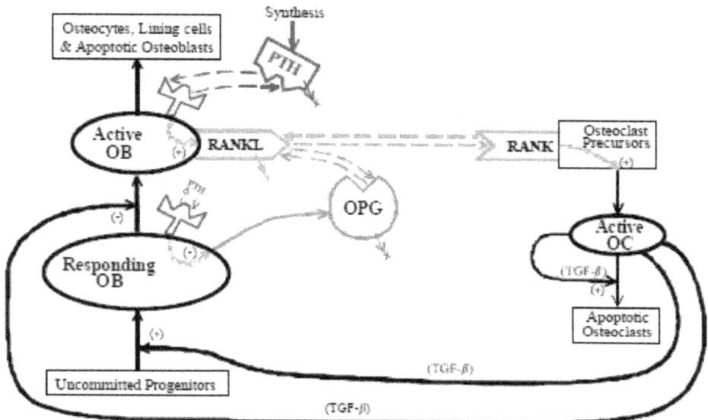

Figure 5-4: Diagramme de fonctionnement du modèle de remodelage osseux local établi par Lemaire, Tobin et al. (2004).

Komarova (2005) utilise ensuite son modèle précédent (Komarova 2003) afin de prédire l'effet anabolique d'un traitement médical par la PTH. Ainsi la PTH va moduler le coefficient de régulation paracrine correspondant au ratio $RANKL/OPG$ et ainsi permettre de modifier la dynamique cellulaire et d'agir sur la formation osseuse. Le fond du modèle reste inchangé, comme on peut le voir sur la Figure 5-5, puisque l'on n'agit que sur un seul coefficient. Cependant, le modèle permet de prédire une action anabolique sur la formation osseuse lors de petites administrations par intermittences, en accord avec les tendances observées dans la littérature (Bellido, Ali et al. 2005; Kousteni and Bilezikian 2008).

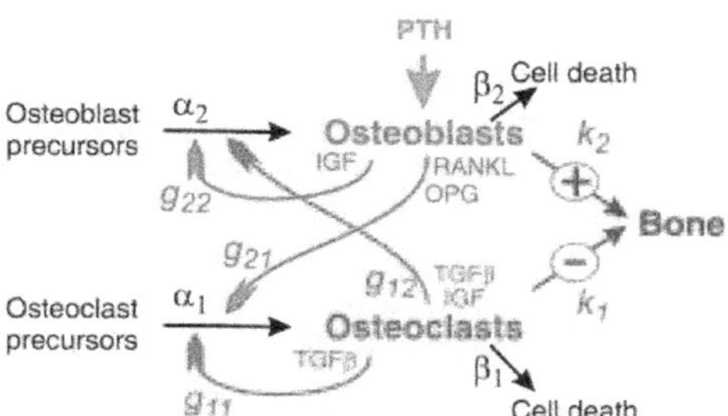

Figure 5-5: Schéma des régulations autocrine et paracrine entre les ostéoblastes et les ostéoclastes prenant en compte l'effet de la PTH.

Bien que les BMUs par définition soient composés d'ostéoblastes et d'ostéoclastes (Compston 2002), il n'en reste pas moins que les ostéocytes jouent un rôle majeur dans la régulation du remodelage osseux. D'une part les ostéoblastes deviennent des ostéocytes lorsqu'ils se retrouvent entourés par leur matrice ostéoide sécrétée, et d'autre part, comme on l'a vu dans le chapitre précédent, les ostéocytes ont le rôle de chef d'orchestre dans la régulation de l'activité des BMUs. Ainsi, Moroz, Crane et al. (2006) furent les premiers à inclure les cellules ostéocytes dans un modèle local de remodelage osseux. Bien qu'une étude de l'équilibre dynamique du système ait été menée, ce qui permet de donner un sens physique fort en raisonnant sur la conservation d'énergie du système, les coefficients du modèle n'ont aucun sens biochimique. Par conséquent la démarche adoptée est intéressante, mais manque de données expérimentales dans la caractérisation des facteurs biochimiques influençant le remodelage.

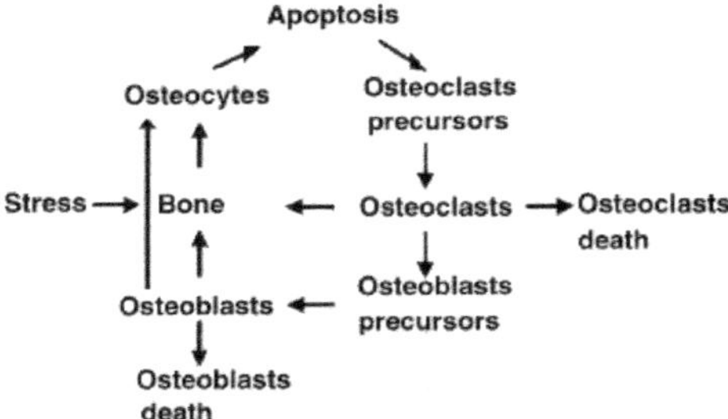

Figure 5-6: Diagramme de représentation de l'interaction entre les ostéoblastes et les ostéoclastes d'après Moroz, Crane et al. (2006).

Les travaux de Maldonado et al. (2006) complètent les remarques précédentes (Figure 5-7). Dans un premier temps le modèle intègre les BMUs ainsi que les ostéocytes. De plus, fortement inspiré des travaux de Lemaire, Tobin et al. (2004), le modèle décrit la production de $RANKL$ et d'OPG. Si Maldonado et al. (2006) ne tiennent pas compte de la $TGF\beta$ extraite de la matrice osseuse lors de la résorption, en revanche la production de NO et de PGE_2 est prise en compte. Or, le Chapitre 4 a montré l'importance de la sécrétion du NO et de la PGE_2 lors de la mécano-transduction. Les travaux de Maldonado posent enfin les bases d'un modèle mathématique exprimant la production de NO et de PGE_2 par l'ostéocyte en fonction de la contrainte appliquée à l'os. Si la notion de vitesse d'écoulement du fluide n'est pas encore présente dans le modèle, ils sont les premiers à modéliser la production d'agents biochimiques suite à la stimulation mécanique, c'est-à-dire la mécano-transduction.

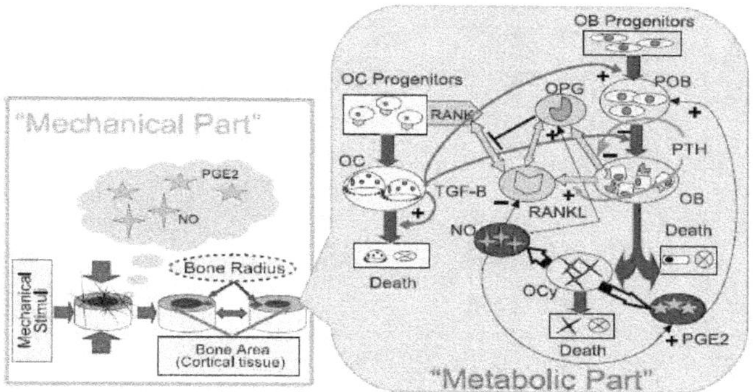

Figure 5-7: Schéma du modèle de remodelage osseux local établi par Maldonado et al. (2006). Il prend en compte la production de NO et de PGE_2 lors de la sollicitation mécanique.

À la suite de quoi, Wimpenny et Moroz (2007) proposent différentes améliorations par rapport à leur modèle précédent (Moroz, Crane et al. 2006). Dans un premier temps, ils utilisent un principe de régulation allostérique permettant d'exprimer la régulation d'un élément biochimique grâce au contact entre un ligand et son récepteur (Figure 5-8). Ces formulations de régulation de type Michaelis-Menten, Adair, Hill, Monod-Wyman-Changeux (MWC) ou encore Koshland-Nemethy-Filmer (KFN) sont particulièrement adaptées et utilisées pour décrire le degré de coopérativité de fixation d'un ligand sur son récepteur (Wimpenny and Moroz 2007; Goutelle, Maurin et al. 2008). Bien qu'une bonne bibliographie fasse état des mécanismes de régulation existant entre les ostéoblastes et les ostéoclastes, le modèle n'intègre pas ces fameux agents biochimiques $(RANKL, OPG, TGF\beta, PTH)$ puisqu'aucune variable ne les représente. En revanche, une étude de stabilité du système (à la manière de Moroz, Crane et al. (2006)) permet d'estimer la valeur des paramètres autocrine et paracrine respectant la stabilité du système. Encore une fois, le modèle souffre d'un manque de données biologiques mais adopte une approche intéressante sur le plan de l'analyse de la conservation énergétique d'un système biologique.

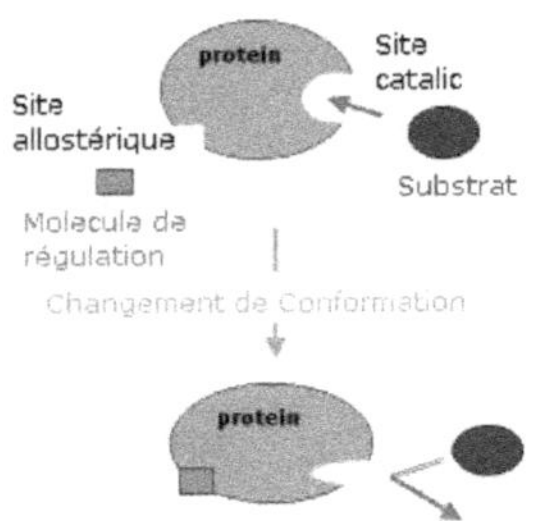

Figure 5-8: Principe de régulation allostérique d'une protéine. La molécule de régulation (ligand) va venir se fixer sur le récepteur de la protéine afin d'empêcher le substrat de se connecter au site catalic.

Les travaux de Pivonka et al. (2008) basés sur la formulation de Hill permettent de décrire également l'activation ou la répression d'une molécule par un contact ligand-récepteur. Ainsi, leur modèle est particulièrement adapté pour décrire les processus de différenciation et d'apoptose des cellules (Goutelle, Maurin et al. 2008). De plus, contrairement à Moroz, Crane et al. (2006) et à l'instar de Lemaire, Tobin et al. (2004), le modèle comprend une véritable formulation de la régulation des agents biochimiques $(RANK, RANKL, OPG, TGF\beta)$. En revanche, les auteurs considèrent une quantité de PTH constante, ce qui participe à la limitation du modèle, puisque cela limite son champ d'action. Néanmoins, ce modèle est à l'heure actuelle le plus complet permettant de décrire la dynamique de la population cellulaire des BMUs (Figure 5-9).

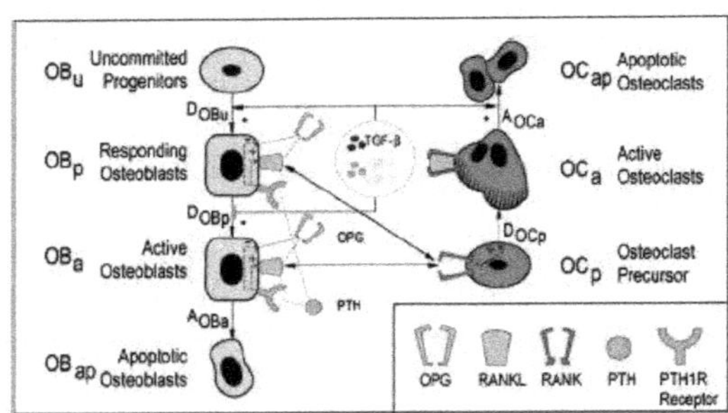

Figure 5-9: Schéma des communications autocrines et paracrines des BMUs d'après le modèle de Pivonka et al. (2008).

Le dernier modèle en date traitant de la modélisation de BMUs provient de Ryser et al. (2009). L'intérêt du modèle réside principalement dans l'aspect spatio-temporel des équations. Si l'ensemble des modèles décrits jusqu'à présent comportent une évolution temporelle des cellules, seul celui de Martin et Buckland-Wright. (2004) inclut également la notion de migration spatiale des cellules, en plus de la régulation des agents biochimiques. Bien que la formulation de l'évolution du $RANKL$ et de l' OPG soit présente dans le modèle, en revanche l'absence de PTH ou encore de la $TGF\beta$ le rendent beaucoup moins riche sur le plan biochimique.

2. Choix et adaptation d'un modèle

Le but de cette section vise à l'établir un modèle le plus général possible en termes cellulaires (ostéoblaste, ostéoclaste, ostéocyte), le plus complet en termes d'agents biochimiques $(RANKL, OPG, PTH, \ldots)$, le plus représentatif du véritable fonctionnement biologique (principe de régulation allostérique du type équation de Hill et comprenant un maximum de coefficients et paramètres d'origines expérimentales. Ce modèle étant inexistant, un certain nombre d'équations vont devoir être combinées ensemble afin de dégager un modèle cellulaire consistant. Pour la partie BMU le modèle de Pivonka et al. (2008) va être réutilisé et adapté au cas d'étude. De même en ce qui concerne la partie ostéocyte, une partie du modèle de Maldonado et al. (2006) sera réarrangée et intégrée au modèle.

2.1. Description mathématique du modèle ostéoblaste-ostéoclaste

Pivonka et al. (2008) proposent dans leur modèle quatre cas de figure en fonction de la disposition des ligands $RANKL$ et OPG répartis sur la lignée des ostéoblastes. La structure globale du modèle tient sa justification dans les récentes découvertes qui montrent l'importance du trinôme $RANK, RANKL, OPG$ et de la $TGF\beta$ jouant un rôle majeur dans la régulation des BMUs. Les résultats de l'étude montrent que, parmi les quatre structures, la deuxième est celle qui présente la plus grande sensibilité du taux de formation osseux lors de la variation des coefficients de différenciation et d'apoptose. Ainsi, cette deuxième structure a été choisie afin d'obtenir une meilleure sensibilité de réponse des BMUs. En outre, elle semble correspondre aux structures illustrées dans la littérature et être similaire au schéma de Wimpenny et Moroz (2007). Le $RANKL$ fortement exprimé à la surface des cellules ostéoblastes (Collin-Osdoby, Rothe et al. 2001) vient se fixer sur son récepteur $RANK$ afin de stimuler la différenciation et l'activation des ostéoblastes (Aubin and Bonnelye 2000; Hofbauer, Khosla et al. 2000). Cette stimulation peut être perturbée par l'action de l' OPG qui va agir comme un leurre auprès du $RANKL$ (Greenfield, Bi et al. 1999; Günther and Schinke 2000). La $TGF\beta$ est également connue pour avoir plusieurs effets sur les ostéoblastes en fonction de leur niveau de différenciation. Ainsi la $TGF\beta$ peut, soit stimuler la différenciation des cellules mésenchymateuses (Mundy 1991; Bonewald and Dallas 1994), soit inhiber la différenciation des ostéoblastes précurseurs en ostéoblastes actifs

(Alliston, Choy et al. 2001). De plus la $TGF\beta$ induit l'activation de l'apoptose des ostéoclastes (Greenfield, Bi et al. 1999; Roodman 1999). Basé sur le modèle de Pivonka et al. (2008), on propose le diagramme de la Figure 5-10 représentant les communications autocrines et paracrines des ostéoblastes et des ostéoclastes.

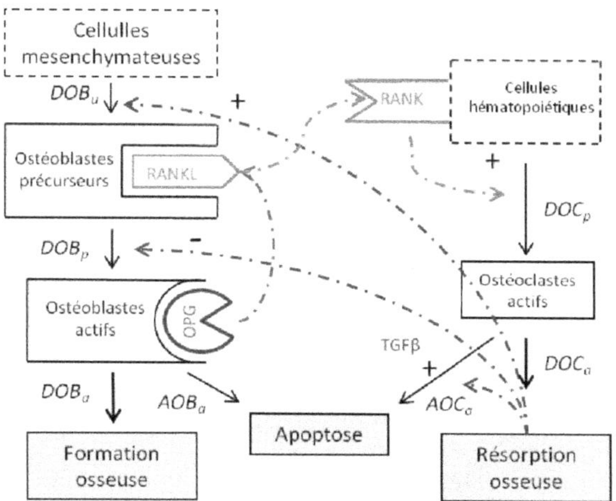

Figure 5-10 : Diagramme d'interactions des communications autocrines et paracrines entre les lignées d'ostéoblastes et d'ostéoclastes, selon le schéma proposé par Pivonka et al. (2008). Les signes (+) représentent la stimulation d'un agent biochimique, alors que les signes (-) représentent leur inhibition. Les flèches continues représentent le passage d'un état cellulaire à un autre à travers la différenciation D ou l'apoptose A. Ainsi, la $TGF\beta$ peut par exemple venir stimuler ou inhiber la différenciation des ostéoblastes en fonction du site d'action dans la lignée.

Par conséquent, les formulations de variation des agents biochimiques $RANK, RANKL, OPG$ et $TGF\beta$, ainsi que celles de la dynamique des populations cellulaires d'ostéoblastes et d'ostéoclastes, prennent les formes suivantes :

- $\underline{RANK, RANKL, OPG}$:

La régulation est fonction du nombre d'ostéoblastes précurseurs (OB_p), actifs (OB_a) et de la quantité maximale d' OPG (OPG_{max}).

$$OPG = \frac{(\beta_{OPG} OB_a)\pi^{PTH}_{rep,OB} + P_{OPG,d}(t)}{\frac{(\beta_{1,OPG} OB_p + \beta_{2,OPG} OB_a)\pi^{PTH}_{rep,OB}}{OPG_{max}} + \widetilde{D}_{OPG}} \tag{5.1}$$

$$RANKL_{eff} = \left(R^{RANKL} OB_p\right)\pi^{PTH}_{act,OB} \tag{5.2}$$

$$RANKL = \frac{RANKL_{eff}\left(\frac{\beta_{RANKL} + P_{RANKL,d}}{\beta_{RANKL} + \widetilde{D}_{RANKL} RANKL_{eff}}\right)}{1 + K_{A1,RANKL} OPG + K_{A2,RANKL} RANK} \tag{5.3}$$

- *$TGF\beta$:*

La régulation de la $TGF\beta$ est directement fonction du nombre d'ostéoclastes.

$$TGF - \beta = \frac{\alpha k_{res} OC_a}{\widetilde{D}_{TGF-\beta}} \tag{5.4}$$

- Fonctions d'activation et de répression :

Les fonctions d'activation/répression du facteur x sur la cellule y (respectivement $\pi^x_{act,y}; \pi^x_{rep,y}$) sont basées sur les fonctions de Hill. Elles expriment la liaison entre un ligand et son récepteur qui permet alors de déclencher un processus d'activation et/ou de répression/inhibition.

$$\pi^{TGF-\beta}_{act,OB_u} = \pi^{TGF-\beta}_{act,OC_a} = \frac{TGF - \beta}{K_{D1,TGF-\beta} + TGF - \beta} \tag{5.5}$$

$$\pi^{TGF-\beta}_{rep,OB_u} = \frac{1}{1 + (TGF - \beta / K_{D2,TGF-\beta})} \tag{5.6}$$

$$\pi^{RANKL}_{act,OC_p} = \frac{RANKL}{K_{D8,RANKL} + RANKL} \tag{5.7}$$

$$\pi^{PTH}_{act,OB} = \pi^{PTH}_{act,OB_p} = \pi^{PTH}_{act,OB_a} = \frac{PTH}{K_{D4,PTH} + PTH} \tag{5.8}$$

$$\pi^{PTH}_{rep,OB} = \pi^{PTH}_{rep,OB_p} = \pi^{PTH}_{rep,OB_a} = \frac{1}{1 + PTH/K_{D6,PTH}} \tag{5.9}$$

- Lignée des ostéoblastes :

Les équations décrivant l'évolution de la population des cellules ostéoblastes précurseurs (OB_p) et actives (OB_a) adoptent la formulation suivante.

$$\frac{dOB_p}{dt} = D_{OB_u} \pi^{TGF-\beta}_{act,OB_u} - D_{OB_p} OB_p \pi^{TGF-\beta}_{rep,OB_p} \tag{5.10}$$

$$\frac{dOB_a}{dt} = D_{OB_p} OB_p \pi^{TGF-\beta}_{rep,OB_p} - A_{OB_a} OB_a \tag{5.11}$$

- Lignée des ostéoclastes :

Les équations décrivant l'évolution de la population des cellules ostéoclastes précurseurs (OC_p) et actives (OC_a) adoptent la formulation suivante.

$$OC_p = OC_p^0 \tag{5.12}$$

$$\frac{dOC_a}{dt} = D_{OC_p} OC_p \pi_{act,OC_p}^{RANKL} - A_{OC_a} OC_a \pi_{act,OC_p}^{TGF-\beta} \tag{5.13}$$

- Volume osseux :

La variation locale de volume osseux dBV/dt est le bilan du volume formé par les ostéoblastes et du volume résorbé par les ostéoclastes. Ces volumes sont exprimés à l'aide des coefficients de formation k_{form} et de résorption k_{res} en $[mm^2.mol^{-1}]$ dans le cas d'une surface, et $[mm^3.mol^{-1}]$ dans le cas d'un volume où la quantité d'ostéoblastes et d'ostéoclastes s'exprime en $[mol]$.

$$\frac{dBV}{dt} = k_{form} OB_a - k_{res} OC_a \tag{5.14}$$

2.2. Description mathématique du modèle ostéocyte

Le modèle de Maldonado et al. (2006) permet d'exprimer la production de NO et de PGE_2 par l'ostéocyte à travers la mécano-transduction (cf. Chapitre 4). Toutefois, il a été montré la présence de récepteur $PTHrP$ de la PTH à la surface des ostéocytes (Lee, Deeds et al. 1993; Langub, Monier-Faugere et al. 2001). Ces récepteurs permettent à l'ostéocyte de détecter la concentration de Ca et d'agir sur les glandes parathyroïdiennes afin de réguler la calcémie (Aubin 1996; Langub, Monier-Faugere et al. 2001; Teti and Zallone 2009). De fait, la PTH joue un rôle dans la régulation des ostéocytes. De plus, l'endommagement des canalicules reflétant une altération des communications entre les ostéocytes, cela peut s'illustrer par une augmentation de l'apoptose. En effet, un ostéocyte isolé ne pouvant communiquer avec ses voisins n'est plus en mesure de participer à la régulation du remodelage. Par conséquent, l'augmentation de l'endommagement va favoriser la production d'ostéocytes afin de rétablir une bonne communication cellulaire. Basé sur la formulation de Maldonado et al. (2006), on propose alors l'équation suivante régulant le nombre d'ostéocytes :

$$\frac{dOcy}{dt} = K_8 f_{PTH}(OB_a - OB_a^0) - K_9(1-D)^{\gamma}(Ocy - Ocy^0) \tag{5.15}$$

où f_{PTH} représente la stimulation de l'ostéocyte par la PTH. Le nombre d'ostéocytes est également fonction de la différence entre le nombre actuel d'ostéoblastes/ostéocytes (OB_a/Ocy) et leur nombre initial (OB_a^0/Ocy^0).

L'intégralité des variables utilisées pour la modélisation des activités cellulaires (BMUs + ostéocytes), de leur valeur, description et origine est résumée dans le Tableau 5-1.

Tableau 5-1 : Paramètres du modèle cellulaire (ostéoblaste, ostéoclaste, ostéocyte)

	Symboles	***Valeurs***	Description	***Source***
TGFβ	α	1 %	$TGF\beta$ stocké dans l'os	Pivonka et al. 2008
	k_{res}	1 %	Taux de résorption de l'os	Pivonka et al. 2008
	$\widetilde{D}_{TGF-\beta}$	1 pM PTH.day^{-1}	Taux de dégradation du $TGF\beta$	Pivonka et al. 2008
	$TGF-\beta^0$	10e^{-4} pM	Valeur initiale de $TGF\beta$	-
OPG	β_{OPG}	2e^{5} pM.cell^{-1}	Taux min. de prod. d'OPG	Lemaire et al. 2004
	$K_{D6,PTH}$	2.226e^{-1}	Activation de prod. de $RANK$ par contact avec le $RANKL$	Pivonka et al. 2008
	$OPGmax$	2e^{8} pM	Quantité max d'OPG	Pivonka et al. 2008
	$\widetilde{D}_{OPG}$	3.5e^{-1} pM.day^{-1}	Taux de dégradation d'OPG	Pivonka et al. 2008
	OPG^0	10e^{-4} pM	Valeur initiale d'OPG	-
RANKL$_{eff}$	R^{RANKL}	3e^{6}	Nombre max. de RANKL en surface de chaque cellule	Pivonka et al. 2008
	$K_{D4,PTH}$	1.5e^{2} pM	Activation de prod. de RANKL par contact avec la PTH	Pivonka et al. 2008
	$RANKL^0_{eff}$	10e^{-4} pM	Valeur initiale de RANKL$_{eff}$	-
RANKL	$K_{A1,RANKL}$	1e^{-3} [pM OPG]$^{-1}$	Constante d'association RANKL-OPG	Pivonka et al. 2008
	$K_{A2,RANKL}$	3.412e^{-2} [pM OPG]$^{-1}$	Constante d'association RANKL-RANK	Pivonka et al. 2008
	β_{RANKL}	1.684 pM.[pM cell]$^{-1}$	Taux de prod. de RANKL par cellule	Pivonka et al. 2008
	$\widetilde{D}_{RANKL}$	1.013e^{-1} pM.day^{-1}	Taux de dégradation du RANK	Pivonka et al. 2008
Ostéocyte (Ocy)	K_8	1e^{-1} day^{-1}	Taux de prod. des Ocy	Maldonado et al. 2006
	K_9	1.0 s.[m.pM.day]$^{-1}$	Taux de dégradation des Ocy	Basé sur Maldonado et al. 2006
	Ocy^0	7.3e^{-3} pM	Valeur initiale des Ocy	Maldonado et al. 2006
Ostéoblaste (Ob$_i$)	$D^0_{OB_u}$	7e^{-4} pM.day^{-1}	Taux de différenciation des OB$_u$	Pivonka et al. 2008
	$D^0_{OB_p}$	0.7 pM.day^{-1}	Taux de différenciation des OB$_p$	Pivonka et al. 2008
	$A^0_{OB_a}$	1.890e^{-1} pM.day^{-1}	Taux d'élimination des OB$_a$	Pivonka et al. 2008
	$K_{D1,TGF-\beta}$	4.545e^{-3} pM	Activation due à l'action de la TGF-β sur les OB$_u$ et les Oc$_a$	Pivonka et al. 2008
	$K_{D2,TGF-\beta}$	1.416e^{-3} pM	Répression due à l'action de la TGF-β sur les OB$_p$	Pivonka et al. 2008
	Ob^0_p	7.734e^{-4} pM	Valeur initiale des OB$_p$	Maldonado et al. 2006
	Ob^0_a	7.282e^{-4} pM	Valeur initiale des OB$_a$	Maldonado et al. 2006
Ostéoclaste (OC$_i$)	$D^0_{OC_p}$	2.1e^{-3} pM.day^{-1}	Taux de différenciation des OC$_p$	Pivonka et al. 2008
	$A^0_{OC_a}$	7e^{-1} pM.day^{-1}	Taux d'élimination des OC$_a$	Pivonka et al. 2008
	$K_{D8,RANKL}$	1.306e^{-1} pM	Activation due à la liaison entre le RANKL et le RANK	Pivonka et al. 2008
	$K_{D1,TGF-\beta}$	4.545e^{-3} pM	Activation due à l'action de la TGF-β sur les OB$_u$ et les Oc$_a$	Pivonka et al. 2008
	Oc^0_p	9.100e^{-4} pM	Valeur initiale des OC$_p$	Maldonado et al. 2006

	Oc_a^0	7.282e^{-4} pM	Valeur initiale des OC_a	Maldonado et al. 2006
BV	k_{form}	1 mm^2.pM^{-1}	Taux de formation osseux	-
	k_{res}	3 mm^2.pM^{-1}	Taux de résorption osseux	-

Conclusion

Ce chapitre a permis de faire état des principaux modèles de populations cellulaires osseuses existantes. Après avoir brossé les différentes évolutions apportées par chacun des modèles existants, les travaux de Pivonka et al. (2008) ont pu servir de base pour la formulation du modèle afférent à cette étude. Le modèle initial considère une quantité de PTH constante, or cela est en contradiction avec la réalité. Ainsi la formulation développée au Chapitre 4, illustrée par l'équation (4.4), permet de moduler la quantité de PTH du modèle cellulaire. Par conséquent dans le cas d'étude considéré la PTH pourra agir en tant que régulateur des BMUs. De plus le modèle d'ostéocyte initial de Maldonado et al. (2006) a été adapté afin de prendre en compte d'une part l'influence de la PTH sur la stimulation des ostéocytes et d'autre part l'endommagement dans l'altération du réseau ostéocytaire.

La formulation ainsi développée du trio ostéoblaste/ostéoclaste/ostéocyte permet la mise en place d'un modèle cellulaire complet intervenant dans l'adaptation osseuse locale. Bien qu'il existe des communications autocrines et paracrines entre les ostéoblastes et les ostéoclastes représentées à travers le modèle de Pivonka et al. (2008), leur régulation émane avant tout du processus de transduction. Par conséquent il s'agit maintenant de coupler le modèle de transduction développé au Chapitre 4 avec le modèle des activités cellulaires établit : cela fait l'objet du chapitre suivant.

Chapitre 6 : Couplage transduction-modèle cellulaire

Introduction

Les deux chapitres précédents ont permis de proposer respectivement une modélisation de la transduction par les ostéocytes et une description mathématique des activités cellulaires (BMUs + ostéocytes). Il a été établi que la dynamique des BMUs est contrôlée en partie par les signaux issus de la transduction mécanique (Vezeridis, Semeins et al. 2006; Taylor, Saunders et al. 2007; Jayakumar and Di Silvio 2010). On propose donc dans ce chapitre de décrire et modéliser les liens (couplages) entre les signaux issus de la transduction et les activités des BMUs. L'idée du couplage transduction-BMUs est de modéliser et de répondre aux problématiques :

(i) dans quel site osseux se produit le remodelage en fonction de l'intensité de déformation activant l'écoulement du fluide interstitiel qui sollicite localement les ostéocytes,

(ii) comment le remodelage à travers le contrôle des activités des BMUs (croissance, interactions, etc.), est régulé par le signal mécanique local et modulé par la biochimie locale (régulation de Ca, PGE_2, etc.).

Ce couplage (mathématique) illustré par la Figure 6-1 est nécessaire pour développer l'algorithme de remodelage local décrit dans l'introduction générale. Afin d'établir un tel couplage, on se base sur différents travaux de la littérature traitant de ce sujet complexe et fournissant les données qualitatives.

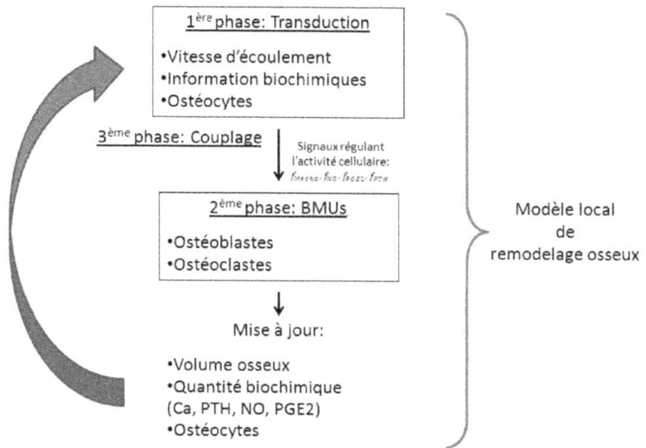

Figure 6-1: Principe du modèle local de remodelage osseux. Ce schéma d'action permet de lier le modèle de transduction avec le modèle cellulaire. Les cellules dirigées par l'action des signaux de sortie du modèle de transduction vont ensuite procéder au remodelage osseux, et donc à la mise à jour des propriétés mécaniques et biochimiques.

Il n'existe qu'un seul modèle de couplage transduction-BMUs (1ère phase et 2ème phase de la Figure 6-1) dans la littérature. Seul Maldonado et al. (2006) établit un lien entre la contrainte macroscopique appliquée à l'os et la réponse de l'ostéocyte par le biais de la production de NO et de PGE_2. Ces productions agissant directement sur la prolifération des ostéoblastes et des ostéoclastes.

L'idée de ce chapitre est de moduler les paramètres (constantes) décrivant les activités des BMUs, à travers les coefficients de croissance (différenciation et apoptose), par les signaux issus de la transduction $(f_{Mecha}, f_{NO}, f_{PGE2}, f_{PTH})$. Par exemple le taux de différenciation des ostéoblastes, considéré comme constant dans les autres modèles de population cellulaire, sera considéré par notre approche comme variable et dépendant des signaux $f_{Mecha}, f_{NO}, f_{PGE2}, f_{PTH}$. En effet, bien que Lemaire, Tobin et al. (2004) et Pivonka, Zimak et al. (2008) aient simulé une augmentation du coefficient de croissance au cours de la période de remodelage, cette approche reste artificielle puisque provoquée manuellement. Ainsi ces signaux vont servir à moduler les coefficients de différenciation et d'apoptose des cellules ostéoblastes et ostéoclastes, comme illustré par l'organigramme de la Figure 6-2.

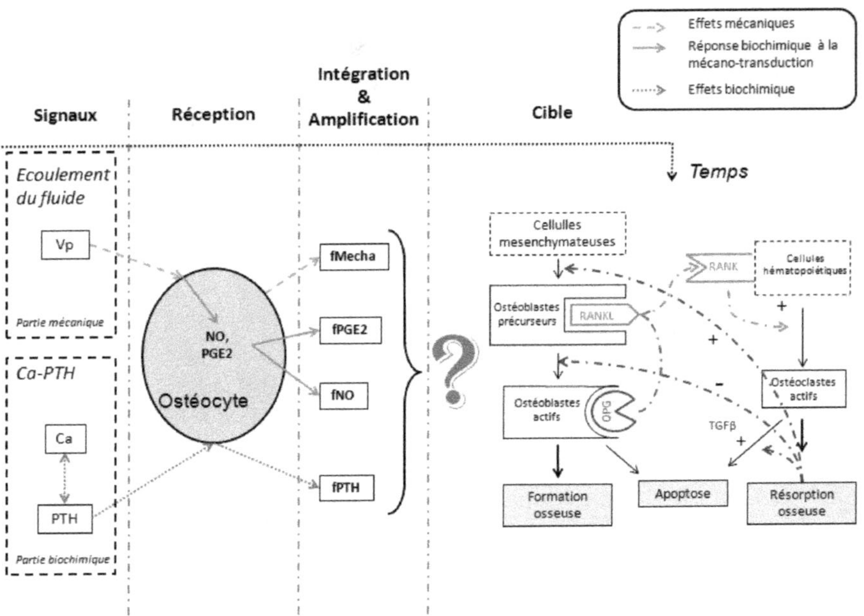

Figure 6-2: Organigramme illustrant le couplage à opérer entre le modèle de transduction et le modèle cellulaire représentant les BMUs. Une fois le couplage effectué alors un modèle local de remodelage osseux sera obtenu. Par conséquent le but ici est de relier les différents signaux de sortie $f_{Mecha}, f_{NO}, f_{PGE2}, f_{PTH}$ avec les coefficients de différenciation et d'apoptose des cellules en correspondance avec les données de la littérature.

1. Couplage mécanique

Le premier couplage mécanique du modèle s'inspire des travaux de (Huiskes, Weinans et al. 1987; Beaupré, Orr et al. 1990; Doblaré and García 2002; McNamara and Prendergast 2007), qui définissent trois états de remodelage osseux : (i) la *disuse zone* correspond à l'étape de résorption du volume osseux. Cela est dû au fait que la sollicitation mécanique ressentie est trop faible ; ce qui amène à une diminution de la masse osseuse afin d'optimiser le rapport résistance-masse. (ii) La *lazy zone* correspond au cas où la quantité d'os résorbé est égale à la quantité d'os formé. Ainsi le volume osseux est maintenu constant. Cette zone peut également refléter une activité cellulaire nulle. (iii) L'*overuse zone* correspond à l'étape de formation osseuse dont l'activité des ostéoblastes est supérieure à celle des ostéoclastes. Cette fois-ci, en raison d'une sollicitation mécanique importante, l'os nécessite d'être renforcé afin de mieux résister à la contrainte qui lui est appliquée. (iv) Enfin la *damage zone* reflète un excès de déformation amenant un recrutement des ostéoclastes afin de résorbé la région endommagée. Par conséquent sont définis trois seuils de remodelage $\Psi_d, \Psi_u, \Psi_{dam}$, comme illustré sur la Figure 6-3.

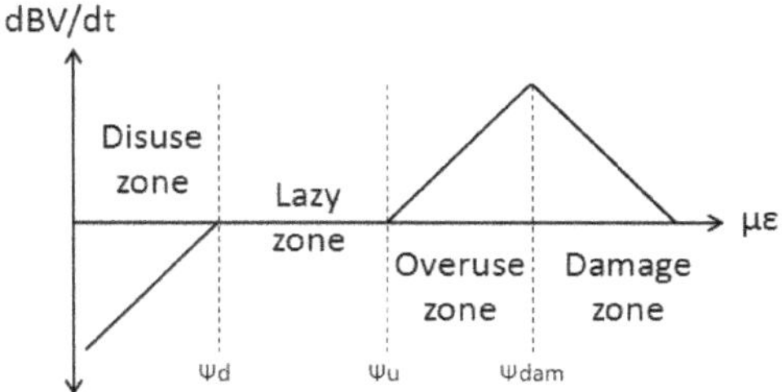

Figure 6-3: Distribution des différentes zones d'adaptation osseuse (*disuse, lazy, overuse* et *damage*) où la variation de volume osseux dBV/dt est respectivement diminuée, nulle, augmentée ou diminuée en fonction du niveau de densité d'énergie de déformation locale.

Conformément au modèle de transduction déjà présenté, le stimulus mécanique correspond à la vitesse d'écoulement du fluide. Il est donc important de déterminer les seuils de remodelage par rapport à cette vitesse d'écoulement. Par manque de données expérimentales, on se propose alors de calibrer les valeurs seuils $V_{p\_d}, V_{p\_u}, V_{p\_dam}$ à l'aide d'une simulation par éléments finis. Ce qui permet d'obtenir la Figure 6-4.

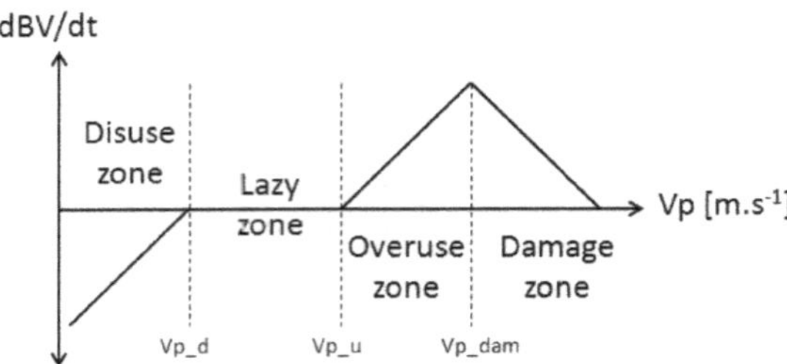

Figure 6-4: Distribution des différentes zones d'adaptation osseuse (*disuse, lazy, overuse* et *damage*) où la variation de volume osseux dBV/dt est respectivement diminuée, nulle, augmentée ou diminuée en fonction de la vitesse d'écoulement du fluide interstitiel osseux V_p à l'intérieur des canalicules.

L'analyse par éléments finis s'effectue sur le vecteur test d'architecture trabéculaire, et est illustrée par la Figure 6-5. Les propriétés matériaux du tissu trabéculaire sont décrites dans le Tableau 6-1 et l'équation (3.51) permet le calcul de la vitesse d'écoulement du fluide, et donc les nouvelles valeurs des seuils remodelage (Tableau 6-1).

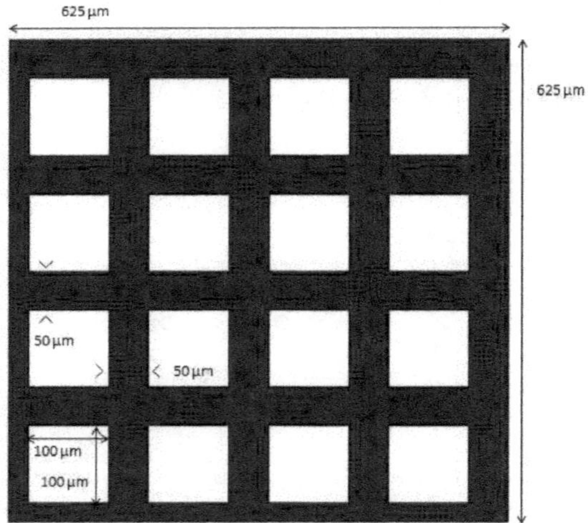

Figure 6-5: Architecture du vecteur test d'un os trabéculaire 2D. L'épaisseur des travées verticales et horizontales est de $50\ \mu m$, alors que les carrés blancs correspondent à l'emplacement de la moelle d'une section de $100 \times 100\ \mu m$. Les propriétés mécaniques constituant le tissu trabéculaire sont données dans le Tableau 6-1.

Tableau 6-1 : Correspondance entre niveau de déformation et vitesse d'écoulement du fluide interstitiel osseux obtenue à l'aide d'une analyse par éléments finis en utilisant les propriétés matériaux ci-dessous sur un vecteur test d'architecture trabéculaire (Figure 6-5).

Seuil de remodelage en termes de densité d'énergie de déformation $[\mu\varepsilon]$ (McNamara and Prendergast 2007)	Seuil de remodelage en termes de vitesse d'écoulement $[m.s^{-1}]$	Propriétés orthotropes élastiques du tissu trabéculaire	Propriétés mécanique de la moelle
$\Psi_d = 1000$ $\Psi_u = 2000$ $\Psi_{dam} = 3600$	$V_{p\_d} = 8.10^{-5}$ $V_{p\_u} = 17.10^{-5}$ $V_{p\_dam} = 25.10^{-5}$	$E_1 = 12000\ (MPa)$ $E_2 = 7000\ (MPa)$ $E_3 = 9500\ (MPa)$ $G_{12} = 5000\ (MPa)$ $G_{13} = 3700\ (MPa)$ $G_{23} = 4200\ (MPa)$ $\nu_{12} = 0.28$ $\nu_{13} = 0.35$ $\nu_{23} = 0.30$	$E = 2\ (MPa)$ $\nu = 0.167$ $\mu^m = 0.081\ (Pa.s)$ $k_p^m = 7.5e^{-20}\ (m^2)$

Par conséquent le graphique de la Figure 6-4 schématise bien l'évolution de la variable locale de volume osseux BV dans les différentes zones de remodelage (*disuse-lazy-overuse-damage*, respectivement, résorption-équilibre-formation-endommagement) en fonction de la vitesse d'écoulement du fluide interstitiel osseux contenu dans les canalicules. La zone d'endommagement (*damage zone*) sera plus particulièrement détaillée au cours du Chapitre 7 portant sur l'implémentation du modèle par éléments finis. Néanmoins il faut distinguer cet état de remodelage de l'effet de l'endommagement par fatigue (cf. Chapitre 3) qui s'applique dans chaque zone de remodelage.

La stimulation mécanique, notamment à travers la vitesse d'écoulement du fluide, est un facteur important de la croissance des ostéoblastes (Vezeridis, Semeins et al. 2006; Taylor, Saunders et al. 2007). En effet, elle permet de stimuler leur différenciation ainsi que leur prolifération (Jaasma and O'Brien 2008) de différentes manières en fonction de leur niveau de différenciation (Turner, Owan et al. 1998). En particulier, il existe un temps de latence dans la différenciation des cellules de la lignée ostéoblaste. En conséquence de quoi, la prolifération des ostéoblastes précurseurs en réponse à la stimulation mécanique s'effectue dans les 48h, alors qu'il faut 72h pour les cellules mésenchymateuses (Turner, Owan et al. 1998). De fait, il est nécessaire de coupler le signal mécanique avec l'ensemble des étapes de différenciation et d'apoptose des ostéoblastes. De plus, un retard dans la différenciation des cellules mésenchymateuses par rapport aux ostéoblastes précurseurs après stimulation par le signal mécanique f_{Mecha} serait nécessaire. Toutefois, en première approximation on décide de ne pas modéliser ce retard de différenciation.

Ce couplage entre ostéocytes et ostéoblastes se justifie notamment par l'existence de différents mécanismes biochimiques leur permettant de communiquer (Taylor, Saunders et al. 2007). On peut par exemple citer les jonctions communicantes (gap junction) illustrées sur la Figure 6-6.

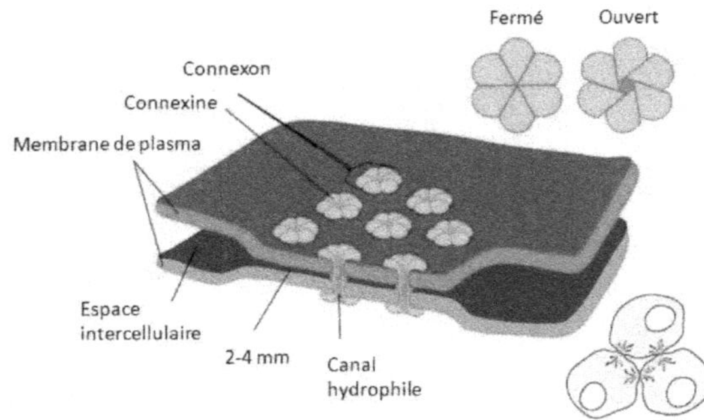

Figure 6-6: Schéma d'une jonction communicante entre deux cellules en contact.

Ainsi, par le biais d'un contact entre les ostéocytes et les ostéoblastes, une communication cellulaire peut s'opérer et permettre la transmission des informations d'origine mécanique.

En revanche, les ostéoclastes ne semblent pas directement stimulés par le signal mécanique. En effet, leur régulation s'opère davantage à travers les communications paracrines avec les ostéoblastes, et en particulier, grâce au trinôme ($RANK/RANKL/OPG$) (cf. Chapitre 5). Le couplage mécanique entre la transduction et le modèle cellulaire est alors schématisé par les flèches discontinues sur la Figure 6-7.

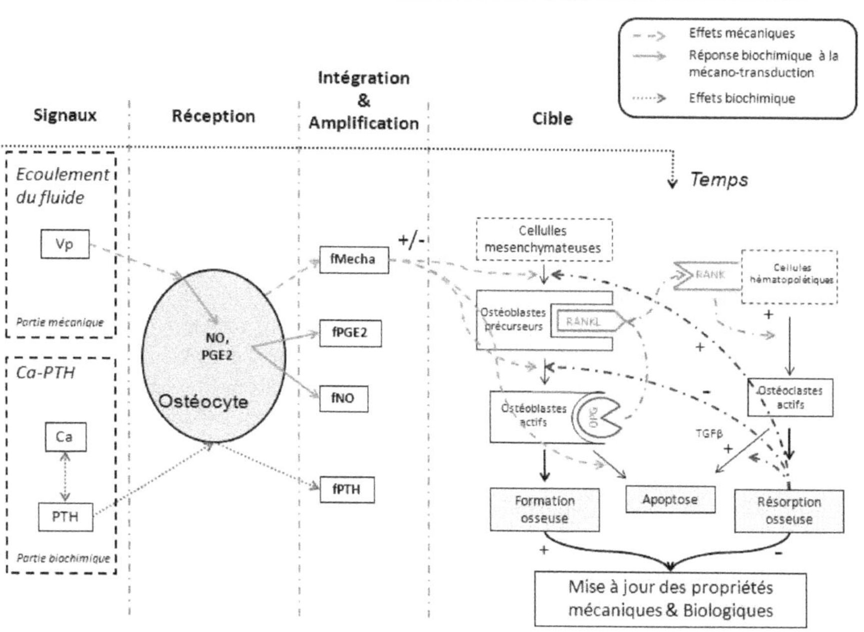

Figure 6-7: Schéma du couplage mécanique entre les modèles de transduction et cellulaire menant au processus local de remodelage osseux. Le signal mécanique f_{Mecha} émanant de l'écoulement du fluide permet de moduler les coefficients de différenciation des cellules mésenchymateuses DOB_u ainsi que des ostéoblastes précurseurs DOB_p et du coefficient d'apoptose AOB_a des ostéoblastes actifs. Les actions du signal f_{Mecha} sont représentées par des flèches discontinues.

À travers la phase de mécano-transduction, le signal mécanique f_{Mecha} permet donc de moduler les coefficients de différenciation D_{OB_u}, D_{OB_p} respectivement des cellules mésenchymateuses et des ostéoblastes précurseurs. Dans le même temps f_{Mecha} agit également sur la valeur du coefficient d'apoptose A_{OB_a} des ostéoblastes actifs. L'action du signal peut être stimulante (+) ou inhibitrice (−) en fonction de l'intensité de l'écoulement du fluide, comme illustré sur la Figure 6-4.

2. Couplage biochimique

2.1. Oxyde Nitrique - Prostaglandine E2

Le rôle de l'oxyde nitrique (NO) dans la régulation des ostéoclastes a été étudié dans les années quatre-vingt-dix (Inoue, Hiruma et al. 1995; Dong, Williams et al. 1999). Cet agent présente un effet biphasique dans la régulation des ostéoclastes. En effet l'oxyde nitrique est capable de stimuler ou d'inhiber la résorption osseuse à travers son action à la fois sur la différenciation et l'apoptose des ostéoclastes. L'effet double est lié au mode d'administration, puisqu'il a été observé qu'à faible et haute dose d'administration de NO, on pouvait remarquer l'apparition de régions de formation osseuse (Brandi, Hukkanen et al. 1995; Wimalawansa 2008). *A contrario*, pour des dosages intermédiaires on constate une augmentation de la résorption. Cela démontre donc une augmentation locale de la mort des cellules ostéoclastes. Par conséquent le signal f_{NO} peut agir de manière biphasique sur la différenciation des ostéoclastes précurseurs D_{OC_p} et sur l'apoptose des ostéoclastes A_{OC_a}. On peut alors modéliser ce comportement à l'aide d'une Gaussienne et d'une Gaussienne inverse, représentées par les équations (6.1) et (6.2) et illustrées sur la Figure 6-8. Ainsi, l'effet stimulant (+) ou inhibiteur (−) du NO permet d'agir sur le coefficient de différenciation des cellules hématopoïétiques et le coefficient d'apoptose des ostéoclastes actifs comme schématisé sur la Figure 6-9 par les flèches continues.

$$A_{OC_a} = A_{OC_a} - A_{OC_a} \times e^{-\frac{(f_{NO}-0.5)^2}{2\times 0.16^2}} \tag{6.1}$$

$$D_{OC_p} = D_{OC_p} \times e^{-\frac{(f_{NO}-0.5)^2}{2\times 0.16^2}} \tag{6.2}$$

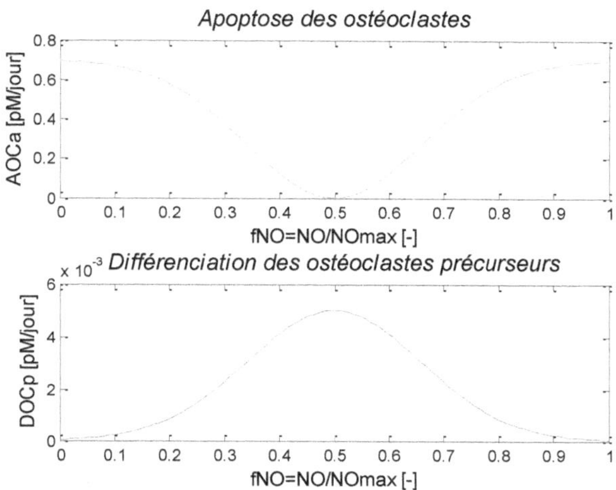

Figure 6-8: Action du signal NO sur les coefficients d'apoptose A_{OC_a} et de différenciation D_{OC_p} des ostéoclastes.

Il subsiste de nombreuses controverses concernant l'effet anabolique de la Prostaglandine E2 (PGE_2) sur la formation osseuse (Pilbeam, Choudhary et al. 2008). Néanmoins il existe plusieurs travaux permettant d'observer clairement l'effet ostéogénique de la PGE_2 à travers la différenciation des cellules stromales (contenues dans la moelle) en ostéoblastes (Flanagan and Chambers 1992; Scutt and Bertram 1995; Kaneki, Takasugi et al. 1999). Ces études montrent en fait une augmentation de la différenciation des cellules mésenchymateuses en ostéoblastes précurseurs. Dès lors, on peut représenter l'action stimulante (+) de la PGE_2 en modulant le coefficient de différenciation des cellules mésenchymateuses D_{OB_u}. Par conséquent, l'action du signal f_{PGE2} est représentée sur la Figure 6-9 à l'aide des flèches continues.

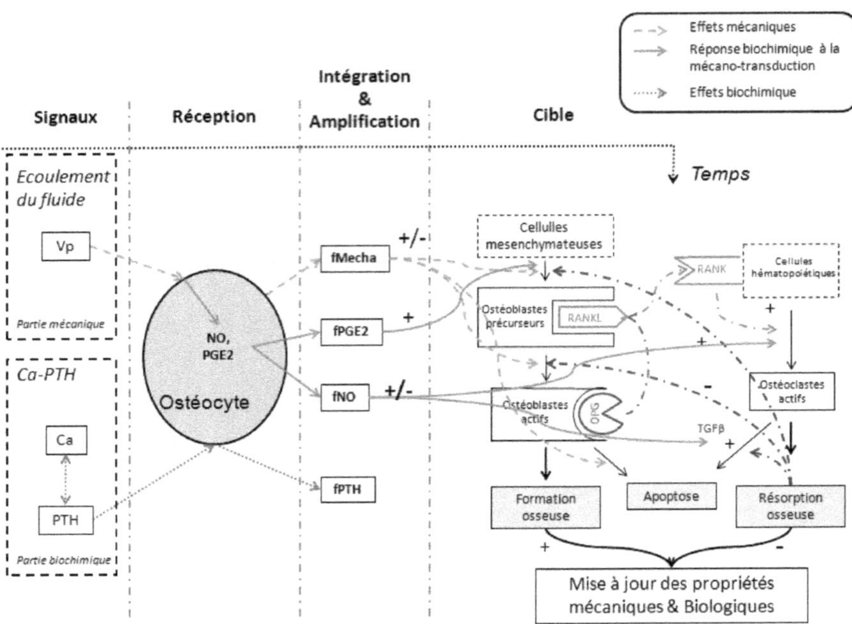

Figure 6-9: Schéma du couplage biochimique entre les phases de transduction et d'activité cellulaire menant au processus local de remodelage osseux. Le signal biochimique f_{PGE2} émanant du processus de mécano-transduction permet de moduler le coefficient de différenciation des cellules mésenchymateuses D_{OB_u}. Tandis que le signal f_{NO} permet d'agir d'une manière biphasique sur le coefficient de différenciation des cellules hématopoïétiques D_{OC_p}et le coefficient d'apoptose des ostéoclastes actifs A_{OC_a}. Les actions des deux signaux f_{PGE2} et f_{NO} sont représentées par des flèches continues.

2.2. Hormone Parathyroïdienne

Au début des années trente, on considérait l'hormone parathyroïdienne (*PTH*) comme ayant une action anabolique sur la formation osseuse. De plus, la *PTH* est essentiellement connue pour ses effets sur l'homéostasie du *Ca* à travers son action sur le tissu osseux, le métabolisme des reins et de l'intestin. Ainsi, de nombreux médecins l'ont utilisée afin de traiter la perte osseuse liée à l'ostéoporose. D'autres études furent ensuite menées afin de comprendre plus précisément l'action et les effets de la *PTH* sur le métabolisme cellulaire des BMUs. Ce n'est qu'au cours de ces dix dernières années que l'on a réellement compris les mécanismes d'action de la *PTH* comme fortement dépendants de son mode et de sa fréquence d'administration. Un dosage continu à faible dose a une action anabolique sur la formation osseuse. Tandis qu'un dosage continu à haute dose est associé à un effet catabolique (Bellido, Ali et al. 2005;

Kousteni and Bilezikian 2008). En outre, la PTH a un effet indirect sur le mécanisme de prolifération des ostéoclastes à travers son action visant à l'inhibition de l'OPG et à la stimulation du $RANKL$ (Huang, Sakata et al. 2004). Ce dernier aspect déjà souligné en conclusion du Chapitre 5, est pris en compte dans la formulation des communications paracrines du modèle de BMUs. D'autres études mettent en évidence l'influence de la PTH sur les ostéocytes. Notamment, la découverte de la présence de récepteurs $PTHrP$ de la PTH sur les ostéocytes (Lee, Deeds et al. 1993; Langub, Monier-Faugere et al. 2001) permet d'amplifier leur réponse au processus de mécano-transduction et par là même d'augmenter leur durée de vie (Chow, Fox et al. 1998; Jilka, Weinstein et al. 1999; Bellido, Ali et al. 2005). La PTH agit alors en tant qu'agent stimulant l'activité ostéocytaire représentée à l'équation (5.15).

Le modèle des BMUs prenant déjà en compte l'influence de la PTH sur le $RANKL$ et l'OPG, les flèches en pointillés marquant la stimulation (+) du détachement du ligand $RANKL$ et l'inhibition (−) du détachement de l'OPG s'expriment à travers les équations ((5.1);(5.3)) et les fonctions d'activation/répression associées (equ. (5.8);(5.9)). Bien qu'étant à dose et fréquence d'administration dépendants, en première approximation on choisit de ne pas modéliser le mode d'administration de la PTH. Conformément à cela on considère l'action de la PTH sur les ostéoblastes comme stimulateur (+) de la seule différenciation D_{OB_u}des cellules mésenchymateuses en ostéoblastes précurseurs.

Sachant que l'os est le réservoir principal de Ca, il est logique de penser qu'un déficit de Ca sérique dans le sang diminuera la tendance à la formation osseuse. En effet, afin de créer de l'os, les ostéoblastes nécessitent de puiser le Ca dans le sang afin de synthétiser la matrice ostéoide. *A contrario*, une abondance de Ca dans le sang facilite et favorise la formation osseuse. Pour cette raison, il a été décidé de stimuler D_{OB_u} non pas directement par la concentration de PTH, (qui représente l'inverse de la concentration de Ca (cf. Figure 4-15)), mais par son image $(1 - f_{PTH})$ qui représente alors directement la concentration de Ca. Aussi, l'ensemble des actions de la PTH est représenté par les flèches en pointillés sur la Figure 6-10.

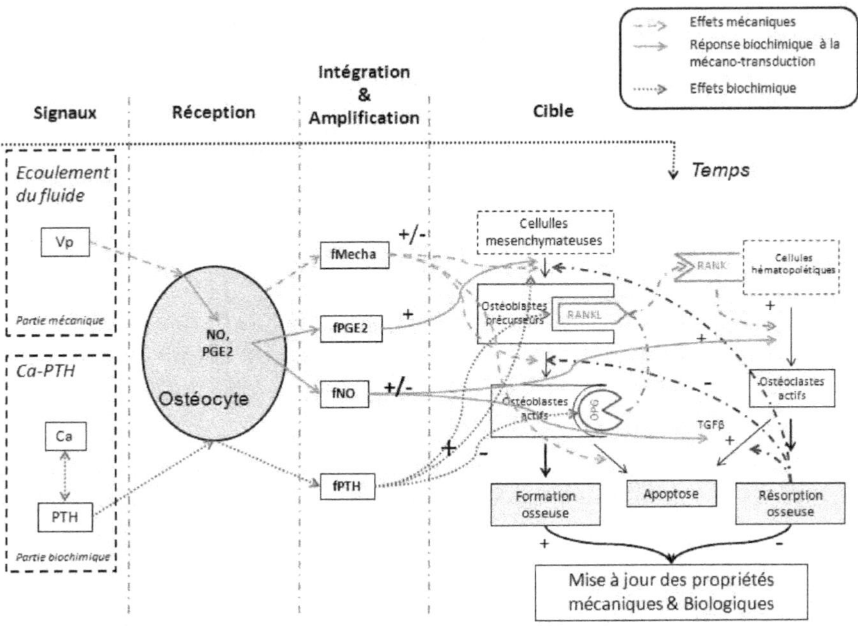

Figure 6-10: Schéma du couplage biochimique entre les phases de transduction et d'activité cellulaire menant au processus local de remodelage osseux. Le signal biochimique f_{PTH} issue de l'homéostasie du calcium permet d'agir sur l'activation/répression du détachement du *RANKL* et de l'*OPG*. De plus, conformément aux données de la littérature, l'action anabolique de la *PTH* sur la différenciation des cellules mésenchymateuses D_{OB_u} en ostéoblastes précurseurs et également représentée à l'aide des flèches en pointillés.

Chaque coefficient de différenciation et d'apoptose étant modulé à l'aide d'un ou plusieurs signaux, on peut résumer les équations régissant leur modulation (equ. (6.3)-(6.7)). Les signaux f_{Mecha}, f_{NO}, f_{PGE2} et f_{PTH} agissent en tant que stimulateurs (+,×) ou inhibiteurs (−), modulant ainsi la croissance des ostéoblastes et des ostéoclastes, et sont résumés dans le Tableau 6-2.

$$D_{OB_u} = D_{OB_u}^0 +/- f_{Mecha} + f_{PGE2} + (1 - f_{PTH}) \tag{6.3}$$

$$D_{OB_p} = D_{OB_p}^0 +/- f_{Mecha} \tag{6.4}$$

$$A_{OB_a} = A_{OB_a}^0 \times f_{Mecha} \tag{6.5}$$

$$D_{OC_p} = D_{OC_p}^0 \times e^{-\frac{(f_{NO}-0.5)^2}{2\times0.16^2}} \tag{6.6}$$

$$A_{OC_a} = A_{OC_a}^0 - A_{OC_a}^0 \times e^{-\frac{(f_{NO}-0.5)^2}{2\times0.16^2}} \tag{6.7}$$

Tableau 6-2: Synthèse des actions de chaque signal issu du processus de transduction sur les coefficients de différenciation D_i et d'apoptose A_i des BMUs où (+) représente la stimulation et (-) l'inhibition.

	Cellules mésenchymateuses		Ostéoblastes précurseurs		Ostéoblastes actifs		Ostéoclastes précurseurs		Ostéoclastes actifs	
	D_{OB_u}	A_{OB_u}	D_{OB_p}	A_{OB_p}	D_{OB_a}	A_{OB_a}	D_{OC_p}	A_{OC_p}	D_{OC_a}	A_{OC_a}
f_{Mecha}	+/-		+/-			+/-				
f_{NO}							+/-			+/-
f_{PGE2}	+									
f_{PTH}	+									

3. Résultats du modèle unifié

L'implémentation du couplage transduction-modèle cellulaire en langage FORTAN 90, permet à l'aide d'informations mécaniques (l'écoulement du fluide interstitiel osseux contenu dans les canalicules) et biochimiques (concentration en NO, PGE_2, Ca-PTH) de simuler le remodelage local de l'os trabéculaire. On peut alors visualiser la variation de l'épaisseur d'une travée en considérant une épaisseur initiale de 100%.

La phase de résorption osseuse se produit pour des vitesses d'écoulement du fluide allant de 0.0 à $1.03e^{-8}\,m.s^{-1}$, alors que la phase de formation a lieu pour des valeurs comprises entre $6.05e^{-7}$ et $2.27e^{-6}\,m.s^{-1}$ (Figure 6-4). L'environnement biochimique est défini par les concentrations en NO, PGE_2 et Ca régulés par le processus de transduction. On considère une période de remodelage de 200 jours qui correspond à une durée légèrement supérieure à la période nécessaire pour effectuer un remodelage local complet (Hazelwood, Bruce Martin et al. 2001). Cela reste cohérent avec d'autres études, comme Lemaire et al. (2005) et Pivonka et al. (2008), qui sont sur la même période de temps. En conséquence de quoi, l'ensemble des paramètres du modèle, résumés dans le Tableau 4-1 et le Tableau 5-1, ont été définis et calibrés sur la base de cette période de remodelage. De fait, la stabilité du modèle pour un ordre de grandeur supérieur à cette période n'est pas garantie et demande une étude paramétrique.

3.1. Résorption osseuse (*disuse zone*)

Dans cette zone, on observe l'influence du NO et de la PGE_2 sur la résorption osseuse pour différentes valeurs de concentration de Ca sérique. Cela correspond donc à une vitesse d'écoulement du fluide allant de 0 à $1.03e^{-8}\,m.s^{-1}$.

Sur la Figure 6-11 la concentration en PGE_2 est caractérisée par une évolution physiologique à l'aide de l'équation (4.7), c'est-à-dire fonction de la vitesse d'écoulement du fluide définie par l'équation (4.5) et de la concentration en NO exprimée par l'équation (4.6). On peut observer une nette augmentation de la résorption pour une concentration en NO fixée à $1.9\,pM$, alors que pour une concentration de 0.5 et $2.5\,pM$ la résorption observable est négligeable. Ces résultats sont en accord avec les données issues de la littérature, puisqu'une quantité moyenne de NO est connue pour stimuler la prolifération des ostéoclastes. En revanche, de fortes et faibles concentrations en NO permettent de stimuler l'apoptose des ostéoclastes. On retrouve donc l'effet biphasique du NO décrit précédemment. On note également l'action de la concentration de Ca qui réduit le pourcentage de résorption d'un point dans le cas d'une concentration sérique initiale de 2.1 $mM.L^{-1}$ (--○-- vs. —●—). L'homéostasie du Ca sérique a pour intervalle physiologique 2.1 à 2.5 $mM.L^{-1}$ (Robert 2003; Houillier 2009). Au-delà et en-deçà de ces valeurs, l'environnement biochimique devient inapproprié pour la survie d'un quelconque organisme vivant. Dans le cas présent une concentration initiale basse de Ca implique alors la nécessité de restaurer un niveau adéquat de Ca. Cela est rendu possible grâce à son extraction du tissu osseux. Par conséquent, cela explique que lors d'une concentration basse de Ca sérique la proportion d'os résorbé est bien plus importante. Enfin, dans le cas de la courbe (--●--), la forte résorption osseuse indique que si la quantité de NO reste constante ou que si une concentration calcique normale n'est pas rétablie, la totalité de l'os sera amenée à être résorbée.

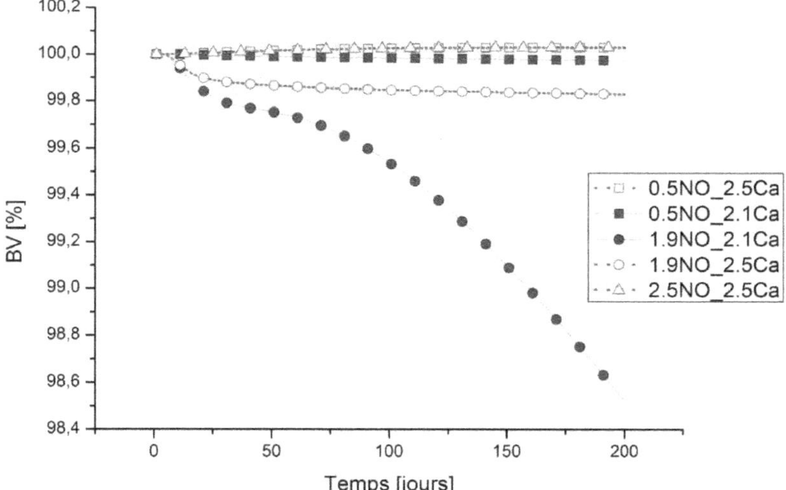

Figure 6-11 : Évolution de l'épaisseur de la travée [%] en fonction du temps [jours] à faible sollicitation mécanique *disuse zone* pour différentes concentrations de NO $[pM]$ et une évolution physiologique de PGE_2 $[pM]$ comme décrites par les équations ((4.6)-(4.7)). Une concentration initiale en Ca sérique de 2.1 et 2.5 $mM.L^{-1}$ correspond respectivement aux courbes solides et en pointillés.

La Figure 6-12 montre une formation osseuse dans une zone de sollicitation mécanique favorable à la résorption. Physiquement la *disuse zone* correspond à un signal mécanique trop faible pour induire une formation osseuse, néanmoins, en agissant sur la quantité de certains agents biochimiques, le résultat peut être inversé. Ainsi, pour un environnement biochimique favorisant la résorption osseuse grâce à une concentration initiale en Ca sérique fixée à 2.1 $mM.L^{-1}$, l'augmentation de la PGE_2 permet alors de réduire cette résorption jusqu'à même initier une formation. La PGE_2 étant connue pour être ostéoformatrice (en stimulant les ostéoblastes), la tendance observée par les courbes pleines est conforme aux données de la littérature. En revanche, on constate une nette phase de formation pour une concentration initiale en Ca sérique fixée à 2.5 $mM.L^{-1}$ (courbes en pointillés). En effet, l'augmentation de la PGE_2 associées à un Ca sérique de 2.5 $mM.L^{-1}$ favorise la formation osseuse. Cela montre bien l'effet prépondérant que peuvent avoir les agents biochimiques sur l'action mécanique. À nouveau la forte formation de la courbe (--△--) indique que si l'équilibre calcique n'est pas retrouvé, une formation d'os excessive, que l'on pourrait considérer comme pathologique aura lieu.

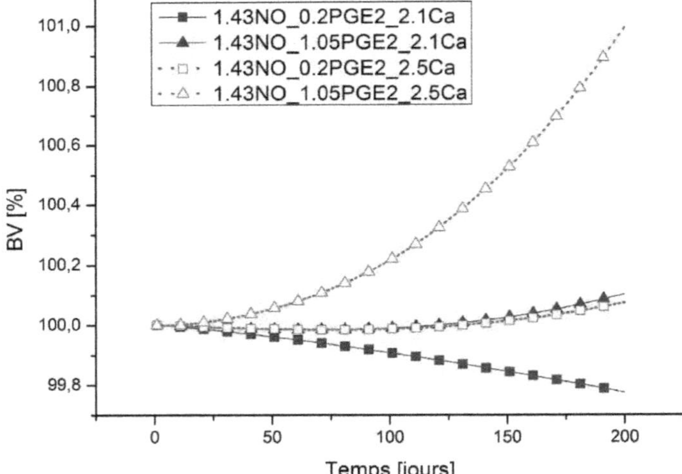

Figure 6-12 : Évolution de l'épaisseur de la travée [%] en fonction du temps [jours] dans la zone de résorption *disuse zone* pour différentes concentrations en PGE_2 $[pM]$ et à concentration fixe en NO $[pM]$. Une concentration initiale en Ca sérique de 2.1 et 2.5 $mM.L^{-1}$ correspond respectivement aux courbes solides et en pointillés.

3.2. Formation osseuse (*overuse zone*)

Dans cette zone, on observe l'influence du NO et de la PGE_2 sur la formation osseuse pour différentes concentrations de Ca sérique, dans le cas d'une vitesse d'écoulement du fluide allant de $6.05e^{-7}$ à $2.27e^{-6}\,m.s^{-1}$, correspondant à l'intervalle définissant la zone mécanique de formation osseuse (Figure 6-4).

La Figure 6-13 présente différents niveaux de formation osseuse ayant lieu dans la zone de sollicitation mécanique ostéoformatrice pour une concentration fixe en PGE_2 et différentes concentrations en NO. Afin de placer le modèle dans un environnement favorable à la résorption ou à la formation osseuse d'un point de vue biochimique, la concentration initiale en Ca sérique a été respectivement fixée à 2.1 (—) et 2.5 $mM.L^{-1}$ (----). On peut ici observer, pour une concentration en Ca sérique à 2.5 $mM.L^{-1}$, une faible formation osseuse pour 1.9 pM de NO. Tandis que pour des concentrations en NO plus petites et plus importantes, la formation osseuse est nettement supérieure. L'action biphasique du NO sur le niveau de formation correspond donc bien aux tendances reportées dans la littérature. Il est important de souligner qu'il n'existe quasiment aucune différence en termes de formation osseuse entre 0.5 et 2.5 pM de NO. Cela est dû à la modélisation du NO représenté par une Gaussienne (Brandi, Hukkanen et al. 1995; Wimalawansa 2008) où de faibles et fortes concentrations ont le même effet sur les ostéoclastes (Figure 6-8). En revanche dans le cas d'un environnement biochimique non favorable, défini par une concentration initiale en Ca sérique fixée à 2.1 $mM.L^{-1}$, la formation osseuse est à peine observable. Le modèle prédit donc une décroissance de la formation osseuse essentiellement modulée par la concentration en NO et fortement influencée par la concentration en Ca sérique.

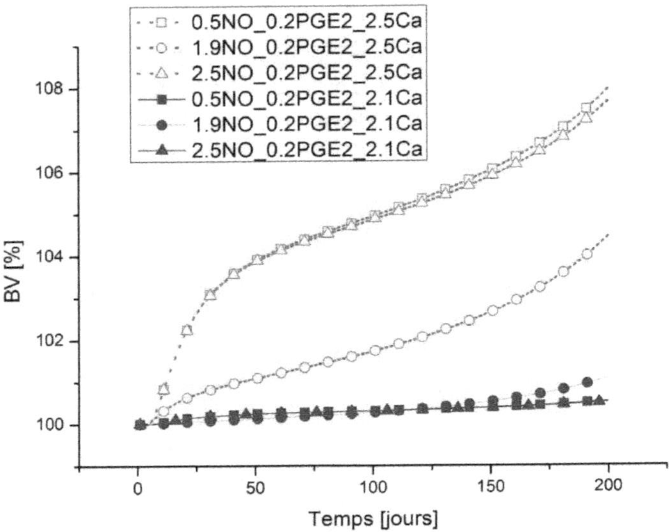

Figure 6-13 : Évolution de l'épaisseur de la travée [%] en fonction du temps [jours] dans la zone de formation *overuse zone* pour différentes concentrations en NO $[pM]$ et à concentration fixe en PGE_2 $[pM]$. Une concentration initiale en Ca sérique de 2.1 et 2.5 $mM.L^{-1}$ correspond respectivement aux courbes solides et en pointillés.

La Figure 6-14 montre une évolution de la formation osseuse pour différentes concentrations en PGE_2 et à concentration fixe en NO. Les courbes en pointillés et pleines dénotent respectivement une concentration initiale de 2.5 et $2.1\,mM.L^{-1}$ en Ca sérique, définissant ainsi différents environnements biochimiques. Dans la première configuration (courbes en pointillés), un accroissement de la formation osseuse peut être observé en fonction de l'augmentation de la PGE_2. Ce comportement s'observe également dans la seconde configuration (courbes pleines). Ainsi, l'effet anabolique et ostéoformateur de la PGE_2 est parfaitement représenté par le comportement du modèle. Toutefois de la même manière que précédemment, on constate une plus forte tendance à la formation osseuse dans le cas d'une concentration initiale en Ca sérique adéquate.

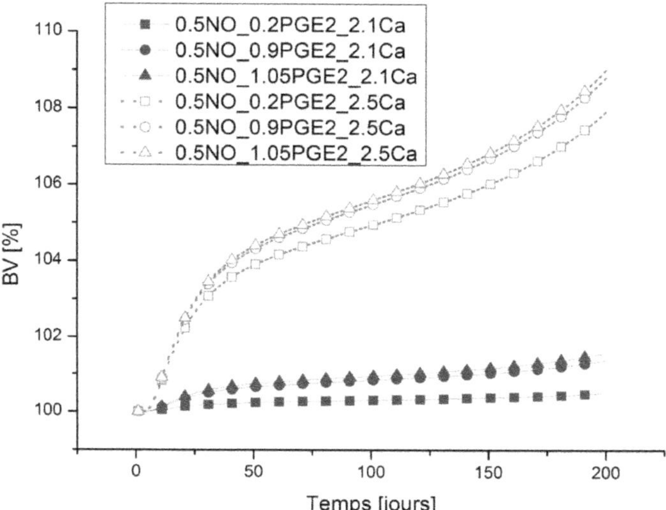

Figure 6-14 : Évolution de l'épaisseur de la travée [%] en fonction du temps [jours] dans la zone de formation *overuse zone* pour différentes concentrations en PGE_2 $[pM]$ et à concentration fixe en NO $[pM]$. Une concentration initiale en Ca sérique de 2.1 et 2.5 $mM.L^{-1}$ correspond respectivement aux courbes solides et en pointillés.

Conclusion

Ce chapitre présente le couplage entre le modèle de transduction et le modèle des activités cellulaires (BMUs). La vitesse d'écoulement du fluide étant considérée dans la littérature comme le principal stimulus mécanique, il a fallu notamment convertir les seuils de remodelage, classiquement définis en micro- déformations $[\mu\varepsilon]$, en termes de vitesse d'écoulement $[m.s^{-1}]$. Le modèle développé est capable de prédire la quantité d'os formé ou résorbé en fonction de : (i) l'environnement biochimique (la concentration en Ca et donc en PTH) ; (ii) la stimulation mécanique exprimée par la vitesse d'écoulement du fluide ; (iii) et la concentration de différents agents biochimiques tels que le NO ou la PGE_2. Toutes ces informations mécaniques et biochimiques provenant de la phase de transduction permettent donc de moduler la croissance des BMUs. Le couplage entre les signaux issus de la phase de transduction avec les coefficients de différenciation et d'apoptose des BMUs s'inspire des données de la littérature. Ainsi, le modèle permet de répondre à la problématique posée au début de ce chapitre, à savoir : comment le remodelage est régulé par le signal mécanique local modulé par la biochimie locale (régulation de Ca, PGE_2, etc.) en contrôlant les activités des BMUs (croissance, interactions, etc.). En revanche, la localisation de ce remodelage ne peut trouver sa réponse qu'à travers l'implémentation du modèle dans une analyse par éléments finis représentant l'architecture de l'os trabéculaire.

On observe donc des tendances à la résorption osseuse dans les zones *disuse* et à la formation dans les zones *overuse*. Ces tendances sont alors modulées voir même inversées grâce à l'action des agents biochimiques, tels que le Ca, le NO, ou encore la PGE_2.

Par conséquent, le modèle développé permet de prédire le niveau de remodelage local stimulé par un processus mécano-biologique de transduction. Le modèle se positionne donc en tant que précurseur dans la formulation d'un couplage entre le processus de transduction et les BMUs. Le modèle démontre des résultats très différents selon la configuration mécanique et/ou biochimique dans laquelle on se place et respecte les tendances observées dans la littérature.

Le chapitre suivant vise à définir l'algorithmique utilisé afin d'implémenter le modèle de remodelage local dans une simulation par élément finis. Cela dans le but de visualiser l'évolution de l'architecture et de la qualité osseuse, à travers ses propriétés mécaniques, selon différents scénarios de sollicitations mécaniques.

Chapitre 7 : Implémentation par éléments finis

Introduction

On se propose de détailler l'algorithme d'implémentation par éléments finis du modèle développé dans le Chapitre 6. L'utilisation des éléments finis permet de passer d'un modèle de remodelage local, donc microscopique, à une échelle plus macroscopique représentée par l'organe osseux, comme le fémur par exemple.

Le logiciel d'analyse par éléments finis utilisé est Abaqus® 6.7 EF. L'ensemble des lois et relations discutées précédemment ont été implémentées en langage FORTRAN 90 dans une sous-routine utilisateur de type UMAT (User Material). L'usage de cette routine permet de se dispenser du calcul des lois de conservation et d'état d'équilibre en se concentrant uniquement sur l'écriture des lois de comportement. Ainsi les seuls facteurs à gérer sont les lois de population cellulaire, les propriétés matériaux (E, ν, G), le calcul de la matrice de rigidité et la mise à jour de la contrainte.

Le modèle précédemment développé permet d'estimer la formation osseuse locale, donc sur un site osseux spécifique. Ainsi, le modèle est totalement adapté pour les échelles micro et mésoscopique. En revanche, le passage au niveau macroscopique met en lumière la différence de répartition des stimuli mécaniques. En effet, on y constate une forte disparité entre la vitesse d'écoulement du fluide (V_p) et la densité d'énergie de déformation (U). Or, la littérature illustre une bonne adéquation entre la répartition de U et la densité apparente de l'extrémité supérieuree du fémur comme on a pu le voir au Chapitre 2. Par conséquent, l'utilisation du modèle à l'échelle macroscopique doit bénéficier d'aménagements particuliers (cf. section 1.2.3)

Lors de la formation/résorption osseuse, les cellules ostéoblastes et ostéoclastes se différencient à partir des cellules souches de la moelle osseuse (cf. Chapitre 6). Du coup, la prise en compte de la moelle à l'intérieur du réseau trabéculaire doit permettre d'initier la différenciation de ces cellules à partir des différents stimuli. En conséquence de quoi, il est nécessaire de mettre en place une stratégie d'implémentation du modèle de transduction applicable aussi bien dans la moelle osseuse qu'au niveau du tissu trabéculaire. Dès lors, on se pose plus particulièrement la question de la transmission des informations mécaniques à travers la moelle. Cet aspect sera discuté dans la section 2.

Deux parties composent alors ce chapitre. Tout d'abord on décrit le fonctionnement du logiciel dans le cadre de l'utilisation d'une routine utilisateur. Cela permet alors la description algorithmique des parties mécaniques et biologiques composant le modèle amenant à l'organigramme global unifiant les parties mécaniques et cellulaires. Pour finir les hypothèses et stratégies utilisées pour l'implémentation du modèle dans une analyse par éléments finis sont exposées.

1. Principe d'utilisation d'Abaqus

1.1. Le fichier de donnée: INP

Abaqus® est un logiciel permettant la résolution de problèmes physiques traduits sous forme numérique selon le principe des éléments finis. Le but étant d'étudier la tenue de la forme géométrique considérée soumise à différentes sollicitations physiques (contrainte, déformation, température, interaction fluide-structure, ...). Deux méthodes de calcul peuvent être utilisées. La première méthode « Abaqus/Standard » concerne notamment les calculs de statique dont les vitesses de sollicitation sont relativement faibles. La seconde méthode « Abaqus/Explicit » est plus adaptée à des calculs d'état transitoire de la matière ou dont la vitesse de sollicitation est élevée. En raison de la faible vitesse de sollicitation des contraintes appliquées à l'os, permettant de simuler l'activité physique notamment, l'utilisation d'Abaqus/Standard est permise. Toutefois, l'aspect dynamique que représente la marche doit être modélisé par une approche cyclique. En effet un cycle de sollicitation représentant une journée d'activité, la répétition des cycles permet de simuler une activité sur plusieurs jours, plusieurs semaines ou plusieurs mois. Ainsi, ce type d'approche permet une évolution temporelle des effets mécaniques.

La forme géométrique de la pièce étudiée est tout d'abord représentée par sa surface à laquelle sont associées l'ensemble des propriétés des matériaux (E, v, G) isotropes ou orthotropes. Ensuite, la forme géométrique est discrétisée en de multiples éléments unitaires qui constituent le maillage (Figure 7-1). Les éléments utilisés sont des éléments 2-D continus fonctionnant en déformation plane à trois points d'intégration linéaire de type triangle $(CPE3)$, ou quatre points d'intégration bilinéaire du type quadrangle $(CPE4)$.

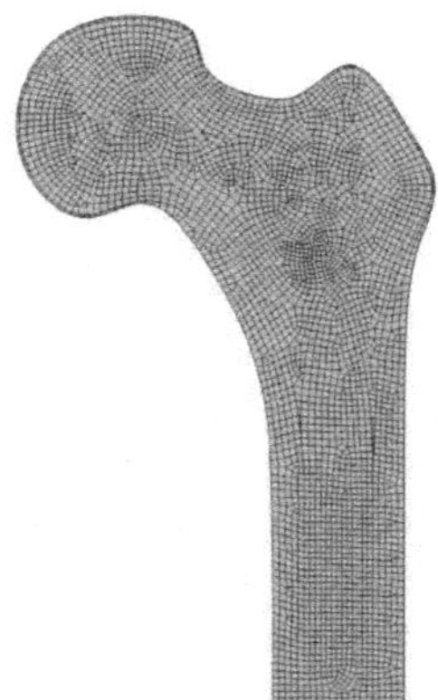

Figure 7-1: Maillage de l'extrémité supérieuree d'un fémur 2-D. Les éléments utilisés pour mailler la géométrie sont de type triangle et quadrangle.

Les conditions limites et le chargement permettent de compléter la mise en données du problème et sont définis avec l'ensemble des étapes précédentes dans un fichier de données « .inp ». Ainsi, le fichier « .inp » comporte les informations relatives à la géométrie, au maillage, aux propriétés des matériaux avec leur orientation, aux sollicitations mécaniques et aux conditions limites. Chaque modèle géométrique mésoscopique et macroscopique dispose de conditions limites et d'un chargement spécifique qui sera détaillé au début de chaque section du Chapitre 8.

1.2. La sous routine utilisateur: UMAT

La sous routine utilisateur (ou subroutine) UMAT (pour « User Material ») permet de définir le comportement mécanique et biologique du matériau décrit aux sections 1.2.1 et 1.2.2 de ce chapitre. Ainsi, à la suite des lois de comportement, il est nécessaire de définir la matrice Jacobienne $\partial\Delta\sigma/\partial\Delta\varepsilon$ correspondante à la matrice de rigidité ($DDSDDE$) ainsi que l'expression de la contrainte à l'aide des équations (7.3) et (7.4) comme indiqué sur la Figure 7-2. Le logiciel Abaqus appelle alors l'UMAT en chaque point d'intégration du maillage et résout les équations classiques de la méthode par éléments finis, à savoir : (i) l'équation d'équilibre :

$$\int_S \boldsymbol{t}\, dS + \int_V \boldsymbol{f}\, dV = 0 \tag{7.1}$$

où $\boldsymbol{t}$ représente la force surfacique appliquée à l'unité de surface S, et $\boldsymbol{f}$ la force d'effort volumique par unité de volume V, (ii) et de conservation de l'énergie (sur le principe des travaux virtuels) :

$$\frac{d}{dt}\int_V \left(\frac{1}{2}\rho \boldsymbol{v}\cdot\boldsymbol{v} + \rho U\right) dV = \int_S \boldsymbol{v}.\boldsymbol{t}dS + \int_V \boldsymbol{f}.\boldsymbol{v}dV \qquad (7.2)$$

où ρ est la densité, $\boldsymbol{v}$ le vecteur vitesse, U l'énergie interne par unité de masse, $\boldsymbol{t}$ le vecteur force surfacique et $\boldsymbol{f}$ le vecteur force volumique.

```
SUBROUTINE UMAT(STRESS,STATEV,DDSDDE,SSE,SPD,SCD,
     1 RPL,DDSDDT,DRPLDE,DRPLDT,
     2 STRAN,DSTRAN,TIME,DTIME,TEMP,DTEMP,PREDEF,DPRED,CMNAME,
     3 NDI,NSHR,NTENS,NSTATV,PROPS,NPROPS,COORDS,DROT,PNEWDT,
     4 CELENT,DFGRD0,DFGRD1,NOEL,NPT,LAYER,KSPT,KSTEP,KINC)
C
      INCLUDE 'ABA_PARAM.INC'
C
      CHARACTER*80 CMNAME
      DIMENSION STRESS(NTENS),STATEV(NSTATV),
     1 DDSDDE(NTENS,NTENS),DDSDDT(NTENS),DRPLDE(NTENS),
     2 STRAN(NTENS),DSTRAN(NTENS),TIME(2),PREDEF(1),DPRED(1),
     3 PROPS(NPROPS),COORDS(3),DROT(3,3),DFGRD0(3,3),DFGRD1(3,3)


      user coding to define DDSDDE, STRESS, STATEV, SSE, SPD, SCD
      and, if necessary, RPL, DDSDDT, DRPLDE, DRPLDT, PNEWDT


      RETURN
      END
```

Figure 7-2: En-tête d'une sous routine UMAT.

La combinaison des équations (3.3) et (3.56) permet d'établir la matrice Jacobienne (*DDSDDE*) suivante utilisée pour le calcul de la contrainte *STRESS* :

$$DDSDDE(1,1) = E_1^0(1 - \nu_{23}\nu_{32})Y(1 - D_1)^2\left(\frac{\rho}{\rho^0}\right)^{2.58}$$

$$DDSDDE(2,2) = E_2^0(1 - \nu_{13}\nu_{31})Y(1 - D_2)^2\left(\frac{\rho}{\rho^0}\right)^{2.58}$$

$$DDSDDE(3,3) = E_3^0(1 - \nu_{12}\nu_{21})Y(1 - D_3)^2\left(\frac{\rho}{\rho^0}\right)^{2.58}$$

$$DDSDDE(4,4) = G_{12}$$

$$DDSDDE(5,5) = G_{13}$$

$$DDSDDE(6,6) = G_{23} \tag{7.3}$$

$$DDSDDE(1,2) = E_1(\nu_{21} + \nu_{31} + \nu_{23})Y(1 - D_1)(1 - D_3)$$

$$DDSDDE(1,3) = E_1(\nu_{31} + \nu_{21} + \nu_{32})Y(1 - D_1)(1 - D_3)$$

$$DDSDDE(2,3) = E_2(\nu_{32} + \nu_{12} + \nu_{31})Y(1 - D_2)(1 - D_3)$$

$$DDSDDE(2,1) = DDSDDE(1,2)$$

$$DDSDDE(3,1) = DDSDDE(1,3)$$

$$DDSDDE(3,2) = DDSDDE(2,3)$$

$$Y = \frac{1}{1 - \nu_{12}\nu_{21} - \nu_{23}\nu_{32} - \nu_{31}\nu_{13} - 2\nu_{21}\nu_{32}\nu_{13}}$$

Dans le cas 2-D, $DDSDDE(5,5) = DDSDDE(6,6) = 0$. Bien que l'on ait déjà inclus l'endommagement dans le calcul de la matrice Jacobienne (equ. (7.3)), il faut néanmoins rajouter l'expression $(1 - D_i)$ lors du calcul du $STRESS$ afin de permettre au logiciel de réduire le niveau de contrainte proportionnellement à l'augmentation de l'endommagement D. Cela permet alors de dégager l'expression suivante de la contrainte :

$$\begin{aligned} STRESS_i^{n+1} = {} & (1 - D_i^n) \\ & \times \left(STRESS_i^n + DDSDDE_{ij}^{n+1} DSTRAIN_i^{n+1}\right) \end{aligned} \tag{7.4}$$

où n représente le $n^{ième}$ cycle du calcul, i et j les coefficients matriciels, $STRESS$ la variable de contrainte du système définie conformément aux indications portées sur la Figure 7-2, alors que $DSTRAIN$ représente l'incrément de déformation du système fournie par le logiciel Abaqus® au début de chaque nouvelle itération.

Deux parties composent les lois de comportement de l'UMAT, la première se charge de décrire le comportement mécanique local de l'os, tandis que la seconde concerne le processus de transduction couplée aux activités cellulaires.

1.2.1. Partie mécanique

Cette section a pour objectif de décrire l'implémentation du modèle mécanique développé au Chapitre 3. L'organigramme de la Figure 7-3 expose les relations entre l'ensemble des variables mécaniques du modèle amenant à la mise à jour des propriétés mécaniques. La connaissance de ces nouvelles propriétés mécaniques permet ensuite le calcul du $DDSDDE$ et de la contrainte $STRESS$ (equ. (7.3);(7.4)).

La majeure partie des modèles de remodelage osseux de la littérature utilisent la densité d'énergie de déformation U de la structure comme stimulus mécanique. Or, cette vision mécanistique ne semble pas correspondre au stimulus mécanique utilisé par l'os lors de son processus d'adaptation (cf. Chapitre 4). Toutefois, on propose l'implémentation de l'équation (7.5) décrivant la densité d'énergie de déformation U de la structure afin de la comparer avec la vitesse d'écoulement du fluide V_p.

$$U = \frac{1}{2}\varepsilon_{ij}\sigma_{ij} \tag{7.5}$$

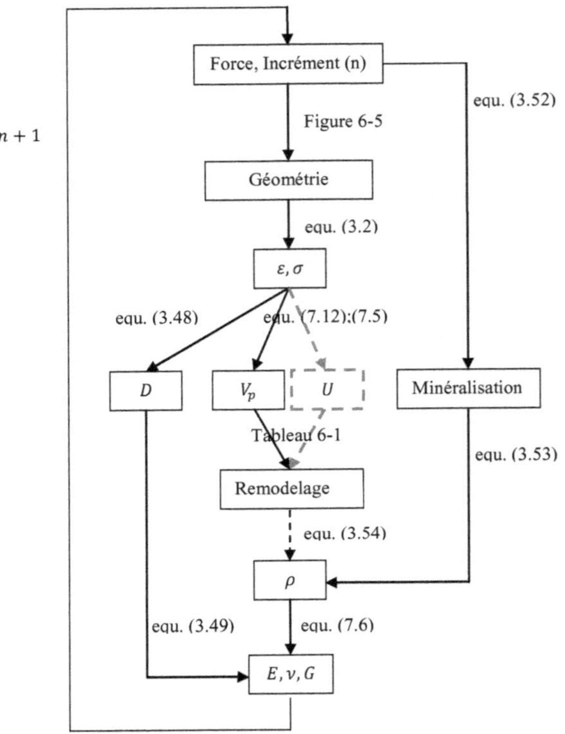

Figure 7-3: Algorithme du comportement mécanique de l'os trabéculaire permettant la mise à jour des propriétés mécaniques implémentées dans une routine utilisateur (UMAT) sous Abaqus® 6.7 EF.

1.2.2. Partie transduction et cellulaire

L'algorithme de la partie cellulaire reprend l'ensemble des équations développées dans les Chapitre 4,Chapitre 5 et Chapitre 6. L'organigramme de la Figure 7-4 expose les relations entre l'ensemble des variables biologiques du modèle amenant à la variation locale du volume osseux BV.

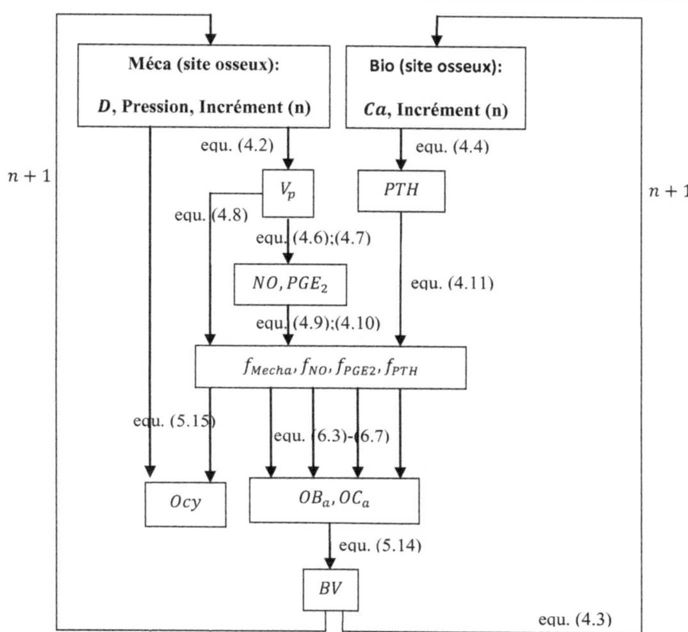

Figure 7-4: Algorithme des modèles biologiques de transduction et cellulaire implémentés dans une routine utilisateur (UMAT) sous Abaqus 6.7 EF.

On rappelle que cet organigramme regroupant les parties transduction et cellulaire correspond aux résultats discutés dans le Chapitre 6 portant sur le modèle microscopique.

1.2.3. Unification: Modèle mécano-biologique

Les deux organigrammes précédents sont à présent unifiés afin d'établir un algorithme mécano-biologique par éléments finis du remodelage de l'os trabéculaire. L'application du modèle aux niveaux mésoscopique et macroscopique nécessite la connaissance de la *BMD*, c'est-à-dire de la densité apparente. Or, l'évolution de la densité apparente est directement reliée à l'activité des BMUs. En effet, l'activité cellulaire affectant le volume osseux BV qui minéralise au cours du temps, la relation liant ces paramètres est exprimée par l'équation (3.54) et rappelée ici : $\rho = (BV/V_T)\rho_t$. Ainsi, on observe une évolution des propriétés mécaniques du tissu trabéculaire, influencées tout d'abord par le niveau d'endommagement, mais également par l'activité des BMUs en modifiant la densité apparente et donc les propriétés apparentes. Par conséquent, il est nécessaire d'exprimer l'évolution des propriétés mécaniques à l'aide de la densité apparente, comme indiqué par l'équation (7.6).

$$\begin{aligned} E_1 &= E_1^0(1-D_1)^2\left(\frac{\rho}{\rho^0}\right)^{2.58} \\ E_2 &= E_2^0(1-D_2)^2\left(\frac{\rho}{\rho^0}\right)^{2.58} \\ E_3 &= E_3^0(1-D_3)^2\left(\frac{\rho}{\rho^0}\right)^{2.58} \\ G_{23} &= G_{23}^0 \\ G_{13} &= G_{13}^0 \\ G_{12} &= G_{12}^0 \\ \nu_{12} &= \nu_{12}^0 \\ \nu_{13} &= \nu_{13}^0 \\ \nu_{23} &= \nu_{23}^0 \end{aligned} \tag{7.6}$$

La densité apparente initiale ρ^0 correspond au niveau de volume osseux BV^0 et de densité du tissu ρ_t^0 initial. Par conséquent, les données d'entrées mécaniques du modèle sont : les propriétés mécaniques $(E_i^0, G_{ii}^0, \nu_{ii}^0)$, le volume osseux (BV^0), le volume total (V_T^0) et le niveau de minéralisation $(\alpha(0))$. Ces données sont obtenues par une analyse densitométrique de l'os (cf. Chapitre 3) et à l'aide des équations (3.52)-(3.54).

Le modèle FORTRAN du Chapitre 6 considère une stimulation de D_{OB_u} par le facteur $(1-f_{PTH})$. Cela a pour effet d'augmenter la formation osseuse pour un environnement biochimique de Ca sérique initial fixé à 2,5 $mM.L^{-1}$. Ainsi, la stimulation ou l'inhibition de la formation osseuse est pilotée par la concentration de Ca, ce qui est cohérent dans le but de maintenir l'homéostasie calcique. Or, il s'avère, comme explicité au Chapitre 6, que c'est la concentration de PTH et non pas de Ca qui stimule les ostéocytes et les ostéoblastes. Il convient donc d'apporter une correction au modèle dans l'expression de la régulation de D_{OB_u}. De fait, en lieu et place des équations (6.3)-(6.7), on propose les équations suivantes :

$$D_{OB_u} = D_{OB_u}^0 \pm f_{Mecha} + f_{PGE2} + f_{PTH} \tag{7.7}$$

$$D_{OB_p} = D_{OB_p}^0 \pm f_{Mecha} \tag{7.8}$$

$$A_{OB_a} = A_{OB_a}^0 \times f_{Mecha} \tag{7.9}$$

$$D_{OC_p} = D^0_{OC_p} \times e^{-\frac{(f_{NO}-0.5)^2}{2\times 0.16^2}} \quad (7.10)$$

$$A_{OC_a} = A^0_{OC_a} - A^0_{OC_a} \times e^{-\frac{(f_{NO}-0.5)^2}{2\times 0.16^2}} \quad (7.11)$$

Dès lors, le modèle répondra à la stimulation par la PTH conformément au graphique de la Figure 4-15. La formation osseuse s'effectuera donc plus favorablement pour une concentration basse de Ca sérique correspondant à une forte concentration de PTH.

Au regard des remarques précédentes, on peut alors dégager deux algorithmes de remodelage de l'os trabéculaire. Le premier s'applique pour des échelles micro (la travée) et mésoscopique (le réseau trabéculaire) tandis que le second concerne l'échelle macroscopique (l'organe osseux). L'organigramme de la Figure 7-5 permet de combiner ces deux algorithmes, et l'application du modèle à l'échelle macroscopique est représentée par la flèche rouge discontinue. C'est pourquoi, lors de simulation sur un organe osseux tel que le fémur par exemple, le stimulus mécanique V_p devra être remplacé par U.

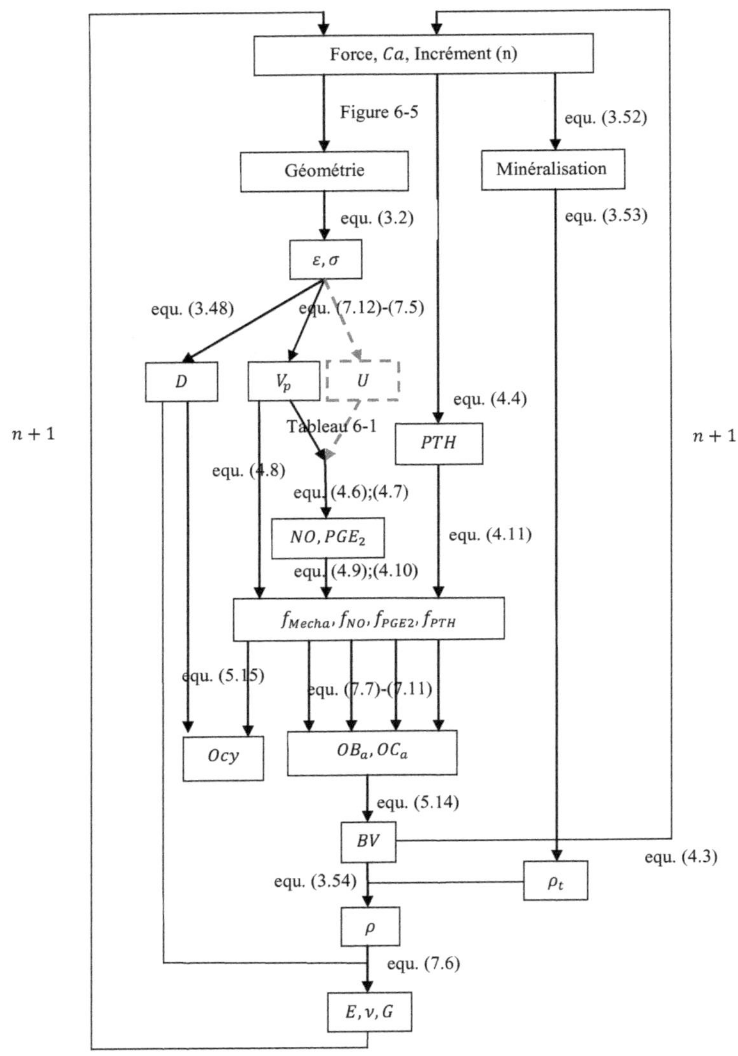

Figure 7-5: Organigramme de l'algorithme de remodelage osseux implémenté dans une sous-routine utilisateur UMAT du logiciel Abaqus 6.7® EF. Le modèle permet le passage des échelles micro et mésoscopique à l'échelle macroscopique par la modification du stimulus mécanique. Ce passage est illustré à l'aide de la flèche rouge discontinue. Cet algorithme s'effectue en parallèle sur les éléments moelle et os.

L'algorithme s'applique en parallèle aux éléments de la moelle osseuse ainsi qu'aux éléments de l'os trabéculaire nécessitant simplement les propriétés mécaniques respectives. Par conséquent, cela permet la formation de tissu osseux au sein de la moelle et inversement, le remplissage des cavités du tissu résorbé par la moelle osseuse.

2. Hypothèses générales

2.1. Éléments de mécano-transduction

L'os s'adapte en fonction des différents stimuli ressentis et interprétés par les ostéocytes qui font office de chefs d'orchestre du remodelage. On a vu que les points d'intégration du maillage symbolisent les ostéocytes (Figure 3-22), or, comme cela a été discuté au Chapitre 6, les ostéocytes ne sont pas les seules cellules osseuses capables de ressentir les stimuli mécaniques. Effectivement, les ostéoblastes disposent eux aussi de mécanismes de mécano-sensation et de mécano-transduction. On peut alors considérer les cellules mésenchymateuses (cellules précurseurs des ostéoblastes) présentes dans la moelle osseuse comme éléments de transduction capables de capter les informations mécaniques et biochimiques. Par conséquent la Figure 3-22 peut être étendue à la moelle osseuse et la Figure 7-6 schématise alors l'ensemble des éléments de transduction du modèle.

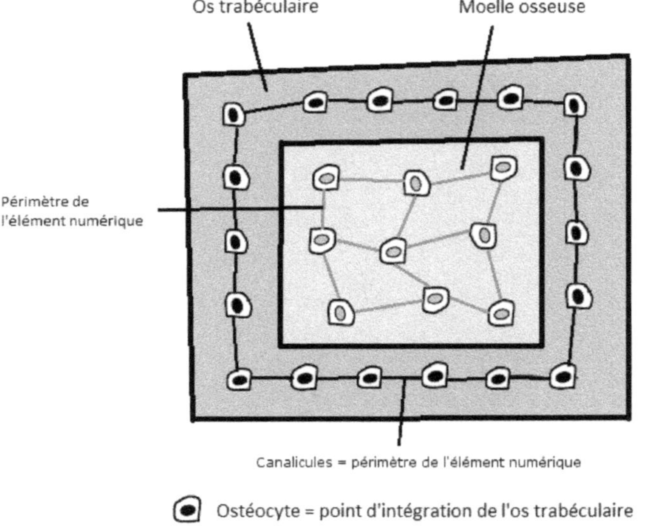

Figure 7-6: Représentation d'un volume élémentaire du réseau trabéculaire composé d'os contenant des ostéocytes et de moelle osseuse contenant des cellules mésenchymateuses. Les points d'intégration du maillage du tissu trabéculaire sont assimilés aux ostéocytes, alors que ceux de la moelle sont représentés par les cellules mésenchymateuse. Ces dernières se substituent donc aux ostéocytes au niveau de la moelle osseuse.

2.2. Calcul de la vitesse d'écoulement

Les ostéocytes étant reliés entre eux par l'intermédiaire des canalicules, ces derniers possèdent un fluide interstitiel osseux mis en mouvement par les pressions hydrostatiques dues aux contraintes macroscopiques (cf. Chapitre 4). À l'aide de l'équation (4.2), on calcule la vitesse d'écoulement du fluide V_p en chaque point d'intégration, c'est-à-dire au niveau de chaque ostéocyte. Si le périmètre de l'élément numérique symbolise le canalicule, la communication entre les ostéocytes n'est pas modélisée contrairement à Hambli, Soulat et al. (2009). En revanche, on symbolise la dégradation de la communication entre les ostéocytes grâce au terme $(1 - D)$ qui permet alors d'altérer la qualité du signal mécanique (la vitesse d'écoulement du fluide).

À la différence de l'os trabéculaire, la moelle ne peut subir d'endommagement. Néanmoins, du tissu osseux pouvant se former au sein de la moelle, le calcul de l'endommagement devient possible à partir d'un certain niveau de densité apparente. De plus, la moelle dispose de propriétés rhéologiques (cf. Tableau 3-7) permettant de calculer une vitesse d'écoulement à l'instar du fluide interstitiel osseux. Par conséquent le calcul de la vitesse d'écoulement (equ. (7.12)) doit distinguer deux cas de figure. (i) Si la densité $\rho < \rho^m$, alors l'endommagement n'influe pas dans le calcul de la vitesse d'écoulement et les propriétés rhéologiques sont celles de la moelle. (ii) Tandis que si $\rho \geq \rho^m$, alors l'endommagement par fatigue doit être pris en compte et l'on utilise les propriétés rhéologiques du fluide interstitiel osseux contenu dans les canalicules (Tableau 4-1) pour le calcul du stimulus.

$$V_p = \begin{cases} -\frac{k_p^m}{\mu^m}\frac{dP}{dz}, & \rho < \rho^m \\ -\frac{k_p}{\mu}\frac{dP}{dz}(1 - D)^{\gamma}, & \rho \geq \rho^m \end{cases} \tag{7.12}$$

où $\rho^m = 0.6\ g.cm^{-2}$ correspond à la densité apparente de l'os trabéculaire.

Conclusion

Un algorithme mécano-biologique du remodelage de l'os trabéculaire a été défini. Cet algorithme réunit un modèle mécanique à un processus de transduction couplé au modèle cellulaire. Certaines hypothèses ont dû être émises afin de rendre le modèle applicable aussi bien à l'os trabéculaire qu'à la moelle et pour différentes échelles. Ainsi, le modèle permet de déterminer le niveau de densité apparente et les propriétés mécaniques associées. Le chapitre suivant présente alors l'application du modèle à l'échelle mésoscopique (réseau trabéculaire) ainsi qu'à l'échelle macroscopique (organe osseux) afin d'observer l'évolution de l'architecture et des propriétés mécaniques de l'os selon différents scénarios de sollicitations mécaniques et biochimiques.

Chapitre 8 : Résultats de simulation par éléments finis

Introduction

Dans ce chapitre on propose l'exploitation des modèles de remodelage de l'os trabéculaire méso et macro illustrés au chapitre précédent, aux échelles respectivement mésoscopique et macroscopique ; étant donné que l'échelle micro a été traitée au Chapitre 6. Ainsi, trois géométries vont être utilisées°: (i) un cas simple 2-D afin de tester la programmation du modèle et la conservation des propriétés décrites au Chapitre 6, (ii) une géométrie mésoscopique du réseau trabéculaire 2-D dans le but d'observer la réponse locale du modèle en fonction de la sollicitation mécanique et des facteurs biochimiques (NO, PGE_2, PTH), (iii) un volume virtuel de fémur 2-D visant à étudier différents scénarios possibles. Ces scénarios mettant principalement en jeux différents niveaux d'activité physique, symbolisant la marche, mais également des traitements médicamenteux comme l'administration de PTH ou d'Alendronate.

1. Carré 2-D

Dans un premier temps, il s'agit de tester le modèle sur une forme géométrique simple afin d'observer : (i) la conservation des propriétés du modèle lors de l'implémentation par éléments finis, (ii) la réponse du système en fonction de l'environnement biochimique, (iii) l'adaptation de l'architecture en fonction des sollicitations appliquées. Pour cela un carré 2-D dont les bords représentent l'os trabéculaire entourant la moelle osseuse est utilisé. Cette forme géométrique sera soumise à des sollicitations de compression et/ou de cisaillement sinusoïdal, et dont les conditions limites sont indiquées sur la Figure 8-1.

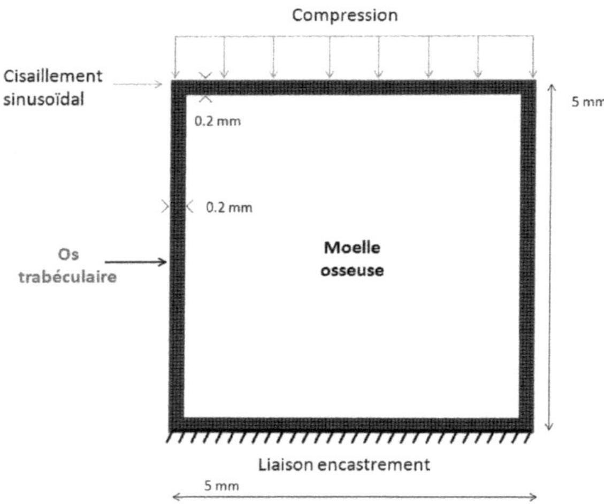

Figure 8-1: Représentation 2-D d'un carré d'os trabéculaire rempli de moelle osseuse. Les dimensions de l'objet géométrique et les sollicitations qui lui sont appliquées sont indiquées sur la figure.

Deux matériaux ont été déclarés : l'un correspondant à l'os trabéculaire et l'autre à la moelle dont les propriétés mécaniques sont décrites respectivement dans le Tableau 3-3 et le Tableau 3-7. De plus, on leur définit une densité apparente initiale fixée respectivement à $0.6\, g.cm^{-2}$ et $0.1\, g.cm^{-2}$. Ainsi, cette configuration permet d'observer le comportement du remodelage osseux et l'évolution de la densité apparente suivant le niveau de sollicitation mécanique, comme indiqué par la Figure 6-4. Les dimensions ne correspondent cependant pas aux dimensions réelles que l'on pourrait observer au sein de l'architecture trabéculaire. Néanmoins cela n'a aucune influence sur le processus d'adaptation de la structure osseuse. Deux chargements différents vont être analysés : tout d'abord le cas d'un chargement de cisaillement sinusoïdal pur (Figure 8-2), auquel sera ajouté ensuite une sollicitation de compression (Figure 8-3). La simulation s'effectue sur trois cents cycles suivant une alternance STEP de charge, STEP de décharge, comme indiquée sur la Figure 8-17. Un STEP représentant un jour, on simule alors un remodelage sur trois cent jours.

1.1. Effet du chargement mécanique

1.1.1. Cisaillement sinusoïdal pur

Dans ce premier cas de chargement il est intéressant d'observer une légère différence entre la répartition des différents stimuli mécaniques (A°: densité d'énergie de déformation, B°: vitesse d'écoulement de la moelle). Cependant, il est à noter que l'on conserve la ligne horizontale représentative d'un fort stimulus mécanique et par conséquent d'une région de remodelage active. Ainsi, sur la partie C de la Figure 8-2, on observe la répartition de la densité apparente au sein de la moelle osseuse suivant la même ligne horizontale que le stimulus mécanique. Cette région étant sollicitée de manière suffisante, les cellules de la moelle osseuse ont été recrutées afin de venir répondre à la sollicitation par la création de tissu osseux. Cette région horizontale d'os trabéculaire créée connecte les deux travées verticales afin de venir renforcer la structure soumise à un cisaillement sinusoïdal pur. Chaque élément d'os trabéculaire voit ensuite sa densité augmenter par l'action de la minéralisation du tissu osseux au cours du temps.

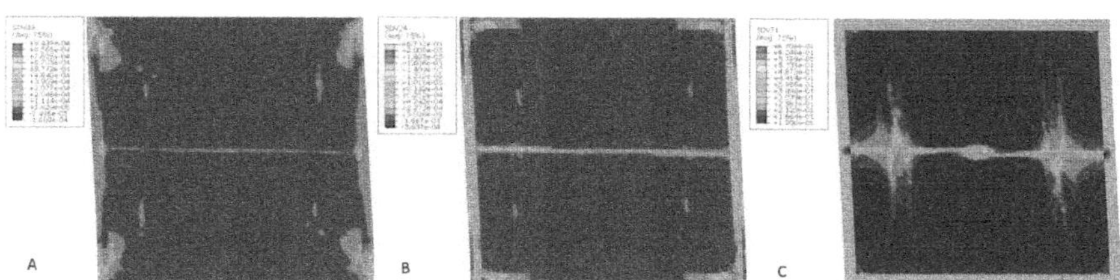

Figure 8-2: Représentation des effets du chargement de cisaillement sinusoïdal sur le carré 2-D d'os trabéculaire après 300 cycles. A. Répartition de la densité d'énergie. B. Répartition de la vitesse d'écoulement. C. Répartition de la densité apparente reflétant la création de tissu osseux au sein de la moelle osseuse.

1.1.2. Cisaillement sinusoïdal et compression

Le second cas de chargement incluant du cisaillement et de la compression montre une parfaite correspondance et une homogénéité de répartition entre les deux stimuli mécaniques (A°: densité d'énergie de déformation, B°: vitesse d'écoulement de la moelle). En conséquence, on observe une création de tissu osseux de manière uniforme au sein de la moelle.

Figure 8-3: Représentation des effets du chargement de cisaillement sinusoïdal et de compression sur le carré 2-D d'os trabéculaire après 300 cycles. A. Répartition de la densité d'énergie. B. Répartition de la vitesse d'écoulement du fluide. C. Répartition de la densité du tissu osseux.

Ces deux exemples de chargement permettent de se rendre compte de la bonne adéquation au niveau microscopique entre le stimulus mécanique issu de la densité d'énergie de déformation et la vitesse d'écoulement du fluide. Ainsi, l'utilisation de la vitesse d'écoulement en tant que stimulus mécanique, comme suggérée dans la littérature (cf. Chapitre 4), est appuyée par les tests effectués montrant une bonne similarité dans la répartition de ces deux stimuli.

1.2. Effets des agents biochimiques

Les tests précédents ont permis d'observer la localisation du développement du tissu trabéculaire au sein de la moelle osseuse en fonction du type de chargement (formation d'os trabéculaire suivant une région horizontale pour le cisaillement pur et de manière uniforme dans tout l'espace contenant de la moelle pour le cisaillement couplé à la compression) On se charge désormais de tester l'impact des différents agents biochimiques du modèle sur la valeur de la densité apparente de l'os trabéculaire. En effet, le signal mécanique définit l'emplacement où l'os doit être créé ou résorbé, et les signaux biochimiques, quant à eux, vont venir moduler le niveau de formation/résorption osseuse.

La Figure 8-4 permet d'observer l'évolution de la densité apparente de tissu trabéculaire formé au sein de la moelle. La région choisie est située au centre du carré 2-D que l'on soumet à un cisaillement sinusoïdal pur pour différents environnements biochimiques. En accord avec les hypothèses générales effectuées au Chapitre 7, la Figure 8-4 démontre une formation osseuse plus favorable pour un environnement biochimique de *Ca* initialement fixé à 2.1 $mM.L^{-1}$. De plus, la figure montre une formation osseuse plus importante due à l'augmentation de la concentration en PGE_2, ce qui est cohérent avec son effet ostéogénique sur la formation osseuse. Enfin, on constate qu'une injection constante de 100 $pg.ml^{-1}$ de PTH permet de stimuler davantage la formation osseuse, ce qui concorde également avec l'effet anabolique de la PTH.

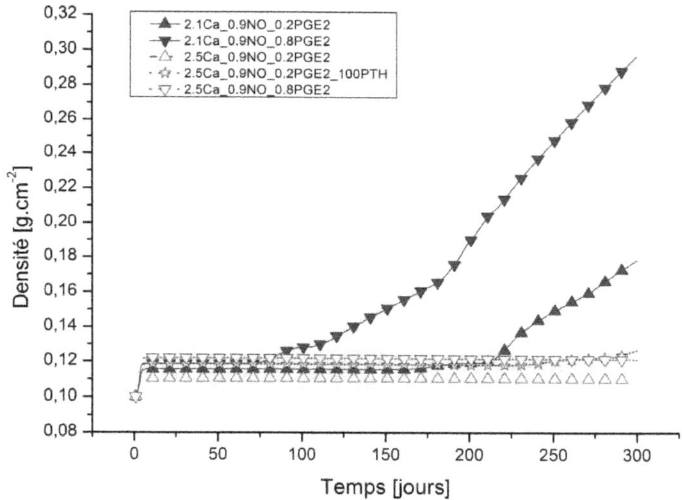

Figure 8-4: Évolution de la densité apparente de l'os trabéculaire formé au sein de la moelle osseuse lors d'un cisaillement sinusoïdal pur pour différentes concentrations de PGE_2 [$^0/_{00}$] et pour une concentration constante de NO [$^0/_{00}$]. Des concentrations initiales en Ca sérique de 2.1 et 2.5 $mM.L^{-1}$ sont représentées respectivement par des courbes solides et en pointillés.

Sur la Figure 8-5, la partie A correspond à une concentration initiale de Ca sérique fixée à 2.1 $mM.L^{-1}$, alors que la partie B correspond à une concentration de 2.5 $mM.L^{-1}$. Il est à noter que l'augmentation de la PGE_2 conduit systématiquement à une augmentation de la densité du tissu trabéculaire ou une densification plus rapide de celui-ci. Par conséquent, l'aspect anabolique de la PGE_2 est parfaitement respecté quelle que soit la concentration initiale en Ca sérique. Il en va de même pour la PTH, puisqu'une injection de 100 $pg.ml^{-1}$ amène dans les deux cas (partie A et B) à une augmentation de la densité apparente et donc de la formation osseuse. En revanche pour une concentration de 0.5 $^0/_{00}$ en NO, ($f_{NO} = 0.5$), on observe une formation bien plus importante que lors d'une stimulation à 0.9 $^0/_{00}$ en NO ($f_{NO} = 0.9$). D'après la Figure 6-8, l'apoptose des ostéoclastes étant minimale et la différenciation maximale pour $f_{NO} = 0.5$, on devrait observer une tendance à la résorption. Cependant, une analyse des mécanismes d'autorégulation entre les ostéoblastes et les ostéoclastes montre que l'augmentation de la différenciation des ostéoclastes provoque une hausse de la résorption, et par voie de conséquence une augmentation de l'extraction de $TGF\beta$ du tissu osseux (equ. (5.4)). Or cette augmentation de $TGF\beta$ implique une hausse de la fonction d'activation des OB_u et des OC_a (equ. (5.5)), ainsi qu'une diminution de la fonction de répression des OB_p (equ. (5.6)). Par conséquent, cela entraîne une augmentation des OB_p (equ. (5.10)) et des OB_a (equ. (5.11)) supérieure à celle des OC_a (equ. (5.13)), ce qui induit la formation osseuse plutôt que la résorption attendue.

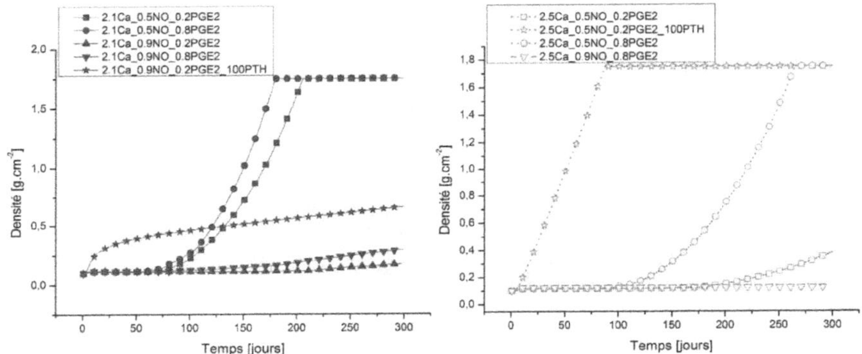

Figure 8-5: Évolution de la densité apparente de l'os trabéculaire formé au sein de la moelle osseuse lors d'un cisaillement sinusoïdal pur pour différentes concentrations de PGE_2 $[^0/_{00}]$ et de $NO\,[^0/_{00}]$. Des concentrations initiales en Ca sérique de 2.1 et 2.5 $mM.L^{-1}$ sont représentées respectivement par des courbes solides (partie A) et pointillés (partie B).

Toutefois, si l'on augmente par un facteur 10 le coefficient de résorption k_{res} sur la Figure 8-6, on remarque que pour des concentrations initiales de Ca sérique fixées à $2.1\,mM.L^{-1}$, l'augmentation de k_{res} permet de réduire considérablement l'évolution de la densité apparente (courbes carrés vides et étoiles vides). En revanche, pour une concentration de 0.9 $^0/_{00}$ en NO ($f_{NO} = 0.9$) et de $2.1\,mM.L^{-1}$ en Ca sérique, la configuration étant fortement favorable à la formation osseuse, on observe une augmentation de celle-ci malgré la multiplication du coefficient de résorption par un facteur 10. Pour les mêmes raisons que précédemment, l'augmentation de k_{res} favorise alors l'extraction de la $TGF\beta$ et donc l'augmentation des fonctions d'activation/répression impliquant plus favorablement la prolifération des ostéoblastes (courbes triangles vides et étoiles barrées). Le même effet peut être observé pour une concentration initiale en Ca sérique fixée à $2.5\,mM.L^{-1}$. Ainsi, seule la multiplication du coefficient de formation k_{form}

par 0.01 permet d'induire un phénomène de réduction de la formation osseuse (courbes pleines)

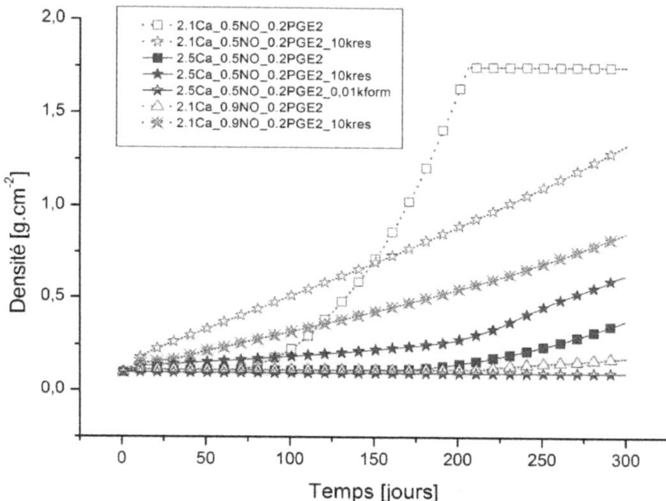

Figure 8-6: Évolution de la densité apparente d'os trabéculaire formé au sein de la moelle osseuse lors d'un cisaillement sinusoïdal pur pour une concentration de $0.2\ ^0/_{00}$ en PGE_2 et de $0.5\ ^0/_{00}$ en NO. Des concentrations initiales en Ca sérique de 2.1 et $2.5\ mM.L^{-1}$ sont représentés respectivement par des courbes solides et pointillés. Un facteur multiplicatif de 10 a été appliqué au coefficient de résorption (k_{res}) pour les courbes en étoiles vides et annotées par "10kres". Un facteur multiplicatif de 0.01 a été appliqué au coefficient de formation (k_{form}) pour les courbes en étoiles pleines et annotées par "0.01kform".

La Figure 8-7 concerne le second cas de chargement (cisaillement sinusoïdal et compression). On y observe notamment une augmentation de la densité apparente en fonction de l'augmentation de la concentration en PGE_2, et pour une injection constante de $100\,pg.ml^{-1}$ de PTH à l'instar du cas de chargement précédent.

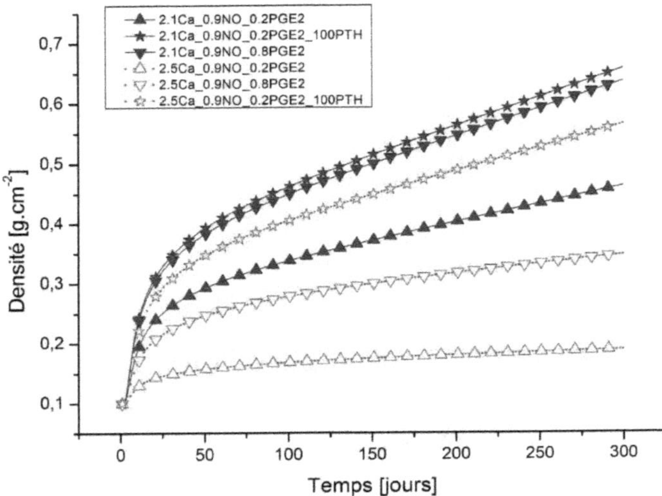

Figure 8-7: Évolution de la densité apparente d'os trabéculaire formé au sein de la moelle osseuse lors d'un chargement en compression et de cisaillement sinusoïdal pour différentes concentrations en PGE_2 [$^0/_{00}$] et pour une concentration en NO [$^0/_{00}$]. Des concentrations initiales en Ca sérique de 2.1 et 2.5 $mM.L^{-1}$ sont représentées respectivement par des courbes solides et pointillés.

La Figure 8-8 montre également une formation osseuse supérieure pour une concentration de 0.5 $^0/_{00}$ en NO (f_{NO} = 0.5) que pour une concentration de 0.9 $^0/_{00}$ en NO (f_{NO} = 0.9). À nouveau, l'augmentation des ostéoblastes étant bien supérieure à celle des ostéoclastes, leur action devient prépondérante et favorise donc la formation osseuse. Toutefois, on remarque que l'augmentation en PGE_2 et en PTH influence une fois encore positivement la formation osseuse.

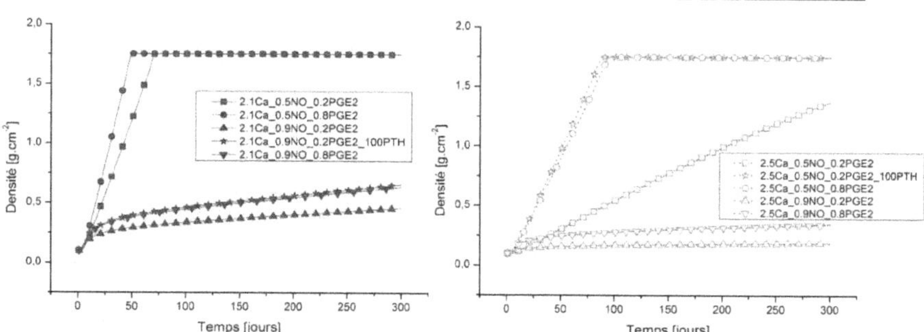

Figure 8-8: Évolution de la densité apparente d'os trabéculaire formé au sein de la moelle osseuse lors d'un chargement en compression et de cisaillement sinusoïdal pour différentes concentrations en PGE_2 [$^0/_{00}$] et en NO [$^0/_{00}$]. Des concentrations initiales en Ca sérique de 2.1 et 2.5 $mM.L^{-1}$ sont représentées respectivement par des courbes solides (partie A) et pointillés (partie B).

On observe donc bien les mêmes effets des agents biochimiques sur la formation osseuse et ce, quel que soit le niveau de sollicitation. En revanche le second cas de chargement permet un niveau de formation osseuse bien plus important (Figure 8-4 et Figure 8-7). Effectivement, le second cas de chargement alliant du cisaillement et de la compression, le stimulus mécanique ne subit pas autant de variations que dans le cas d'un cisaillement pur. Dès lors, les ostéoblastes sont stimulés de manière plus constante. C'est pourquoi la densité apparente suivra une évolution plus régulière d'une part (la courbe est lissée) et sa valeur maximale sera d'autre part plus importante. Par conséquent, l'implémentation du modèle développé au Chapitre 6 dans une analyse par éléments finis, couplé à un modèle de comportement mécanique de l'os a permis d'en conserver les propriétés.

2. Vecteur test 2-D

On propose à présent d'appliquer le modèle sur une forme régulière mésoscopique 2-D d'une structure trabéculaire, dénommée « vecteur test », afin d'en observer la réponse mécano-biologique locale ainsi que l'évolution de l'adaptation. La Figure 8-9 représente l'architecture du modèle utilisé suivant une modélisation 2-D. Un chargement de compression non uniforme a été appliqué sur la partie supérieure associé à un cisaillement sinusoïdal et dont les conditions limites sont détaillées sur la figure ci-dessous.

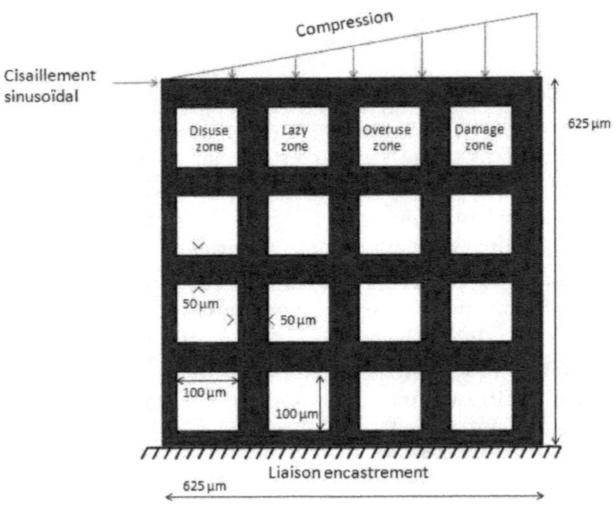

Figure 8-9: Représentation 2-D d'une architecture trabéculaire organisée appelée "vecteur test". Les dimensions de l'objet géométrique et les sollicitations qui lui sont appliquées sont indiquées sur la figure.

Tout comme pour le carré 2-D, deux matériaux ont été déclarés : un matériau « trabéculaire » et un matériau « moelle ». Chacun d'eux ayant respectivement une densité initiale de $0.6\, g.cm^{-2}$ et $0.1\, g.cm^{-2}$ et dont les propriétés matériaux sont décrites dans le Tableau 3-3 et le Tableau 3-7. Ainsi, cette configuration permet d'observer le comportement du remodelage osseux suivant le niveau de sollicitation mécanique, comme indiqué par la Figure 6-4. L'endommagement par fatigue (equ. (3.50)) calculé en tout point du maillage va directement altérer les propriétés mécaniques (equ. (3.49)) et le niveau de contrainte au sein du matériau. En revanche, la zone d'endommagement (*damage zone*) de la Figure 8-9 est assimilée à un excès de déformation de l'os inhibant la formation et favorisant la résorption. Par conséquent les zones de remodelage décrites sur la Figure 8-9 reflètent uniquement le niveau d'activité des BMUs en correspondance avec les zones de la Figure 6-4. Les sections suivantes illustrent l'adaptation osseuse suivant l'activité des BMUs en fonction de la zone de sollicitation (*Disuse-Lazy-Overuse-Damage*) pour différentes configurations biochimiques. Ainsi, les cartes d'iso-valeurs représentent la densité apparente de l'os trabéculaire après une période de remodelage de deux cents jours correspondant environ à un cycle de remodelage (Lemaire, Tobin et al. 2004; Pivonka, Zimak et al. 2008).

2.1. Adaptation osseuse en fonction des zones de sollicitation

On considère sur la Figure 8-10 une concentration en Ca sérique initiale fixée à $2.1\,mM.L^{-1}$ et une concentration de 0.5 $^0/_{00}$ en NO (f_{NO} = 0.5) et de 0.2 $^0/_{00}$ en PGE_2 (f_{PGE_2} = 0.2) afin d'illustrer le résultat d'adaptation osseuse après une période de remodelage de deux cents jours. La figure représente la répartition de la densité apparente de l'os trabéculaire dont la valeur est supérieure à $0.6\,g.cm^{-2}$. On constate une nouvelle réorganisation de l'architecture trabéculaire. Ainsi, sur la gauche de la figure apparaissent de grandes zones de résorption, puisque certaines travées verticales et/ou horizontales ont disparues, ou se sont amincies. Sur la partie centrale on remarque la formation de tissu trabéculaire au sein de la moelle osseuse et une diminution des travées. Enfin sur la partie droite, il y a également eu formation de tissu osseux dans la moelle ainsi que des zones de résorption dues à un excès de déformation.

Figure 8-10: Répartition de la densité apparente de l'os trabéculaire supérieure à $0.6\ g.cm^{-2}$ après une période de remodelage de deux cents jours sur le vecteur test 2-D pour une concentration en Ca sérique initiale fixée à $2,1\ mM.L^{-1}$ et une concentration de $0.5\ ^{0}/_{00}$ en NO (correspondant à $f_{NO} = 0.5$) et de $0.2\ ^{0}/_{00}$ en PGE_2 (correspondant à $f_{PGE_2} = 0.2$).

La Figure 8-11 illustre l'évolution de la densité apparente d'un élément d'os trabéculaire (partie A) et de moelle osseuse (partie B) de la Figure 8-10 en fonction de la zone de chargement (*disuse, lazy, overuse*, ou *damage*) comme indiquée sur la Figure 8-9. Il est intéressant de constater sur la partie (A) une augmentation de la densité du tissu jusqu'à densification complète, d'environ 1.75 $g.cm^{-2}$ dans la zone *overuse*, tandis que cette même densité diminue pour un élément sous-sollicité (*disuse*), ou n'évolue pas dans le cas d'un chargement moyen (*lazy*). En revanche si l'élément est soumis à un excès de déformation (*damage*), l'activité cellulaire va engendrer une phase de résorption supérieure au cas où l'élément serait sous-sollicité (*disuse*). En effet, puisque l'élément est endommagé, il est alors nécessaire de procéder à la résorption complète de la région afin d'y recréer de la matière saine et non endommagée (cf. section 3).

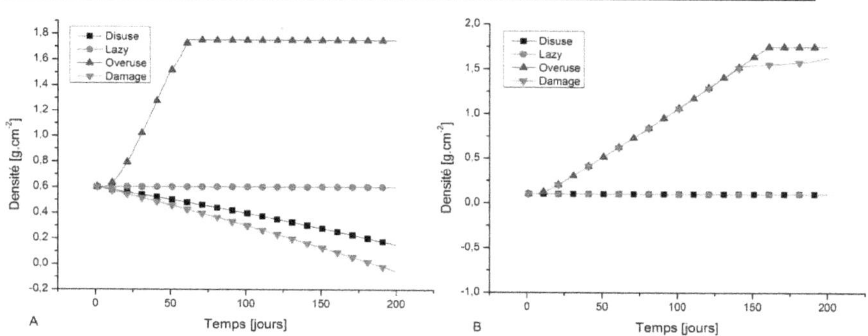

Figure 8-11: Évolution de la densité apparente de l'os trabéculaire en fonction de la zone de sollicitation pour une période de remodelage de deux cents jours. Les données sont extraites de la simulation illustrée par la Figure 8-10. A. Évolution de la densité d'un élément d'os trabéculaire. B. Évolution de la densité d'un élément moelle.

2.2. Adaptation osseuse pour différents environnements biochimiques

Le vecteur test 2-D est maintenant soumis à différentes concentrations en NO et PGE_2 dont on observera les influences sur la densité apparente en fonction des zones de sollicitation (*disuse, overuse*, et *damage*). La Figure 8-12 montre les effets de ces agents biochimiques pour une concentration initiale en Ca sérique de $2.1\,mM.L^{-1}$. Tandis que la Figure 8-13 correspond à une concentration initiale de $2.5\,mM.L^{-1}$.

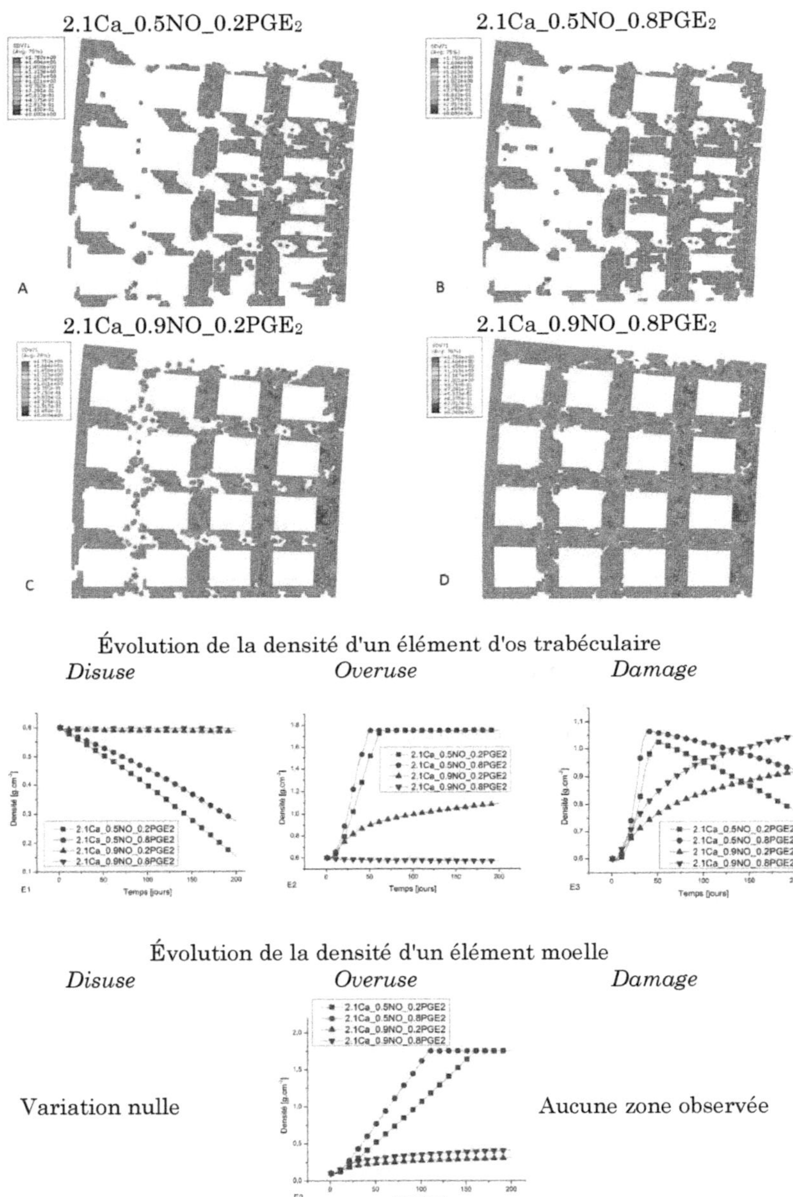

Figure 8-12: Évolution de la densité apparente lors d'une période de remodelage de deux cents jours pour différentes concentrations en NO et en PGE_2 exprimées en ${}^{0}/_{00}$ et pour une concentration initiale en Ca sérique fixée à $2,1\ mM.L^{-1}$. On observe cette évolution pour différentes zones de sollicitation sur un élément d'os trabéculaire et de moelle.

Plusieurs observations peuvent être dégagées de la Figure 8-12. Tout d'abord on remarque sur les images A,B,C et D une diminution progressive de la résorption osseuse. En effet les travées restent liées entre elles au fur et à mesure que la concentration en NO et en PGE_2 augmente. Cela est illustré par l'image E1 qui montre une diminution de la résorption dans les zones *disuse*. La PGE_2 favorisant la formation osseuse, elle va permettre de minimiser la phase de résorption dans le cas d'une sollicitation trop faible (courbes carrés et ronds). Le NO ayant un effet bi-phasique, une concentration de 0.9 $^0/_{00}$ permet de limiter la phase de résorption (image E1, courbes triangles et triangles inversés) dans la zone *disuse*. Cependant, en raison du processus détaillé à la section 1.2 (Figure 8-5), la diminution de l'extraction de la $TGF\beta$ ne favorise pas la différenciation des ostéoblastes et diminue donc la formation osseuse (image E2, courbes triangles et triangles inversés). On observe également ce phénomène sur l'image F2 où, pour une concentration de 0.9 $^0/_{00}$ en NO, et quelle que soit la concentration en PGE_2 le niveau de formation de tissu au sein de la moelle osseuse est très faible. On constate aussi ce phénomène sur les images C et D où il n'apparaît aucun élément de tissu trabéculaire (dont la densité est supérieure à $0.6\, g.cm^{-2}$) au sein de la moelle. Au niveau des zones d'endommagement (*damage*), l'image E3 montre un bon niveau de formation osseuse pour une concentration de 0.5 $^0/_{00}$ en NO, suivie d'une phase de résorption due à un excès de déformation. En revanche, une concentration de 0.9 $^0/_{00}$ en NO permet d'une part de ralentir le processus de formation, mais d'autre part de supprimer l'effet de résorption dû à l'effet d'un excès de déformation.

Concernant la moelle osseuse, étant donné que le niveau de densité est à son plus bas ($0.1\, g.cm^{-2}$), il est impossible d'en observer une diminution (image F1). De plus, malgré la réorganisation de l'architecture, aucun élément de moelle n'a été observé dans la zone *damage*. Cependant, le même effet de diminution de la densité est attendu pour des éléments de moelle se trouvant dans une zone *damage* dont la densité apparente est supérieure à $0.6\, g.cm^{-2}$.

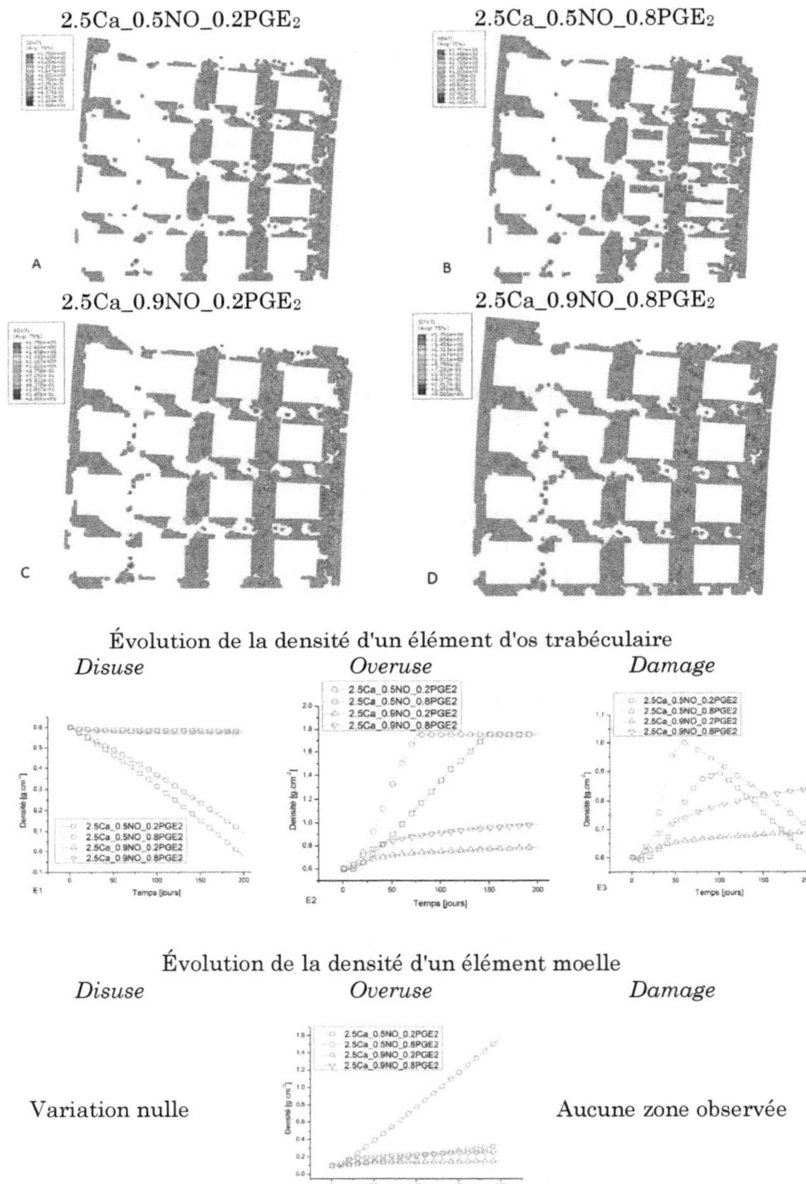

Figure 8-13: Évolution de la densité apparente d'os trabéculaire lors d'une période de remodelage de deux cents jours pour différentes concentrations en NO et en PGE_2 en $^0/_{00}$ et pour une concentration initiale en Ca sérique fixée à $2,5\ mM.L^{-1}$. On observe cette évolution pour différentes zones de sollicitation sur un élément d'os trabéculaire et de moelle.

Pour une concentration initiale en Ca sérique de $2.5\, mM.L^{-1}$, comme dans la Figure 8-13, les tendances pour les images E1, E3 et F1 sont similaires à celles observées précédemment. Cependant, quelques différences sont à noter. En particulier sur l'image E2, on constate que contrairement au cas précédent, la formation osseuse est supérieure pour une concentration de 0.9 $^0/_{00}$ en NO et de 0.8 $^0/_{00}$ en PGE_2 (courbes triangles inversés). Ainsi l'action anabolique de la PGE_2 est conservée. Au niveau de la zone *overuse* au sein de la moelle osseuse, on remarque que seule des concentrations de 0.5 $^0/_{00}$ en NO et de 0.8 $^0/_{00}$ en PGE_2 permettent véritablement de stimuler la formation (image F2, courbe rond). De la même manière que pour le cas précédent, aucun élément de moelle n'a été observé dans la zone *damage*.

2.3. Analyse de l'environnement calcique

Dans cette section, on confronte l'influence des concentrations initiales en Ca sérique et l'effet d'une injection constante de PTH sur la densité apparente de l'os trabéculaire pour différentes sollicitations et concentrations d'agents biochimiques (NO et PGE_2). Sur la Figure 8-14 on observe notamment que, pour une concentration en Ca sérique initialement fixée à $2.1\, mM.L^{-1}$, la densité apparente est systématiquement supérieure. En effet, sur l'image A (*disuse*) la résorption est inférieure pour les courbes bleues (trait continu et plein) par rapport aux courbes rouges (trait discontinu et vide). Sur l'image B (*overuse*), on remarque une valeur supérieure de densité apparente ou bien une convergence plus rapide vers la valeur de densité maximale ($1.75\, g.cm^{-2}$). En ce qui concerne la partie *damage* (image C), encore une fois la valeur de la densité du tissu trabéculaire est supérieure, quelle que soit la concentration de NO ou de PGE_2.

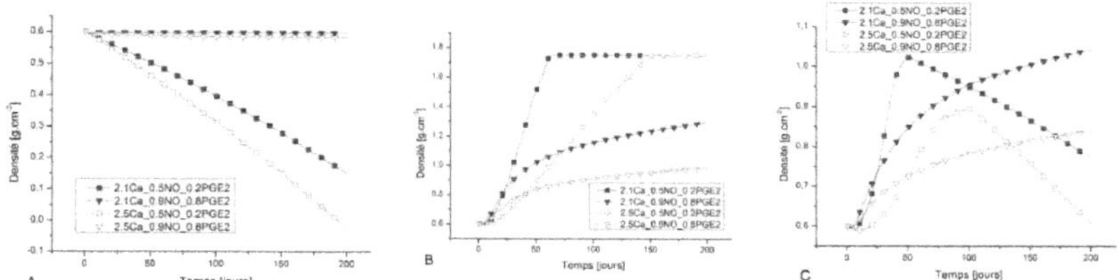

Figure 8-14: Évolution de la densité apparente d'os trabéculaire lors d'une période de remodelage de deux cents jours pour différents niveaux de concentration en NO et PGE_2 exprimée en $^0/_{00}$ et pour différentes concentrations en Ca sérique exprimées en $mM.L^{-1}$. A. *Disuse zone*. B. *Overuse zone*. C. *Damage zone*.

Qu'en est-il de l'influence de la PTH sur le niveau de formation/résorption osseuse ? Jusqu'à présent, le modèle a été utilisé en maîtrisant les quantités de NO et de PGE_2 sécrétées de manière continue par les ostéocytes. Or les équations (4.6) et (4.7) définissent la production de NO et de PGE_2 par l'ostéocyte en réponse à la vitesse d'écoulement du fluide due au chargement appliqué à la structure. Ainsi la Figure 8-15 se charge d'illustrer le niveau de formation/résorption des BMUs où seul le niveau initial de Ca sérique est imposé de manière à observer la réponse du système uniquement à l'injection d'une quantité constante de $100\, pg.ml^{-1}$de PTH. On remarque tout d'abord une limitation de la diminution de densité osseuse grâce à l'injection constante de PTH dans les zones *disuse* (image A). De la même manière on constate une augmentation de la densité osseuse lors d'une injection constante de PTH dans les zones *overuse* (image B). Cependant dans le cas des zones *damage* (image C) on note que la PTH n'a aucune influence. Effectivement, dans le cas d'un excès de déformation, le stimulus mécanique a un effet prépondérant sur les agents biochimiques : ici la PTH. En outre, on observe sur la partie C, quel que soit le niveau initial de Ca sérique, la diminution de densité, due à un excès de déformation, est identique pour chaque cas de configuration biochimique. On peut néanmoins supposer que dans le cas d'un excès de déformation moins important, la PTH pourrait limiter la résorption de l'os trabéculaire. De plus, sur l'image A de la Figure 8-15 on remarque une plus faible résorption, pour une concentration initiale en Ca sérique de $2.1\, mM.L^{-1}$. Cette résorption augmente d'autant plus que le taux de concentration initiale en Ca sérique est croissant, ceci étant dû à l'effet anabolique de la PTH (cf. Figure 4-15). On constate les mêmes effets au niveau des zones *overuse* (image B).

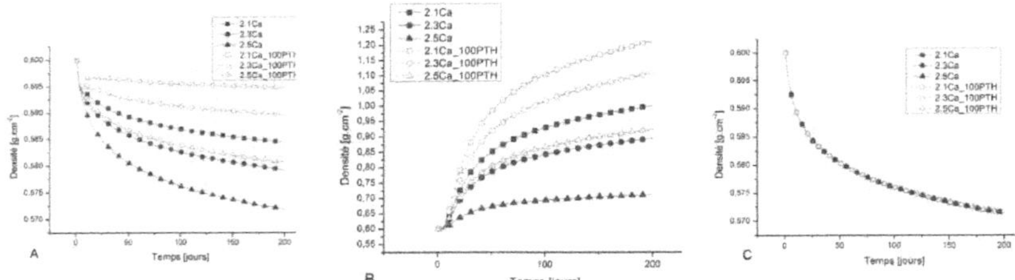

Figure 8-15: Évolution de la densité apparente d'os trabéculaire lors d'une période de remodelage de deux cents jours pour différentes concentrations en Ca sérique en $mM.L^{-1}$ et pour une injection constante de $100\, pg.ml^{-1}$ de PTH. Les concentrations en NO et en PGE_2 sont régulées directement par la vitesse d'écoulement du fluide interstitiel osseux. A. *Disuse zone* . B. *Overuse zone*. C. *Damage zone*.

Il est à noter que les mêmes comportements se retrouvent sur l'évolution de la densité du tissu trabéculaire formé au sein de la moelle osseuse. En effet dans la moelle, le tissu se densifie également plus favorablement pour une faible concentration initiale en Ca sérique. Ce niveau de densification est d'autant plus amplifié par l'injection constante de PTH.

En conclusion, l'évolution du niveau de densité apparente de l'os trabéculaire est fortement influencée par la concentration initiale en Ca sérique et peut être amplifié par l'injection constante de PTH. En revanche, les résultats de la section précédente ont montré que, lorsque l'on intervient artificiellement sur le niveau de concentration en NO et en PGE_2, l'évolution de la densité apparente ne suit plus la même logique (Figure 8-12 et Figure 8-13), et il devient alors plus difficile de prédire la réponse de l'adaptation osseuse. Ainsi, la perturbation de la production de NO et de PGE_2 modifie le schéma d'action de la concentration en Ca, altérant ainsi l'évolution de la formation/résorption osseuse.

3. Fémur 2-D

Dans cette section le modèle est appliqué sur un volume virtuel macroscopique de fémur 2-D, dont les conditions initiales et aux limites sont représentées sur la Figure 8-16. Ainsi, on propose d'étudier différents scénarios mécaniques et biochimiques, plus proches des préoccupations cliniques, sur le remodelage macroscopique de l'extrémité supérieuree du fémur (ESF) dans le cas d'un os: (i) non ostéopénique soumis à une activité physique de trois intensités différentes, (ii) ostéopénique soumis aux mêmes scénarios d'activités physiques plus un traitement à la *PTH*, (iii) ostéopénique suivant différents niveaux d'activités physiques et traité à l'Alendronate. On distingue sur la Figure 8-16 les différentes parties constituant le fémur, à savoir l'os trabéculaire, l'os cortical entourant la partie trabéculaire, ainsi que la moelle osseuse. Afin de simuler la marche, une résultante orientée de 10 degrés par rapport à l'axe central du corps (Pauwels 1980) est appliquée. Cela permet alors de modéliser l'action de la hanche sur le fémur durant la marche.

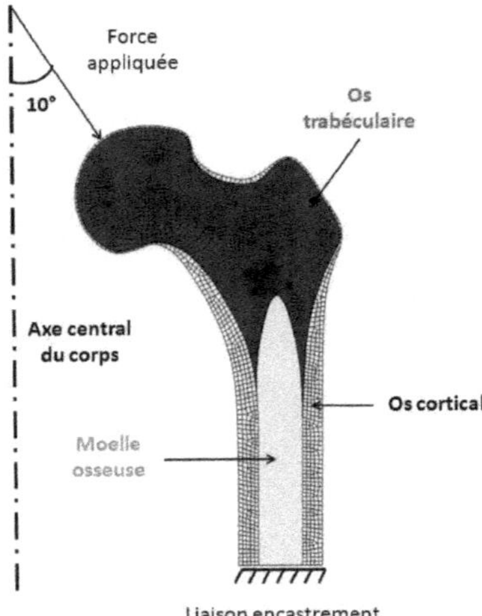

Figure 8-16: Représentation d'un fémur 2-D composé d'une partie d'os trabéculaire, d'os cortical et de moelle osseuse. Une force orientée de dix degrés par rapport à l'axe central du corps est appliquée sur la surface articulaire de la tête du fémur afin de modéliser l'action de la hanche sur le fémur lors de la marche.

On propose alors de simuler différents scénarios d'activités physiques afin d'observer l'impact du chargement mécanique sur la répartition, et le niveau de la densité apparente de l'os trabéculaire sur l'ESF. La concentration initiale en Ca sérique est systématiquement fixée à $2.3\,mM.L^{-1}$ (sauf mention contraire) et les quantités de NO et de PGE_2 sont définies à l'aide des équations (4.6) et (4.7) La période de remodelage considérée est de deux cents jours (Lemaire, Tobin et al. 2004; Pivonka, Zimak et al. 2008).

La modélisation de l'activité physique s'effectue à travers la succession de cycle de charge/décharge. D'un point de vue modélisation par éléments finis, le logiciel Abaqus® permet de simuler les cycles de sollicitation à travers des STEP de charge/décharge. Ainsi, pour simuler n cycles (jours) d'activité physique, on est amené à définir n STEPs de charge/décharge. Le modèle est également calibré pour une fréquence de sollicitation par jour correspondant à 6000 cycles de pas. Ainsi, l'équivalence des cycles de marche est représentée par la Figure 8-11.

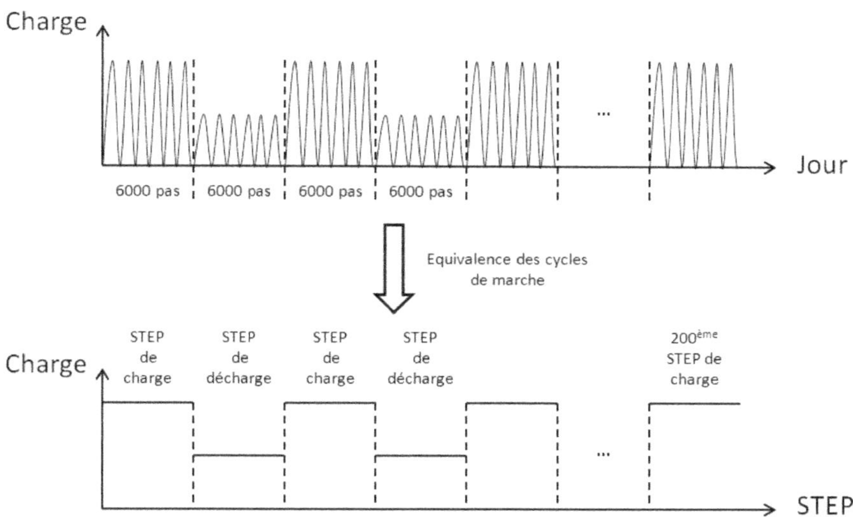

Figure 8-17: Représentation graphique de la succession des cycles de charge et de décharge permettant la simulation d'une activité physique sur 200 jours où 1 jour = 1 step = 6000 pas par jour.

Trois types d'activités physiques vont être simulés : une activité faible, une activité moyenne et une activité forte. Pour des raisons de simplification, on considère un angle d'application de la force constant de 10°, quel que soit le type d'activité physique. Le Tableau 8-1 résume les composantes verticales des forces appliquées en fonction de l'activité physique.

Tableau 8-1: Composantes verticales des charges appliquées sur la tête du fémur en fonction du type d'activité physique lors des différents cycles de charge et de décharge.

	Cycle de charge	Cycle de décharge
Faible	$100\ kg$	$60\ kg$
Moyenne	$150\ kg$	$80\ kg$
Forte	$300\ kg$	$80\ kg$

La prochaine section a pour but d'illustrer le remodelage de l'os trabéculaire de l'ESF en fonction de l'activité physique dans le cas d'un os non ostéopénique.

3.1. Réponse d'un os non ostéopénique à l'activité physique

L'os non ostéopénique sert de cas de référence pour la suite de l'étude. Les propriétés orthotropes élastiques apparentes de l'os trabéculaire sont résumées dans le Tableau 3-2, celles de la moelle dans le Tableau 3-7, et celles de l'os cortical dans le tableau suivant :

Tableau 8-2: Propriétés isotropes élastiques apparentes d'un os cortical sain. D'après le Tableau 3-1 et basé sur les travaux de Pithioux, Lasaygues et al. (2002).

Constantes ingénieurs	Valeurs
$E(GPa)$	19
ν	0.25

Trois types de sollicitations mécaniques à amplitude faible, moyenne et fortes permettent de tester la réaction du modèle par éléments finis dans les trois zones de remodelage *disuse, lazy* et *overuse,* comme indiqué sur la Figure 6-3. Les cartes d'iso-valeur de la Figure 8-18 illustrent donc la répartition du stimulus mécanique (*i.e.* la densité d'énergie de déformation) sur l'ESF en fonction du type d'activité physique. Par exemple l'activité de type faible (cas A) couvre les zones *disuse, lazy* et *overuse* (Figure 8-18, D).

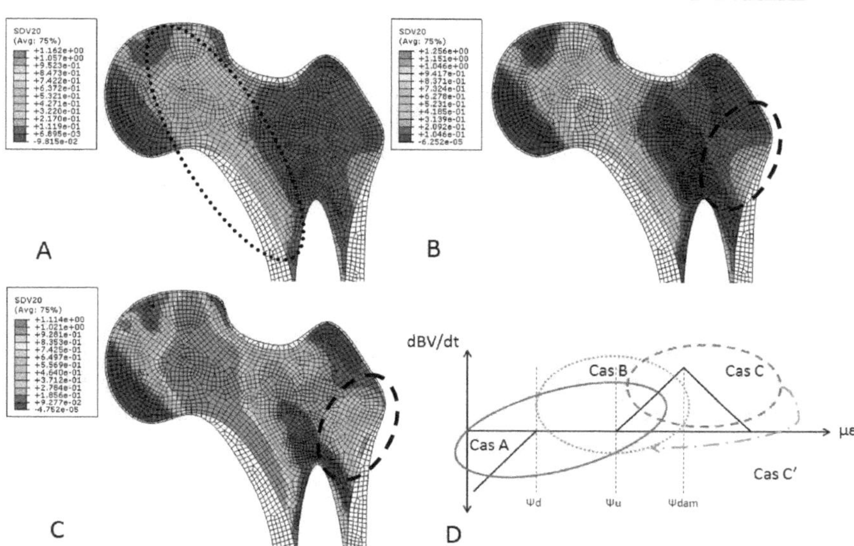

Figure 8-18: Répartition de la densité d'énergie de déformation dans l'os trabéculaire de l'ESF pour une concentration initiale en Ca sérique fixée à $2,1\ mM.L^{-1}$ en fonction du type d'activité : A. Faible, B. Moyenne, C. Forte. D. Positionnement de chaque cas de sollicitation (A : Faible, B : Moyenne, C : Forte, C' : Forte sur une période de 400 jours de remodelage (cf. Figure 8-20).

Trois aspects sont à noter : Tout d'abord la région la plus sollicitée part du sommet de la tête de fémur et descend le long du col jusqu'au petit trochanter (ellipse noire en pointillés sur le cas A). Cette répartition du stimulus correspond à celle de la densité apparente obtenue par Doblaré et García (2002) (Figure 2-7). Ensuite, le niveau du stimulus mécanique dans cette région croît avec l'intensité du chargement. Ainsi une activité physique forte aura un stimulus supérieur au seuil d'endommagement de la Figure 6-3. On peut donc notamment prévoir une résorption osseuse due à l'excès de déformation dans cette région. Enfin, plus le niveau d'activité physique est important, plus on constate une augmentation du stimulus dans la région du grand trochanter (ellipse noire discontinue sur les cas B et C). Par conséquent, on peut s'attendre non seulement à un niveau de densité apparente plus ou moins élevé, mais également à une répartition différente en fonction du type d'activité physique.

On étudie à présent la répartition de la vitesse d'écoulement dans la structure trabéculaire de l'ESF. On observe sur la Figure 8-19 une valeur d'écoulement du fluide qui d'après le Tableau 6-1 va initier la résorption par excès de déformation. En particulier, on note que même dans le cas d'un chargement faible (cas A), la vitesse d'écoulement est supérieure au seuil d'endommagement. Par conséquent cela suppose une résorption par excès de déformation qui n'est pas réaliste avec l'intensité du chargement. On peut alors conclure que l'utilisation de la vitesse d'écoulement en tant que stimulus mécanique n'est pas adaptée à la description macroscopique du remodelage osseux et que l'utilisation de la densité d'énergie de déformation s'avère nécessaire. En effet, l'architecture et les propriétés mécaniques n'étant pas identiques à celles du réseau trabéculaire (Figure 8-9), la répartition de la pression hydrostatique suit la même logique.

Une alternative consisterait en une modélisation multi-échelles où chaque élément du maillage de la partie trabéculaire apparente de l'ESF renverrait vers une structure trabéculaire mésoscopique (Figure 2-19), à l'image de Hambli, Katerchi et al. (2010). Par conséquent, il apparait qu'en dépit des résultats issus de la littérature, la vitesse d'écoulement du fluide ne peut être utilisée comme stimulus à l'échelle macroscopique pour prédire un remodelage osseux cohérent.

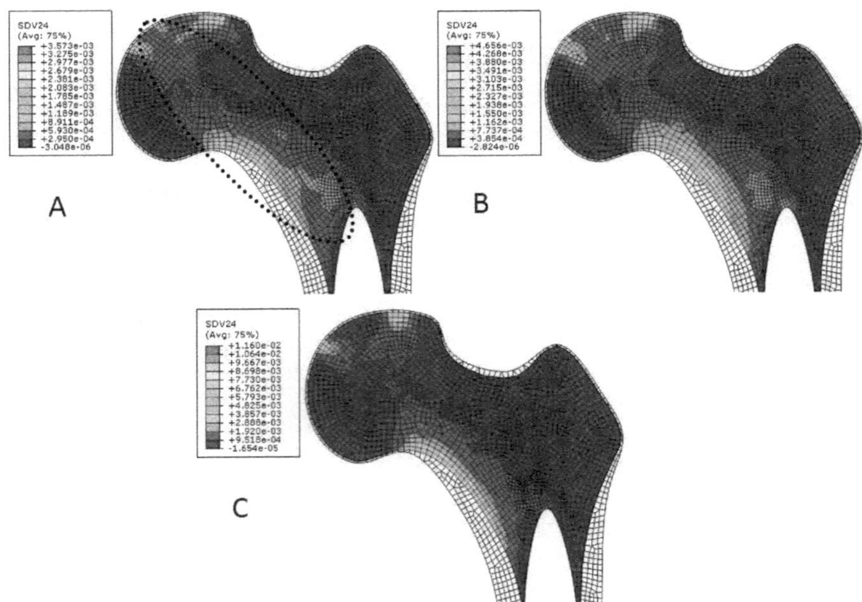

Figure 8-19: Répartition de la vitesse d'écoulement dans l'os trabéculaire de l'ESF pour une concentration initiale en Ca sérique fixée à $2,1\ mM.L^{-1}$ en fonction du type d'activité : A. Faible, B. Moyen, C. Fort.

L'analyse par élément finis permet d'observer la répartition des ostéoblastes et des ostéoclastes dans l'ESF en réponse au stimulus mécanique suivant différents niveaux d'activité physique. Cependant, leur variation étant soumise à la même variation que le stimulus mécanique, les cartes d'iso-valeurs évoluent fortement d'un STEP à l'autre. Par conséquent, la visualisation de leur répartition n'apporte guère d'information. En revanche, la densité apparente étant le résultat de l'activité cellulaire, il est bien plus utile d'en observer la répartition qui évolue au cours des STEP mais dont la valeur ne varie pas brusquement d'un STEP à l'autre.

On simule à présent un remodelage sur une période de deux cents jours afin d'observer l'impact de l'activité physique sur la distribution de la densité apparente (Figure 8-20). On reconnaît une bonne conformité entre la répartition de la densité apparente et la densité d'énergie de déformation, illustrée sur la Figure 8-18 où la couleur noire définit une densité apparente inférieure à $0.6\, g.cm^{-2}$. Donc, plus le niveau de sollicitation est important, plus l'os doit augmenter sa densité apparente vers la région en-dessous du grand trochanter (ellipse noire discontinue sur les cas B, C et C'). De plus, au niveau de la région allant du sommet de la tête de fémur jusqu'au petit trochanter (ellipse noire en pointillés sur les cas A et B), la répartition de la densité tend à s'étendre avec l'intensification de l'activité physique (cas A et B). En revanche, cette même région devient moins dense lors d'une activité physique forte (cas C). En effet, cette région du fémur étant la plus sollicitée en raison de sa forme géométrique, une activité forte l'amène au-dessus du seuil d'endommagement et provoque ainsi une résorption de la région, comme l'illustre la Figure 8-21. Cependant, si l'on effectue un remodelage sur quatre cents jours (cas C'), on constate que la région basse du col du fémur (ellipse noire en pointillés sur les cas C et C') voit sa densité augmenter à nouveau au cours du temps. Ainsi, cette région initialement en zone *damage* (puisque soumise à un excès de déformation) repasse dans la zone *overuse* une fois résorbée, afin de renforcer la région. Ce processus de réparation de l'os endommagé est illustré sur l'image D de la Figure 8-18.

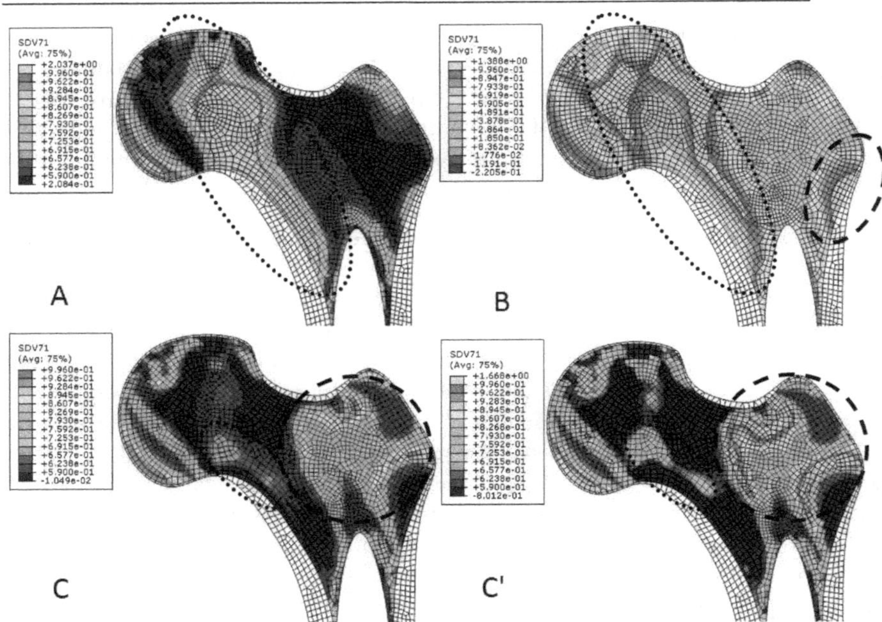

Figure 8-20: Répartition de la densité apparente de l'os trabéculaire après une période de remodelage de 200 jours au niveau de l'ESF pour une concentration initiale en Ca sérique fixée à $2,3\ mM.L^{-1}$ en fonction du type d'activité : A. Faible, B. Moyenne, C. Forte, C'. Forte sur une période de 400 jours.

À présent, on se propose d'étudier plus particulièrement l'évolution de la répartition de la densité apparente lors d'une activité physique faible (cas A, Figure 8-20) et d'une activité forte (cas C, Figure 8-20) sur une période de deux cents jours. On observe alors sur la Figure 8-21 pour une activité faible, que la région 1 (ellipse noire en pointillés) subit une augmentation de la densité au fur et à mesure des cycles de sollicitation. En revanche, lors d'une activité forte, la zone entourant cette même région 1 subit une résorption progressive accompagnée d'une augmentation de la densité en son centre. Cette région, tout d'abord située dans la zone d'endommagement (*damage*), doit résorber le tissu trabéculaire afin de le remplacer. Une fois les éléments endommagés résorbés, la nouvelle répartition des contraintes permet à la région de repasser dans la zone *overuse,* afin de former du tissu osseux. C'est ce processus de réparation de l'os endommagé qui est illustré sur l'image D de la Figure 8-18. La région 2 (ellipse noire discontinue), quant à elle, se résorbe au fur et à mesure des cycles de sollicitation lors d'une activité faible et, *a contrario*, voit sa densité apparente augmenter dans le cas d'une activité forte. Par conséquent, l'os répond aux sollicitations qui lui sont imposées en formant de l'os au centre des régions fortement sollicitées tout en résorbant leur périphérie ainsi que les régions faiblement sollicitées afin d'optimiser la structure globale. On peut alors émettre l'hypothèse que cela puisse permettre de prévenir les microfissures et empêcher un vieillissement prématuré de l'os.

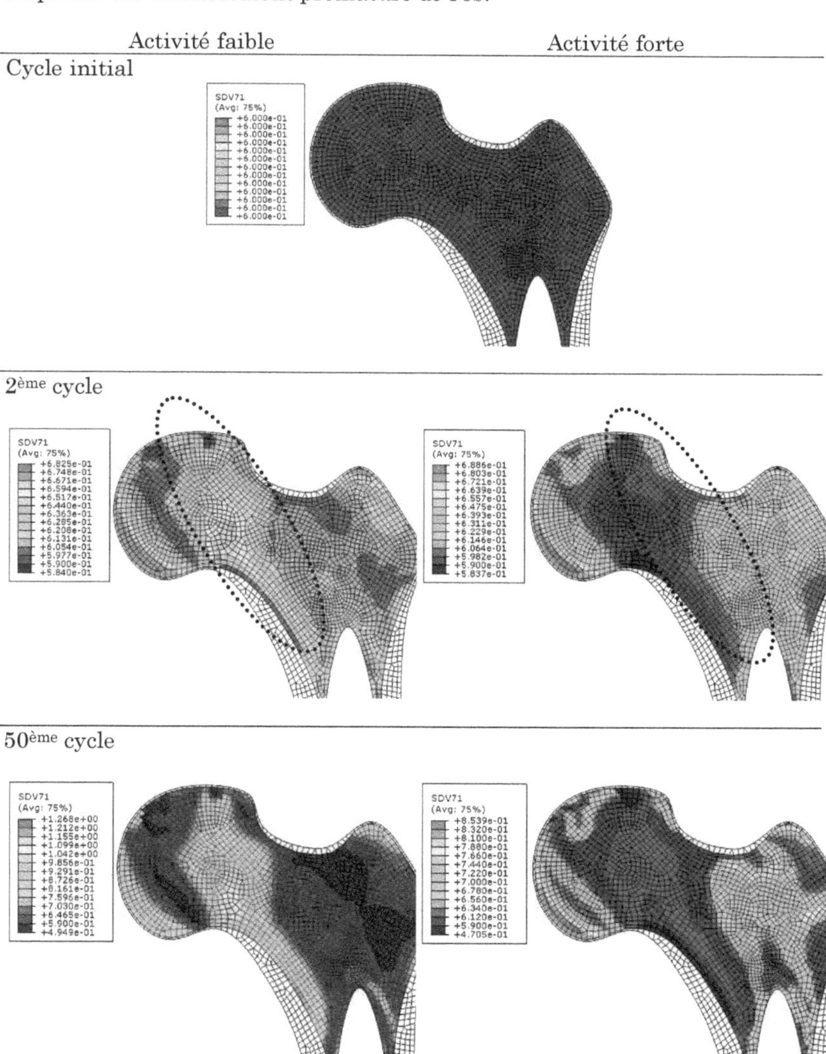

100ème cycle

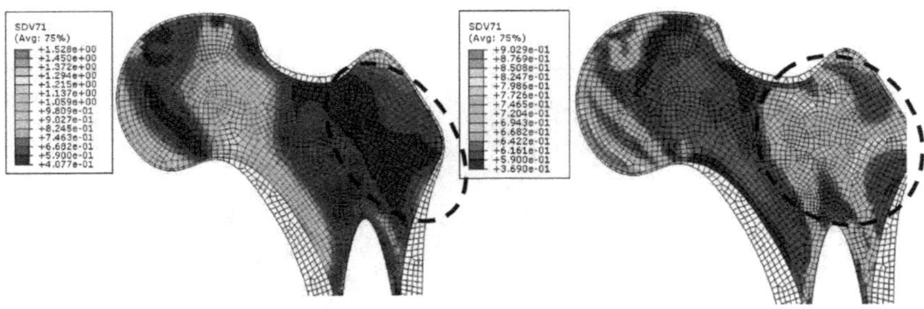

200ème cycle

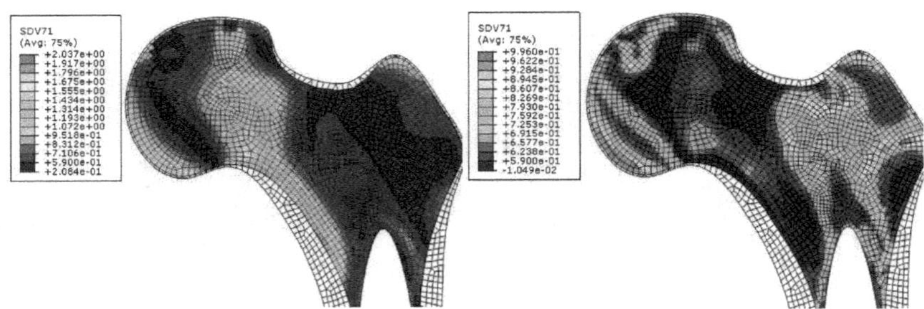

Figure 8-21: Répartition de la densité apparente de l'os trabéculaire pendant une période de remodelage de 200 jours au niveau de l'ESF pour une activité faible et forte et une concentration initiale en Ca sérique fixée à $2,3\ mM.L^{-1}$.

D'après l'équation (7.6), les propriétés mécaniques sont directement fonction de la densité apparente. Ainsi, on peut observer le même type de répartition des propriétés mécaniques, en particulier le module d'Young en x, après un remodelage de deux cents jours (Figure 8-22). Il est à noter que la répartition du module en y suit exactement la même distribution, seules les valeurs diffèrent.

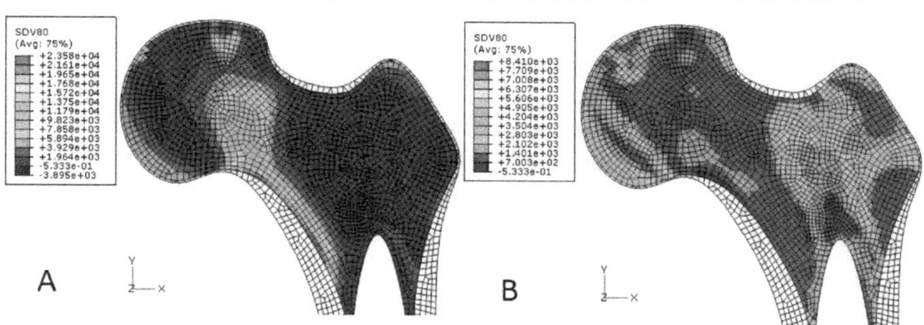

Figure 8-22: Répartition du module d'Young apparent suivant la direction x après une période de remodelage de 200 jours en fonction du type d'activité : A. Faible, B. Forte.

On se propose à présent d'appliquer le modèle dans le cas du remodelage de l'extrémité supérieuree d'un fémur ostéopénique en vue d'observer l'effet de l'activité physique et d'un traitement médical comme la *PTH*.

3.2. Réponse d'un os ostéopénique à l'activité physique

Un os ostéopénique est caractérisé par des propriétés mécaniques inférieures à celles d'un os non ostéopénique et une activité plus faible de ses ostéoblastes. Ainsi, afin de simuler le remodelage d'un os ostéopénique on considère les propriétés mécaniques apparentes du Tableau 8-3 pour l'os trabéculaire, du Tableau 8-4 pour l'os cortical, et l'on définit respectivement le taux de résorption des ostéoclastes et de formation des ostéoblastes par $k_{res} = 3\ mm^2.pM^{-1}$ et $k_{form} = 0.01\ mm^2.pM^{-1}$.

Tableau 8-3: Propriétés orthotropes élastiques apparentes d'un os trabéculaire ostéopénique. D'après Homminga, McCreadie et al. (2002).

Constantes ingénieurs	Valeurs
$E_1(MPa)$	798.6
$E_2(MPa)$	401.7
$E_3(MPa)$	251.7
$G_{12}(MPa)$	677.6
$G_{13}(MPa)$	425.9
$G_{23}(MPa$	348.5
ν_{12}	0.3
ν_{13}	0.3
ν_{23}	0.3
ν_{23}	0.3
ν_{31}	0.3
ν_{32}	0.3

La détermination des propriétés apparentes de l'os cortical ostéopénique a été obtenue en conservant le même ratio entre les propriétés ostéopéniques et non ostéopéniques de l'os trabéculaire. Ainsi, lorsque le module d'Young transverse de l'os trabéculaire passe de 1200 MPa à 798.6 MPa, le même ratio est conservé pour les propriétés de l'os cortical.

Tableau 8-4: Propriétés isotropes élastiques apparentes d'un os cortical ostéopénique obtenues en suivant la règle de la proportionnalité entre la dégradation des propriétés trabéculaires et corticales.

Constantes ingénieurs	Valeurs
$E(MPa)$	1300
ν	0.15

Les conditions initiales et aux limites sont identiques à la section précédente (cf. Figure 8-16). Il s'agit alors d'étudier la répartition de la densité apparente de l'ESF dans un cas d'ostéoporose. Sur la Figure 8-23 on observe, pour une concentration initiale en Ca sérique fixée à 2.3 $mM.L^{-1}$ (*Contrôle*), l'influence d'une injection constante en PTH de 1000 $pg.ml^{-1}M.L^{-1}$ (*Contrôle + PTH*). On constate, pour une activité physique faible, une augmentation de la densité apparente au niveau de la surface supérieure de la tête du fémur, ainsi que sous le col du fémur (ellipses noires en pointillés). Lors d'une activité physique moyenne, c'est toute la région située autour de la tête du fémur qui voit sa densité apparente augmenter (ellipses noires en pointillés), ainsi que la région séparant le col du grand trochanter (ellipse noire discontinue). Enfin, pour une forte activité physique, c'est principalement l'ensemble de la région du grand trochanter qui subit une densification. Les cartes d'iso-valeurs de la Figure 8-23 montrent donc qu'une injection constante de PTH permet une augmentation locale de la densité apparente, notamment dans les régions où le stimulus mécanique est supérieur ou égal au seuil de formation osseuse.

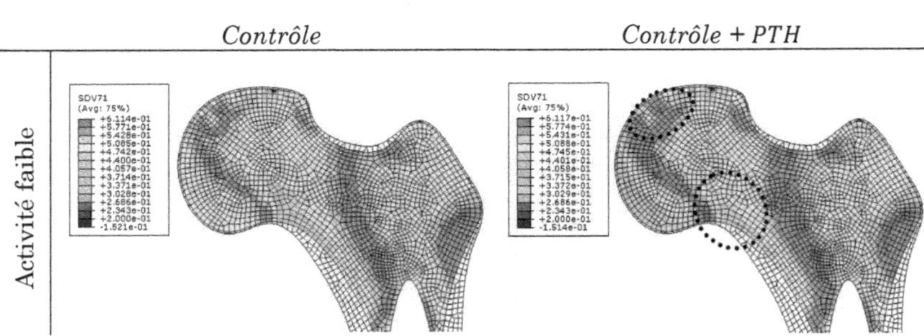

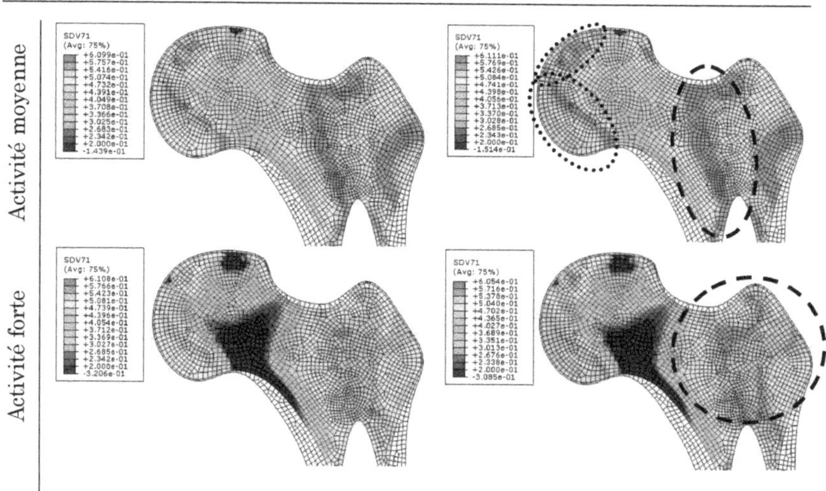

Figure 8-23 : Répartition de la densité apparente de l'os trabéculaire après une période de remodelage de 200 jours au niveau de l'ESF pour une activité faible, moyenne et forte et une concentration initiale en *Ca* sérique fixée à $2,3\ mM.L^{-1}$ (*Contrôle*) et une injection constante en *PTH* de $1000\ pg.ml^{-1}$ (*Contrôle +PTH*).

Cependant, la littérature fait état d'un effet anabolique de la *PTH* lorsqu'elle est injectée à faibles doses et par intermittence. La Figure 8-24 illustre la différence entre l'injection continue d'une forte dose de *PTH* (A) et une injection par intermittence d'une plus faible dose (B) pour une activité physique moyenne. Pour ce faire, on a considéré une injection de $20\ pg.ml^{-1}$ de *PTH* tous les dix jours, les neuf autres jours la quantité de *PTH* étant uniquement régulée par la concentration en *Ca* (equ. (4.3)). On constate un effet anabolique sur la formation osseuse beaucoup plus marqué pour une injection par intermittence (B), ce qui est bien en accord avec les données issues de la littérature. Par conséquent, les mécanismes d'action biochimique de la *PTH* modélisés semblent correspondre aux effets physiologiques observés *in vivo*.

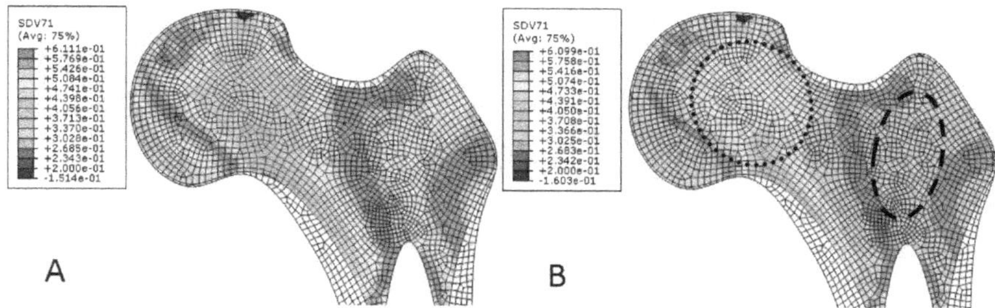

Figure 8-24: Répartition de la densité apparente de l'os trabéculaire après une période de remodelage de 200 jours au niveau de l'ESF pour une activité moyenne à concentration initiale en *Ca* sérique fixée à

$2,3\ mM.L^{-1}$. A. Injection constante de $1000\ pg.ml^{-1}$ de PTH. B. Injection par intermittence de $20\ pg.ml^{-1}$ de PTH tous les 10 jours.

Ces dernières années, de nombreux traitements médicamenteux ont été développés afin de traiter la dégradation de la qualité osseuse liée à l'ostéoporose. Lorsque ces traitements sont appliqués suffisamment tôt, ils permettent de limiter la diminution de la densité minérale osseuse, puis d'augmenter cette densité. La section suivante propose d'étudier le comportement du modèle lors d'un traitement aux bisphosphonates ; tel que l'Alendronate par exemple.

3.3. Effet de l'Alendronate sur la qualité osseuse

Les bisphosphonates sont des agents biochimiques inhibiteurs de la résorption osseuse qui empêchent la fixation des ostéoclastes à la matrice osseuse et augmente leur apoptose. Il existe deux types de bisphosphonates se distinguant par leur composition chimique : ceux contenant de l'azote et ceux n'en contenant pas. Ils permettent tous d'augmenter l'apoptose des ostéoclastes, bien que leurs mécanismes d'action moléculaires diffèrent.

Le modèle développé au cours de cette thèse ne rentre pas assez en détails dans les mécanismes chimiques du fonctionnement des BMUs pour clairement faire intervenir l'action des bisphosphonates, comme l'Alendronate. Toutefois, Dominguez, Di Bella et al. (2011) montrent que l'action de l'Alendronate agit notamment sur l'augmentation de l'apoptose des ostéoclastes d'un facteur de l'ordre de 100 à 1000.

La posologie d'un traitement à l'Alendronate est d'un comprimé de $70\ mg$ une fois par semaine (ou sept comprimées de $10\ mg$ par jour) pour des périodes allant de trois à cinq ans. On observe en général une augmentation de la densité apparente au niveau du col du fémur d'environ 1.5 % par an. Le modèle étant calibré pour un ordre de grandeur d'une période de deux cents jours, l'étude nécessaire à l'observation des effets de l'Alendronate sort du cadre de validité du modèle. Néanmoins, l'action de l'Alendronate sur le remodelage d'un os ostéopénique a été modélisé ici sur une période de deux cents jours, selon différents niveaux d'activité physique et suivant les mêmes conditions initiales et aux limites que précédemment. Sur la Figure 8-25 on observe une forte homogénéité de la répartition de la densité apparente, quel que soit le niveau d'activité physique considéré lors d'un traitement à l'Alendronate. En effet, la densité apparente après deux cent jours de remodelage est proche de la densité initiale de $0.6\ g.cm^{-2}$. Néanmoins, la région partant du bas du col et remontant sur la face supérieure de la tête du fémur (ellipses noires en pointillés) présente un niveau de densité apparente de plus en plus faible à mesure que le niveau d'activité physique augmente, tout comme dans le cas *Contrôle*. Si l'on compare ces régions, on observe toutefois une densité plus élevée lors du traitement à l'Alendronate. Cela illustre parfaitement son action sur l'augmentation de l'apoptose des ostéoclastes favorisant ainsi la diminution de la résorption osseuse. De fait, dans le cas d'une forte activité physique, lors d'un traitement à l'aide de l'Alendronate, la résorption de la région au-dessus de la partie basse du col du fémur (ellipse noire en pointillés) se voit nettement diminuée et n'atteint jamais le même niveau que le cas *Contrôle*.

On peut alors en toute rigueur supposer qu'un remodelage simuler sur une période plus importante, permettait d'observer une augmentation progressive de la densité apparente.

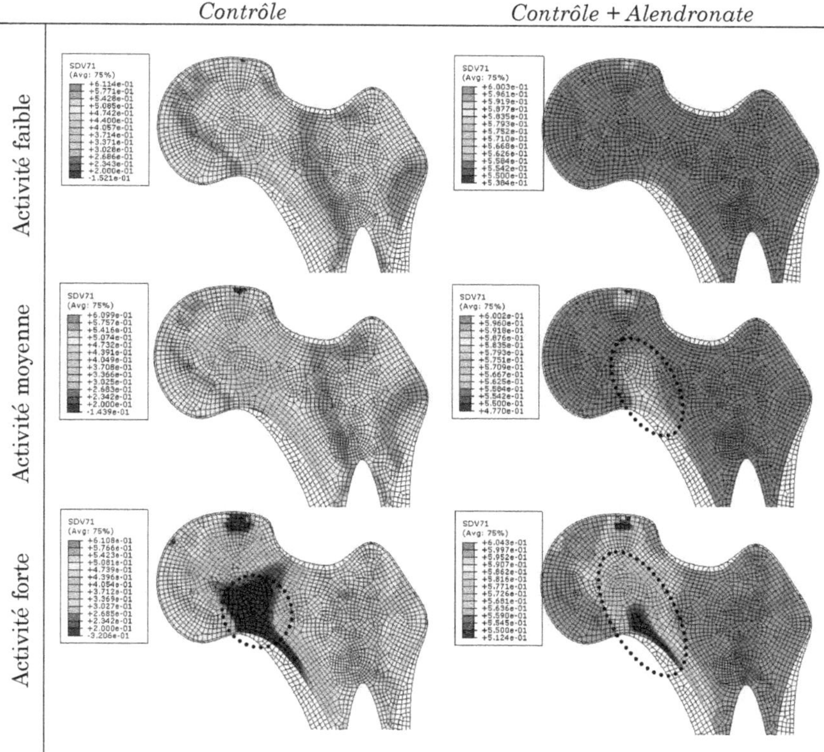

Figure 8-25: Répartition de la densité apparente de l'os trabéculaire après une période de remodelage de 200 jours au niveau de l'ESF pour une activité faible, moyenne et forte et une concentration initiale en *Ca* sérique fixée à $2,3\,mM.L^{-1}$ (*Contrôle*) et un traitement à l'Alendronate (*Contrôle +Alendronate*) augmentant l'apoptose des ostéoclastes par un facteur 100.

Conclusion

Ce chapitre a permis d'illustrer les possibilités du modèle développé au cours de cette thèse dans le cadre de la prédiction de la densité apparente de l'os trabéculaire aux échelles mésoscopique et macroscopique (organe entier). Une analyse de l'effet des sollicitations mécaniques et de l'environnement biochimique a été réalisée et a montrée des tendances cohérentes à celles observées dans la littérature. Ainsi, le niveau de contrainte mécanique permet de diriger les BMUs en définissant leur site d'action visant à former ou à résorber du tissu osseux ; ce qui permet de répondre à la question du Chapitre 6 sur la localisation du phénomène de remodelage. En parallèle, les agents biochimiques (NO, PGE_2, Ca) viennent moduler l'action des BMUs en intensifiant ou en diminuant la formation/résorption.

En particulier, la simulation sur l'organe entier (le fémur) montre que le stimulus mécanique ne peut pas être identique à celui utilisé pour des échelles inférieures. En effet, on observe au niveau macroscopique une vitesse d'écoulement du fluide bien supérieure à celle observée à l'échelle mésoscopique, ce qui rend les seuils du Tableau 6-1 inadaptés. La densité d'énergie est donc plus adéquate dans le cas macroscopique.

Le modèle prédit notamment un effet anabolique sur la formation osseuse lors d'injections de PTH. Cet effet est particulièrement amplifié si l'on considère une injection à faible dose par intermittence. Ces résultats, concordants avec ceux de la littérature, démontrent un mécanisme d'action biochimique de la PTH au sein du modèle proche ses effets physiologiques observés *in vivo*.

De plus, un scénario de traitement thérapeutique à l'aide de l'Alendronate a été réalisé sur le fémur suivant différents niveaux d'activité physique. Dans tous les cas, les résultats montrent une forte diminution de la résorption osseuse puisque la densité apparente après une période de deux cents jours de remodelage est très proche de la densité initiale et toujours supérieure au cas *Contrôle*.

Le modèle se positionne donc comme précurseur et permet la détermination du niveau de densité apparente de l'os trabéculaire à l'aide d'une population cellulaire évoluant à travers un processus de transduction. Toutefois, les paramètres du modèle étant calibrés pour une période de remodelage de deux cent jours, une étude supplémentaire est nécessaire afin de s'assurer de la convergence et de la stabilité du modèle sur une période de temps supérieure à cet ordre de grandeur.

Cependant, afin d'aller plus loin dans l'utilisation du modèle, il est nécessaire d'en effectuer une validation quantitative. Deux solutions serraient alors envisageables : (i) effectuer des simulations de fracture sur le fémur 2-D obtenu suite au remodelage et comparer les contraintes à rupture avec des données expérimentales ; (ii) effectuer des essais cliniques afin d'obtenir des géométries 2-D et 3-D de réseaux trabéculaires réels au début et à la fin de différents scénarios de stimulation mécaniques et biochimiques. Cela permettrait de comparer l'épaisseur des travées et le niveau de porosité global avec les prédictions du modèle.

Conclusion générale

Ce travail de thèse avait pour objectif principal de proposer un modèle mécano-biologique de simulation par éléments finis du remodelage de l'os trabéculaire intégrant le comportement mécanique de l'os, les processus de transduction et les activités cellulaires. Deux formulations ont pu être développées, l'une mésoscopique utilisant la vitesse d'écoulement du fluide comme stimulus mécanique et l'autre macro à travers l'utilisation de la densité d'énergie de déformation. Le sujet traité est pluridisciplinaire par nature puisqu'il nécessite la mise en œuvre de solutions à la fois mécaniques et biologiques, mathématiques, numériques et même techniques.

D'un point de vue scientifique, dans le cadre de ces travaux on a tout d'abord proposé un modèle de transduction combinant à la fois des facteurs mécaniques et biochimiques. Ensuite, le modèle a été mis en relation avec une modélisation mécanique du comportement osseux ainsi qu'un modèle de population cellulaire issue de la littérature. La pluridisciplinarité de l'étude s'est notamment traduite par : (i) la programmation de divers « blocks » décrivant les différents comportements mécaniques et biologiques du remodelage osseux, (ii) l'intégration (assemblage) de ces différents blocks de nature différente. Ce dernier point est un apport important de la thèse. On propose alors un mécanisme possible de régulation dynamique des activités cellulaires à travers la modulation de leurs coefficients de différenciation et d'apoptose, par le biais de la transduction.

L'une des difficultés de l'étude émane de la prise en compte à la fois de facteurs mécaniques et biochimiques. Par conséquent, la formulation mathématique globale du modèle doit permettre une parfaite intégration de ces deux facteurs. Ainsi, il a fallu dégager une formulation permettant de traduire des stimuli mécaniques en termes biochimiques ($NO, PGE_2, PTH, TGF\beta, RANKL, etc.$) et biologiques (modulation de la différenciation des ostéoblastes, etc.). De plus, le modèle considérant plusieurs niveaux d'échelle ; activité des BMUs (phénomène microscopique) et leur effet sur les propriétés matériaux macroscopiques ; contrainte macroscopique traduite en vitesse d'écoulement à l'intérieur des canalicules captée par les ostéocytes ; la formulation mathématique associée a dû prendre en compte ces passages alternatifs entre les différentes échelles.

En termes de développement numérique, le défi est notamment de proposer un schéma d'intégration et d'implémentation stable des mécanismes biologiques dans un code de calcul par éléments finis mécanique. Leur utilisation sur des volumes virtuels d'os trabéculaire et/ou de fémurs permet notamment la simulation de la réparation osseuse à travers la résorption de celui-ci. Cette région, soumise ensuite à une sollicitation inférieure au seuil d'endommagement, subira une phase de formation. Ainsi, la réparation osseuse est modélisée de façon implicite au sein du modèle. L'implémentation par éléments finis permet donc une observation de l'évolution de la densité apparente et apporte un véritable plus dans la visualisation du remodelage. En effet, l'intégralité des variables influant sur l'adaptation osseuse peut être affichée, ce qui permet de remonter aux causes altérant le remodelage osseux et d'y apporter une solution médicale. Ainsi, une stratégie d'implémentation du modèle dans une simulation par éléments finis a due être mise en place notamment vis-à-vis de la formulation de l'évolution des propriétés matériaux permettant la convergence du calcul de structure.

Enfin, sur le plan technique le modèle offre la possibilité d'effectuer différents scénarios permettant de fournir les informations sur la répartition de la densité apparente. Les scénarios illustrés dans le Chapitre 8 ne sont pas exhaustifs et d'autres préoccupations cliniques, comme la chute, peuvent être intégrées. De plus, les modélisations des populations cellulaires et des mécanismes biochimiques associés ajoutent une dimension supplémentaire en prenant part dans la définition des scénarios. En effet, les résultats obtenus montrent une forte influence de ces agents biochimiques dans la réponse du modèle. Par conséquent, le modèle développé affiche des réponses physiologiques cohérentes et proches des données de la littérature, le plaçant comme un possible candidat en tant qu'outil de diagnostic.

Toutefois, le modèle développé au cours de cette thèse présente quelques limites. Dans un premier temps la modélisation du comportement mécanique souffre d'une faible prise en compte de l'aspect poroélastique. Effectivement, en vue de réduire les temps de calcul, l'ensemble des porosités de l'os n'ont pas été modélisées (notamment vasculaire et collagène-apatite) tandis que d'autres (lacune-canalicule) font l'objet d'une représentation simpliste en calculant la pression hydrostatique au niveau des points d'intégration du maillage (cf. Chapitre 7). L'absence de modélisation de la piézoélectricité pourrait également entrer en ligne de compte, cependant pour observer son effet, il est nécessaire de descendre à l'échelle des fibres de collagène et de la composition même du tissu osseux. Or, ce niveau de détail n'est pas atteint dans le modèle développé. De plus, son effet au niveau de l'os trabéculaire s'est révélé très faible.

La modélisation de la transduction est également limitée notamment en ce qui concerne la modélisation mathématique de la mécano-transduction. On peut observer sur la Figure 4-9 la complexité de la structure des canalicules et des mécanismes de production des différents agents biochimiques. Encore une fois, afin de réduire la complexité structurelle de l'os et les temps de calcul, l'intégralité des niveaux d'échelle n'a pas été développée, empêchant ainsi une modélisation fidèle des processus de mécano-transduction. Ainsi, l'amélioration de cette partie implique inévitablement une modélisation plus fine de la structure osseuse. La modélisation de la régulation *Ca-PTH* est également simpliste et ne considère pas l'ensemble des étapes entrant dans les mécanismes d'absorption et de régulation de ce binôme. En outre, on remarque sur la Figure 4-8, non exhaustive, un nombre de voies de signalisation supérieur à ceux pris en compte dans le modèle. En particulier, la $Wnt/\beta-catenin$ activée par la PGE_2 participe à la régulation du remodelage osseux et peut être inhibée dans les vingt-quatre heures suivant la sollicitation mécanique par la *Sclerostin*. Si certaines cascades réactionnelles sont clairement identifiées pour leur participation à la formation/résorption osseuse, beaucoup restent à élucider. Toutefois, les choix effectués des mécanismes de mécano-transduction restent légitimes et raisonnables dans le cadre d'une première modélisation couplée aux comportements mécaniques et cellulaires.

Les résultats sur le fémur du Chapitre 8 ont permis de constater que le modèle cellulaire ne disposait pas d'un niveau de description suffisamment fin pour y intégrer correctement l'action de l'Alendronate. Bien que le modèle soit relativement riche en termes d'agents de communication autocrine et paracrine, leur description biochimique ne descend pas à l'échelle moléculaire. Par conséquent, on peut penser que la modélisation de nombreux traitements médicamenteux ne pourrait se faire que de manière phénoménologique mais néanmoins juste, comme pour le cas de l'Alendronate. Ainsi, le modèle cellulaire choisi est discutable puisque les différents scénarios réalisés ne permettent pas d'interagir avec les communications autocrines et paracrines du modèle.

Enfin, l'implémentation et l'utilisation du modèle nécessitent un nombre important de paramètres : vingt-six de mécaniques, vingt-trois de transduction et trente-quatre du modèle cellulaire, ce qui fait un total de quatre-vingt-trois paramètres. Or, dans le cadre d'une utilisation potentielle clinique, ce nombre est bien trop important. En conséquence de quoi, il est indispensable de dégrader et de simplifier le modèle afin d'en réduire le nombre de paramètres. On peut toutefois considérer au sein de la population, certains paramètres comme constants tels que les propriétés de la moelle osseuse, du fluide interstitiel osseux, la minéralisation ou l'endommagement. En outre, l'utilisation d'un modèle de population cellulaire moins complexe permettrait encore de réduire le nombre de paramètres. Cependant, une analyse des différents traitements médicaux doit précéder une telle démarche en vue de préciser leur niveau d'influence sur le modèle cellulaire.

Les résultats encourageants exposés au Chapitre 8 permettent de suggérer un certain nombre de perspectives. Tout d'abord, il serait intéressant d'étudier le comportement du modèle sur des volumes virtuels 3-D de structure trabéculaire et de fémur. Quelques géométries brutes étant à disposition depuis peu au laboratoire, ces tests devraient être possibles à court terme.

Ensuite, bien que le modèle s'appuie sur de nombreux travaux déjà validés issus de la littérature, aucune phase de validation quantitative n'a été menée. Nonobstant, il est difficile de valider un tel modèle sur de l'humain. Par conséquent, il est indispensable de se rapprocher de partenaires manipulant l'expérimentation animale afin d'établir divers protocoles. Dans un premier temps concernant l'activité physique afin de comparer l'évolution de la répartition de la densité apparente de l'os trabéculaire au cours du temps. Ces essais effectués sur des rats non ostéopéniques et ostéopéniques avec sacrifice permettraient ensuite d'effectuer des tests mécaniques dans le but de comparer les propriétés réelles et virtuelles. Ce type de procédure permettrait alors de valider le couplage mécano-biologique du Chapitre 6. (l'action de $f_{Mecha}, f_{NO}, f_{PGE2}$). Par la suite, des traitements médicaux pourraient être associés aux scénarios d'activité physique afin de valider notamment le couplage biochimique (l'action de f_{PTH}) ainsi que la modélisation de l'effet de l'Alendronate sur les ostéoclastes.

À la suite de cela, deux orientations pour le développement du modèle sont possibles : (i) l'ajout d'un plus grand nombre de voies de signalisation pourrait être intégré dans le but de rendre le modèle plus général et de pouvoir prendre en compte d'autres pathologies osseuses ; (ii) procéder à une dégradation du modèle en vue de réduire le nombre de paramètres et de faciliter la mise en donnée.

Il serait également très intéressant d'étendre le modèle au remodelage de l'os cortical afin d'établir un modèle global permettant *in fine* d'obtenir la répartition de la densité et les propriétés matériaux de l'organe osseux tout entier. Ces données essentielles pourraient alors être utilisées pour l'obtention de la contrainte limite à rupture en tant que critère de risque de fracture pour différents cas de chute.

Références

Adachi, T., Y. Kameo, et al. (2010). "Trabecular bone remodelling simulation considering osteocytic response to fluid-induced shear stress." Philosophical Transactions of the Royal Society A: Mathematical, Physical and Engineering Sciences **368**(1920): 2669-2682.

Adachi, T., Y. Osako, et al. (2006). "Framework for optimal design of porous scaffold microstructure by computational simulation of bone regeneration." Biomaterials **27**(21): 3964-3972.

Ajubi, N. E., J. Klein-Nulend, et al. (1999). "Signal transduction pathways involved in fluid flow-induced PGE2 production by cultured osteocytes." AJP - Endocrinology and Metabolism **276**(1): E171-178.

Alexander, J. and Friedenstein (1976). Precursor Cells of Mechanocytes. International Review of Cytology. J. F. D. G.H. Bourne and K. W. Jeon, Academic Press. **Volume 47:** 327-359.

Alliston, T., L. Choy, et al. (2001). "TGF-[beta]-induced repression of CBFA1 by Smad3 decreases cbfa1 and osteocalcin expression and inhibits osteoblast differentiation." EMBO J **20**(9): 2254-2272.

Anderson, C. T., A. B. Castillo, et al. (2008). "Primary Cilia: Cellular Sensors for the Skeleton." The Anatomical Record: Advances in Integrative Anatomy and Evolutionary Biology **291**(9): 1074-1078.

Aschero, G., P. Gizdulich, et al. (1999). "Statistical characterization of piezoelectric coefficient d23 in cow bone." Journal of Biomechanics **32**(6): 573-577.

Aschero, G., P. Gizdulich, et al. (1996). "Converse piezoelectric effect detected in fresh cow femur bone." Journal of Biomechanics **29**(9): 1169-1174.

Ashton, B. A., T. D. Allen, et al. (1980). "Formation of bone and cartilage by marrow stromal cells in diffusion chambers in vivo." Clinical orthopaedics and related research(151): 294-307.

Aubin, J. E. and E. Bonnelye (2000). "Osteoprotegerin and its Ligand: A New Paradigm for Regulation of Osteoclastogenesis and Bone Resorption." Osteoporosis International **11**(11): 905-913.

Aubin, J. L., F (1996). The osteoblast lineage. Principles of Bone Biology. R. L. Bilezikian J, Rodan G. San Diego, CA, USA, Academic Press: 51-68.

Bagge, M. (2000). "A model of bone adaptation as an optimization process." Journal of Biomechanics **33**(11): 1349-1357.

Bakker, A. D., K. Soejima, et al. (2001). "The production of nitric oxide and prostaglandin E2 by primary bone cells is shear stress dependent." Journal of Biomechanics **34**(5): 671-677.

Barlet, J. P., N. Gaumet-Meunier, et al. (1999). "Exercice physique, carence estrogénique, monoxyde d'azote et remodelage osseux." Science & Sports **14**(6): 292-300.

Bassett, e. a. (1962). "Generation of Electric Potentials by Bone in Response to Mechanical Stress " Science: 1063-1064.

Baste, S., R. El Guerjouma, et al. (1989). Mesure de l'endommagement anisotrope d'un composite céramique-céramique par une méthode ultrasonore, HAL - CCSD.

Bayraktar, H. H., E. F. Morgan, et al. (2004). "Comparison of the elastic and yield properties of human femoral trabecular and cortical bone tissue." Journal of Biomechanics **37**(1): 27-35.

Beaupré, G. S., T. E. Orr, et al. (1990). "An approach for time-dependent bone modeling and remodeling—theoretical development." Journal of Orthopaedic Research **8**(5): 651-661.

Bellido, T., A. A. Ali, et al. (2005). "Chronic Elevation of Parathyroid Hormone in Mice Reduces Expression of Sclerostin by Osteocytes: A Novel Mechanism for Hormonal Control of Osteoblastogenesis." Endocrinology **146**(11): 4577-4583.

Berger, J. R. (2011). "Fabric tensor based boundary element analysis of porous solids." Engineering Analysis with Boundary Elements **35**(3): 430-435.

Boivin, G., Y. Bala, et al. (2008). "The role of mineralization and organic matrix in the microhardness of bone tissue from controls and osteoporotic patients." Bone **43**(3): 532-538.

Bonewald, L. F. (2006). "Mechanosensation and Transduction in Osteocytes." BoneKEy osteovision **3**(10): 7-15.

Bonewald, L. F. (2007). "Osteocytes as Dynamic Multifunctional Cells." Annals of the New York Academy of Sciences **1116**(1): 281-290.

Bonewald, L. F. and S. L. Dallas (1994). "Role of active and latent transforming growth factor β in bone formation." Journal of Cellular Biochemistry **55**(3): 350-357.

Bowman, S. M., X. E. Guo, et al. (1998). "Creep contributes to the fatigue behavior of bovine trabecular bone." Journal of Biomechanical Engineering **120**(5): 647-654.

Boyle, W. J., W. S. Simonet, et al. (2003). "Osteoclast differentiation and activation." Nature **423**(6937): 337-342.

Brandi, M. L., M. Hukkanen, et al. (1995). "Bidirectional regulation of osteoclast function by nitric oxide synthase isoforms." Proceedings of the National Academy of Sciences of the United States of America **92**(7): 2954-2958.

Brazel, C. S. and N. A. Peppas (1999). "Dimensionless analysis of swelling of hydrophilic glassy polymers with subsequent drug release from relaxing structures." Biomaterials **20**(8): 721-732.

Briançon, D., J.-B. de Gaudemar, et al. (2004). "Management of osteoporosis in women with peripheral osteoporotic fractures after 50 years of age: a study of practices." Joint Bone Spine **71**(2): 128-130.

Bryant, J. D. (1983). "The effect of impact on the marrow pressure of long bones in vitro." Journal of Biomechanics **16**(8): 659-665.

Bryant, J. D. (1988). On the mechanical function of marrow in long bones. London, ROYAUME-UNI, Institution of Mechanical Engineers.

Burger, E. H. and J. Klein-Nulend (1999). "Mechanotransduction in bone—role of the lacuno-canalicular network." FASEB J. **13**(9001): 101-112.

Cadore, E. L., M. A. Brentano, et al. (2005). "Effects of the physical activity on the bone mineral density and bone remodelation " Revista Brasileira de Medicina do Esporte **11**: 373-379.

Carter, D. R., T. E. Orr, et al. (1989). "Relationships between loading history and femoral cancellous bone architecture." Journal of Biomechanics **22**(3): 231-244.

Chaboche, J.-L. (1981). "Continuous damage mechanics -- A tool to describe phenomena before crack initiation." Nuclear Engineering and Design **64**(2): 233-247.

Chappard, D., L. Vico, et al. (1986). "Relations entre l'activité physique, la masse osseuse et les activités cellulaires osseuses dans une population d'hommes sains âgés." Science & Sports **1**(2): 151-160.

Cheng, A. H. D. and E. Detournay (1998). "On singular integral equations and fundamental solutions of poroelasticity." International Journal of Solids and Structures **35**(34-35): 4521-4555.

Chow, J. W. M., S. Fox, et al. (1998). "Role for parathyroid hormone in mechanical responsiveness of rat bone." Am J Physiol Endocrinol Metab **274**(1): E146-154.

Coatanéa E; Vareille J., K. M. (2003). "Applying dimensionless indicators for the analysis of multiple constraints and compound objectives in conceptual design." 5th Euromech Solid Mechanics Conference. Thessaloniki, Greece, August 17-22.

Coelho, P. G., P. R. Fernandes, et al. (2009). "Numerical modeling of bone tissue adaptation--A hierarchical approach for bone apparent density and trabecular structure." Journal of Biomechanics **42**(7): 830-837.

Collin-Osdoby, P., L. Rothe, et al. (2001). "Receptor Activator of NF-κB and Osteoprotegerin Expression by Human Microvascular Endothelial Cells, Regulation by Inflammatory Cytokines, and Role in Human Osteoclastogenesis." Journal of Biological Chemistry **276**(23): 20659-20672.

Compston, J. (2002). "Bone marrow and bone: a functional unit." Journal of Endocrinology **173**(3): 387-394.

Court-Brown, C. M. and B. Caesar (2006). "Epidemiology of adult fractures: A review." Injury **37**(8): 691-697.

Cowin, S. (2007). "The significance of bone microstructure in mechanotransduction." Journal of Biomechanics **40**: S105-S109.

Cowin, S. C. (1999). "Bone poroelasticity." Journal of Biomechanics **32**(3): 217-238.

Cowin, S. C., Ed. (2001). Bone Mechanics Handbook, CRC Press.

Cowin, S. C., Doty, Stephen B. (2007). Tissue Mechanics, Springer.

Cowin, S. C. and D. H. Hegedus (1976). "Bone remodeling I: theory of adaptive elasticity." Journal of Elasticity **6**(3): 313-326.

Cowin, S. C., S. Weinbaum, et al. (1995). "A case for bone canaliculi as the anatomical site of strain generated potentials." Journal of Biomechanics **28**(11): 1281-1297.

Crolet, J. M. and M. Racila (2008). "Collagen fibres effect on the mechanical properties of cortical bone. A numerical approach." Computer Methods in Biomechanics and Biomedical Engineering **11**(1 supp 1): 69 - 71.

Crolet, J. M., M. C. Stroe, et al. (2010). "Decreasing of mechanotransduction process with age." Computer Methods in Biomechanics and Biomedical Engineering **13**(4 supp 1): 43 - 44.

Devulder, A., D. Aubry, et al. (2008). "EFFECT OF AGE ON LOCAL MECHANICAL PROPERTIES OF HAVERSIAN CORTICAL BONE." Journal of Biomechanics **41, Supplement 1**(0): S494.

Doblaré, M. and J. M. García (2002). "Anisotropic bone remodelling model based on a continuum damage-repair theory." Journal of Biomechanics **35**(1): 1-17.

Dominguez, L., G. Di Bella, et al. (2011). "Physiology of the aging bone and mechanisms of action of bisphosphonates." Biogerontology **12**(5): 397-408.

Dong, S. S., J. P. Williams, et al. (1999). "Nitric oxide regulation of cGMP production in osteoclasts." Journal of Cellular Biochemistry **73**(4): 478-487.

Duchemin, L., V. Bousson, et al. (2008). "Prediction of mechanical properties of cortical bone by quantitative computed tomography." Medical Engineering & Physics **30**(3): 321-328.

E., A. J. (2008). Mesenchymal Stem Cells and Osteoblast Differentiation. Principles of Bone Biology, 3rd ed. San Diego, CA, USA, Academic Press. **30:** 85-108.

Espinoza Orías, A. A., J. M. Deuerling, et al. (2009). "Anatomic variation in the elastic anisotropy of cortical bone tissue in the human femur." Journal of the Mechanical Behavior of Biomedical Materials **2**(3): 255-263.

Fermor, B. and T. M. Skerry (1995). "PTH/PTHrP receptor expression on osteoblasts and osteocytes but not resorbing bone surfaces in growing rats." Journal of Bone and Mineral Research **10**(12): 1935-1943.

Filvaroff, E. and R. Derynck (1998). "Bone remodelling: A signalling system for osteoclast regulation." Current Biology **8**(19): R679-R682.

Flanagan, A. and T. Chambers (1992). "Stimulation of bone nodule formation in vitro by prostaglandins E1 and E2." Endocrinology **130**(1): 443-448.

Frick, K. K., K. LaPlante, et al. (2005). "RANK ligand and TNF-{alpha} mediate acid-induced bone calcium efflux in vitro." Am J Physiol Renal Physiol **289**(5): F1005-1011.

Frost, H. M. (1966). The bone dynamics in osteoporosis and osteomalacia, C. C. Thomas.

Frost, H. M. (1969). "Tetracycline-based histological analysis of bone remodeling." Calcified Tissue International **3**(1): 211-237.

Frost, H. M. (1987). "The mechanostat: a proposed pathogenic mechanism of osteoporoses and the bone mass effects of mechanical and nonmechanical agents." Bone Miner **2**(2): 73-85.

Frost, H. M. (2000). "The Utah paradigm of skeletal physiology: an overview of its insights for bone, cartilage and collagenous tissue organs." Journal of Bone and Mineral Metabolism **18**(6): 305-316.

Fukada, E., H. Ueda, et al. (1976). "Piezoelectric and related properties of hydrated collagen." Biophysical Journal **16**(8): 911-918.

Funck-Brentano, T. and M. Cohen-Solal (2011). "Remodelage osseux et traitements diurétiques." Revue du Rhumatisme Monographies **78**(2): 124-128.

Galileo, G. (1638). "Discorsi e Dimonstrazioni Matematiche, intorno à due nuove scienze attenenti alla Mecanica & i Movimenti Locali." Elzevir.

García-Aznar, J. M., T. Rueberg, et al. (2005). "A bone remodelling model coupling microdamage growth and repair by 3D BMU-activity." Biomechanics and Modeling in Mechanobiology **4**(2-3): 147-167.

George, W. T. and D. Vashishth (2006). "Susceptibility of aging human bone to mixed-mode fracture increases bone fragility." Bone **38**(1): 105-111.

Gerhard, F. A., D. J. Webster, et al. (2009). "In silico biology of bone modelling and remodelling: adaptation." Philosophical Transactions of the Royal Society A: Mathematical, Physical and Engineering Sciences **367**(1895): 2011-2030.

Giancotti, F. G. (2000). "Complexity and specificity of integrin signalling." Nat Cell Biol **2**(1): E13-E14.

Gizdulich, P. A., G. (1993). Day-to-day trend of dielectric properties of bones. 15th Annual International Conference of the IEEE San Diego, 28-31 October 1993, Engineering in Medicine and Biology Society: 1124 - 1125

Gohel, A. R., A. R. Hand, et al. (1995). "Immunogold localization of beta 1-integrin in bone: effect of glucocorticoids and insulin-like growth factor I on integrins and osteocyte formation." Journal of Histochemistry & Cytochemistry **43**(11): 1085-1096.

Goltzman, D. (1999). "Interactions of PTH and PTHrP with the PTH/PTHrP Receptor and with Downstream Signaling Pathways: Exceptions That Provide the Rules." Journal of Bone and Mineral Research **14**(2): 173-177.

Goodman, W. G., J. D. Veldhuis, et al. (1998). "Calcium-Sensing by Parathyroid Glands in Secondary Hyperparathyroidism." J Clin Endocrinol Metab **83**(8): 2765-2772.

Goulet, G. C., D. M. L. Cooper, et al. (2008). "Influence of cortical canal architecture on lacunocanalicular pore pressure and fluid flow." Computer Methods in Biomechanics and Biomedical Engineering **11**(4): 379-387.

Goutelle, S., M. Maurin, et al. (2008). "The Hill equation: a review of its capabilities in pharmacological modelling." Fundamental & Clinical Pharmacology **22**(6): 633-648.

Greenfield, E. M., Y. Bi, et al. (1999). "Regulation of osteoclast activity." Life Sciences **65**(11): 1087-1102.

Guedes, R. M., J. A. Simões, et al. (2006). "Viscoelastic behaviour and failure of bovine cancellous bone under constant strain rate." Journal of Biomechanics **39**(1): 49-60.

Günther, T. and T. Schinke (2000). "Mouse Genetics Have Uncovered New Paradigms in Bone Biology." Trends in Endocrinology and Metabolism **11**(5): 189-193.

Guo, X. E., E. Takai, et al. (2006). "Intracellular calcium waves in bone cell networks under single cell nanoindentation." Mol Cell Biomech **3**(3): 95-107.

Gururaja, S., H. J. Kim, et al. (2005). "Modeling Deformation-Induced Fluid Flow in Cortical Bone's Canalicular–Lacunar System." Annals of Biomedical Engineering **33**(1): 7-25.

Haden, S. T., E. M. Brown, et al. (2000). "The effects of age and gender on parathyroid hormone dynamics." Clinical Endocrinology **52**(3): 329-338.

Hambli, R., H. Katerchi, et al. (2010). "Multiscale methodology for bone remodelling simulation using coupled finite element and neural network computation." Biomechanics and Modeling in Mechanobiology.

Hambli, R. and R. Rieger (2011). "Physiologically based mathematical model of transduction of mechanobiological signals by osteocytes." Biomechanics and Modeling in Mechanobiology: 1-11.

Hambli, R., D. Soulat, et al. (2009). "Strain–damage coupled algorithm for cancellous bone mechano-regulation with spatial function influence." Computer Methods in Applied Mechanics and Engineering **198**(33-36): 2673-2682.

Han, Y., S. C. Cowin, et al. (2004). "Mechanotransduction and strain amplification in osteocyte cell processes." Proceedings of the National Academy of Sciences of the United States of America **101**(47): 16689-16694.

Han, Z. H., S. Palnitkar, et al. (1996). "Effect of ethnicity and age or menopause on the structure and geometry of iliac bone." Journal of Bone and Mineral Research **11**(12): 1967-1975.

Hazelwood, S., R. Bruce Martin, et al. (2001). "A mechanistic model for internal bone remodeling exhibits different dynamic responses in disuse and overload." Journal of Biomechanics **34**(3): 299-308.

Heersche, J. N. M., C. G. Bellows, et al. (1998). "The decrease in bone mass associated with aging and menopause." The Journal of Prosthetic Dentistry **79**(1): 14-16.

Hegedus, D. H. and S. C. Cowin (1976). "Bone remodeling II: small strain adaptive elasticity." Journal of Elasticity **6**(4): 337-352.

Hernandez, C. J., G. S. Beaupré, et al. (2000). A model of mechanobiologic and metabolic influences on bone adaptation. Baltimore, MD, ETATS-UNIS, Rehabilitation Research and Development Service.

Hernandez, C. J., G. S. Beaupré, et al. (2003). "A theoretical analysis of the changes in basic multicellular unit activity at menopause." Bone **32**(4): 357-363.

Hernandez, C. J., G. S. Beaupré, et al. (2001). "The influence of bone volume fraction and ash fraction on bone strength and modulus." Bone **29**(1): 74-78.

Hoc, T., L. Henry, et al. (2006). "Effect of microstructure on the mechanical properties of Haversian cortical bone." Bone **38**(4): 466-474.

Hofbauer, L. C., S. Khosla, et al. (2000). "The Roles of Osteoprotegerin and Osteoprotegerin Ligand in the Paracrine Regulation of Bone Resorption." Journal of Bone and Mineral Research **15**(1): 2-12.

Hoffler, C. E., K. E. Moore, et al. (2000). "Heterogeneity of bone lamellar-level elastic moduli." Bone **26**(6): 603-609.

Hollister, S. J., D. P. Fyhrie, et al. (1991). "Application of homogenization theory to the study of trabecular bone mechanics." J Biomech **24**(9): 825-839.

Hollister, S. J. and N. Kikuchi (1994). "Homogenization theory and digital imaging: A basis for studying the mechanics and design principles of bone tissue." Biotechnology and Bioengineering **43**(7): 586-596.

Homminga, J., B. R. McCreadie, et al. (2002). "Cancellous bone mechanical properties from normals and patients with hip fractures differ on the structure level, not on the bone hard tissue level." Bone **30**(5): 759-764.

Houillier, P. (2009). "Le récepteur du calcium : un rôle central dans le métabolisme calcique." Médecine Nucléaire **33**(1): 39-45.

Huang, J. C., T. Sakata, et al. (2004). "PTH Differentially Regulates Expression of RANKL and OPG." Journal of Bone and Mineral Research **19**(2): 235-244.

Huiskes, R., R. Ruimerman, et al. (2000). "Effects of mechanical forces on maintenance and adaptation of form in trabecular bone." Nature **405**(6787): 704-706.

Huiskes, R., H. Weinans, et al. (1987). "Adaptive bone-remodeling theory applied to prosthetic-design analysis." Journal of Biomechanics **20**(11-12): 1135-1150.

Hynes, R. O. (2002). "Integrins: Bidirectional, Allosteric Signaling Machines." Cell **110**(6): 673-687.

Inoue, A., Y. Hiruma, et al. (1995). "Reciprocal Regulation by Cyclic Nucleotides of the Differentiation of Rat Osteoblast-like Cells and Mineralization of Nodules." Biochemical and Biophysical Research Communications **215**(3): 1104-1110.

Isaksson, H., M. Malkiewicz, et al. (2010). "Rabbit cortical bone tissue increases its elastic stiffness but becomes less viscoelastic with age." Bone **47**(6): 1030-1038.

Iyo, T., Y. Maki, et al. (2004). "Anisotropic viscoelastic properties of cortical bone." Journal of Biomechanics **37**(9): 1433-1437.

Jaasma, M. J. and F. J. O'Brien (2008). "Mechanical stimulation of osteoblasts using steady and dynamic fluid flow." Tissue engineering. Part A **14**(7): 1213-1223.

Jacobs, C. (1994). Numerical simulation of bone adaptation to mechanical loading. Mechanical Engineering, Stanford University. **Dissertation for the Degree of Doctor of Philosophy**.

Jacobs, C. R. "The mechanobiology of cancellous bone structural adaptation." J Rehabil Res Dev **37**(2): 209-216.

Jang, I. G. and I. Y. Kim (2008). "Computational study of Wolff's law with trabecular architecture in the human proximal femur using topology optimization." Journal of Biomechanics **41**(11): 2353-2361.

Jang, I. G. and I. Y. Kim (2010). "Computational simulation of simultaneous cortical and trabecular bone change in human proximal femur during bone remodeling." Journal of Biomechanics **43**(2): 294-301.

Jang, I. G., I. Y. Kim, et al. (2009). "Analogy of strain energy density based bone-remodeling algorithm and structural topology optimization." J Biomech Eng **131**(1): 011012.

Jayakumar, P. and L. Di Silvio (2010). "Osteoblasts in bone tissue engineering." Proceedings of the Institution of Mechanical Engineers, Part H: Journal of Engineering in Medicine **224**(12): 1415-1440.

Jilka, R. L., R. S. Weinstein, et al. (1999). "Increased bone formation by prevention of osteoblast apoptosis with parathyroid hormone." The Journal of Clinical Investigation **104**(4): 439-446.

Joo, W., K. J. Jepsen, et al. (2007). "The effect of recovery time and test conditions on viscoelastic measures of tensile damage in cortical bone." Journal of Biomechanics **40**(12): 2731-2737.

Kaneki, H., I. Takasugi, et al. (1999). "Prostaglandin E2 stimulates the formation of mineralized bone nodules by a cAMP-independent mechanism in the culture of adult rat calvarial osteoblasts." Journal of Cellular Biochemistry **73**(1): 36-48.

Kobayashi, K., N. Takahashi, et al. (2000). "Tumor Necrosis Factor α Stimulates Osteoclast Differentiation by a Mechanism Independent of the Odf/Rankl–Rank Interaction." The Journal of Experimental Medicine **191**(2): 275-286.

Kölliker, A. (1873). Die normale Resorption des Knochengewebes und ihre Bedeutung für die Entstehung der typischen Knochenformen, Vogel.

Komarova, S. (2003). "Mathematical model predicts a critical role for osteoclast autocrine regulation in the control of bone remodeling." Bone **33**(2): 206-215.

Komarova, S. V. (2005). "Mathematical Model of Paracrine Interactions between Osteoclasts and Osteoblasts Predicts Anabolic Action of Parathyroid Hormone on Bone." Endocrinology **146**(8): 3589-3595.

Kosmopoulos, V., C. Schizas, et al. (2008). "Modeling the onset and propagation of trabecular bone microdamage during low-cycle fatigue." Journal of Biomechanics **41**(3): 515-522.

Kousteni, S. and J. Bilezikian (2008). "The cell biology of parathyroid hormone in osteoblasts." Current Osteoporosis Reports **6**(2): 72-76.

Kowalczyk, P. (2003). "Elastic properties of cancellous bone derived from finite element models of parameterized microstructure cells." Journal of Biomechanics **36**(7): 961-972.

Kroll, M. (2000). "Parathyroid hormone temporal effects on bone formation and resorption." Bulletin of Mathematical Biology **62**(1): 163-188.

Kulkarni, M. S. S., S.R. (2008). "Experimental determination of material properties of cortical cadeveric femur bone." Trends in Biomaterials and Artificial Organs **22**(1): 9-15.

Langub, M. C., M. C. Monier-Faugere, et al. (2001). "Parathyroid Hormone/Parathyroid Hormone-Related Peptide Type 1 Receptor in Human Bone." Journal of Bone and Mineral Research **16**(3): 448-456.

Le Corroller, T., J. Halgrin, et al. (2011). "Combination of texture analysis and bone mineral density improves the prediction of fracture load in human femurs." Osteoporosis International: 1-7.

Lee, K., J. D. Deeds, et al. (1993). "In situ localization of PTH/PTHrP receptor mRNA in the bone of fetal and young rats." Bone **14**(3): 341-345.

Lemaire, T., S. Naïli, et al. (2005). "Multiscale analysis of the coupled effects governing the movement of interstitial fluid in cortical bone." Biomechanics and Modeling in Mechanobiology **5**(1): 39-52.

Lemaire, V., F. L. Tobin, et al. (2004). "Modeling the interactions between osteoblast and osteoclast activities in bone remodeling." Journal of Theoretical Biology **229**(3): 293-309.

Lemaitre, J. and J.-L. Chaboche (1985). Mécanique des matériaux solides, Dunod: 343-442.

Levy, P., E. Levy, et al. (2002). "The cost of osteoporosis in men: the French situation." Bone **30**(4): 631-636.

Liebschner MA, W. M. (2003). Optimization of Bone Scaffold Engineering for Load Bearing Applications. Topics in Tissue Engineering. N. A. P. Ferretti, University of Oulu.

Liu, X. S., X. H. Zhang, et al. (2009). "Contributions of trabecular rods of various orientations in determining the elastic properties of human vertebral trabecular bone." Bone **45**(2): 158-163.

Macione, J., N. B. Kavukcuoglu, et al. (2011). "Hierarchies of damage induced loss of mechanical properties in calcified bone after in vivo fatigue loading of rat ulnae." Journal of the Mechanical Behavior of Biomedical Materials **4**(6): 841-848.

Mackie, E. J. (2003). "Osteoblasts: novel roles in orchestration of skeletal architecture." The International Journal of Biochemistry & Cell Biology **35**(9): 1301-1305.

Magnier, C., S. Wendling-Mansuy, et al. (2007). "Modèle de remodelage osseux au sein du tissu trabéculaire sous-contraint." Comptes Rendus Mécanique **335**(1): 48-55.

Maïmoun, L. and C. Sultan (2011). "Effects of physical activity on bone remodeling." Metabolism **60**(3): 373-388.

Maldonado, S. B., S. Findeisen, R Allgöwer, F. (2006). "Mathematical modeling and analysis of force induced bone growth." Proc 28th Int Conf IEEE-EMBC, NewYork: 3154-3160.

Malone, A. M. D., C. T. Anderson, et al. (2007). "Primary cilia mediate mechanosensing in bone cells by a calcium-independent mechanism." Proceedings of the National Academy of Sciences **104**(33): 13325-13330.

Manfredini, P., G. Cocchetti, et al. (1999). "Poroelastic finite element analysis of a bone specimen under cyclic loading." Journal of Biomechanics **32**(2): 135-144.

Maravic, M., P. Taupin, et al. (2007). "Poids des fractures proximales de hanche chez la femme en France entre 2002 et 2005." Revue du Rhumatisme **74**(10-11): 999-1000.

Marcon, B. C. N. J.-F. D. G. P. (2007). "Analyse du comportement mécanique d'un os ostéoporotique à partir d'images scanner." 18ème Congrès Français de Mécanique Grenoble, 27-31 août 2007.

Martin, B. R. (1984). Porosity and specific surface of bone. Boca Raton, FL, Etats-Unis, CRC Press.

Martin, B. R. (1992). "A theory of fatigue damage accumulation and repair in cortical bone." Journal of Orthopaedic Research **10**(6): 818-825.

Martin, B. R. (2003). "Fatigue Damage, Remodeling, and the Minimization of Skeletal Weight." Journal of Theoretical Biology **220**(2): 271-276.

Martin, M. J. and J. C. Buckland-Wright (2004). "Sensitivity analysis of a novel mathematical model identifies factors determining bone resorption rates." Bone **35**(4): 918-928.

Martin, R. B., Burr, David B., Sharkey, Neil A. (1998). Skeletal Tissue Mechanics, pringer.

Matsuura, Y., S. Oharu, et al. (2003). "Mathematical approaches to bone reformation phenomena and numerical simulations." Journal of Computational and Applied Mathematics **158**(1): 107-119.

Matsuura, Y., S. Oharu, et al. (2002). "On a Class of Reaction-Diffusion Systems Describing Bone Remodelling Phenomena." Nihonkai mathematical journal **13**(1): 17-32 %U http://ci.nii.ac.jp/naid/110000069843/en/.

McNamara, L. and P. Prendergast (2007). "Bone remodelling algorithms incorporating both strain and microdamage stimuli." Journal of Biomechanics **40**(6): 1381-1391.

Miara, B., E. Rohan, et al. (2005). "Piezomaterials for bone regeneration design--homogenization approach." Journal of the Mechanics and Physics of Solids **53**(11): 2529-2556.

Michel, M. C., X.-D. E. Guo, et al. (1993). "Compressive fatigue behavior of bovine trabecular bone." Journal of Biomechanics **26**(4-5): 453-463.

Michou, L. and J. P. Brown (2010). "Génétique des maladies osseuses." Revue du Rhumatisme Monographies **77**(4): 314-320.

Moroz, A., M. Crane, et al. (2006). "Phenomenological model of bone remodeling cycle containing osteocyte regulation loop." Biosystems **84**(3): 183-190.

Mullender, M., B. van Rietbergen, et al. (1998). "Effect of Mechanical Set Point of Bone Cells on Mechanical Control of Trabecular Bone Architecture." Bone **22**(2): 125-131.

Mullender, M. G. and R. Huiskes (1997). "Osteocytes and bone lining cells: Which are the best candidates for mechano-sensors in cancellous bone?" Bone **20**(6): 527-532.

Müller, R. (2005). "Long-term prediction of three-dimensional bone architecture in simulations of pre-, peri- and post-menopausal microstructural bone remodeling." Osteoporosis International **16**(0): S25-S35.

Mundy, G. (1991). "Cytokines and bone remodeling." Journal of Bone and Mineral Metabolism **9**(2): 34-38.

Nagaraja, S., T. L. Couse, et al. (2005). "Trabecular bone microdamage and microstructural stresses under uniaxial compression." Journal of Biomechanics **38**(4): 707-716.

Naoyuki Takahashi , N. U. a. Y. K., Masamichi Takami, T. John Martin, Tatsuo Suda (2008). Osteoclast Generation. Principles of Bone Biology. R. L. Bilezikian J, Rodan G. San Diego, CA, USA, Academic Press. **30:** 175-192.

Nelson, D. and M. Megyesi (2004). "Sex and ethnic differences in bone architecture." Current Osteoporosis Reports **2**(2): 65-69.

Niebur, G. L., M. J. Feldstein, et al. (2000). "High-resolution finite element models with tissue strength asymmetry accurately predict failure of trabecular bone." Journal of Biomechanics **33**(12): 1575-1583.

Nijweide, P. J., E. H. Burger, et al. (1986). "Cells of bone: proliferation, differentiation, and hormonal regulation." Physiological Reviews **66**(4): 855-886.

Nowinski, J. L. and C. F. Davis (1970). "A model of the human skull as a poroelastic spherical shell subjected to a quasistatic load." Mathematical Biosciences **8**(3-4): 397-416.

Nowinski, J. L. and C. F. Davis (1971). "Propagation of Longitudinal Waves in Circularly Cylindrical Bone Elements." Journal of Applied Mechanics **38**(3): 578-584.

Nyman, J. S., M. Reyes, et al. (2005). "Effect of ultrastructural changes on the toughness of bone." Micron **36**(7-8): 566-582.

Nyman, J. S., O. C. Yeh, et al. (2004). "A theoretical analysis of long-term bisphosphonate effects on trabecular bone volume and microdamage." Bone **35**(1): 296-305.

Odgaard, A., J. Kabel, et al. (1997). "Fabric and elastic principal directions of cancellous bone are closely related." Journal of Biomechanics **30**(5): 487-495.

Oesterhelt, D. (2010). "The Signal Transduction Cascade." IOP Publishing Max Planck Institute **http://www.biochem.mpg.de/oesterhelt/web_page_list/ShortDesc_ST_cascade/index.html**.

Pattin, C. A., W. E. Caler, et al. (1996). "Cyclic mechanical property degradation during fatigue loading of cortical bone." Journal of Biomechanics **29**(1): 69-79.

Pauwels, F. (1980). Biomechanics of the Locomotor Apparatus: Contributions on the Functional Anatomy of the Locomotor Apparatus. Berlin, New York, Springer.

Penninger, C. L., N. M. Patel, et al. (2007). "A fully anisotropic hierarchical hybrid cellular automaton algorithm to simulate bone remodeling." Mechanics Research Communications **35**(1-2): 32-42.

Peterson, M. C. and M. M. Riggs (2010). "A physiologically based mathematical model of integrated calcium homeostasis and bone remodeling." Bone **46**(1): 49-63.

Pfeiffer, B. H. (1977). "A model to estimate the piezoelectric polarization in the osteon system." Journal of Biomechanics **10**(8): 487-492.

Pidaparti, R. M. V. (1997). "Microdamage simulation in a bone tissue using finite element analysis." Computers & Structures **62**(3): 463-466.

Pilbeam, C. C., S. Choudhary, et al. (2008). Prostaglandins and Bone Metabolism. Principles of Bone Biology (Third Edition). P. B. John, G. R. Lawrence and T. J. Martin. San Diego, Academic Press: 1235-1271.

Pithioux, M., P. Lasaygues, et al. (2002). "An alternative ultrasonic method for measuring the elastic properties of cortical bone." Journal of Biomechanics **35**(7): 961-968.

Pivonka, P., J. Zimak, et al. (2008). "Model structure and control of bone remodeling: A theoretical study." Bone **43**(2): 249-263.

Predoi-Racila, M. and J. M. Crolet (2007). "SINUPROS: human cortical bone multiscale model with a fluide–structure interaction." Computer Methods in Biomechanics and Biomedical Engineering **10**(1 supp 1): 179 - 180.

Prendergast, P. J. and R. Huiskes (1996). "Microdamage and Osteocyte-Lacuna Strain in Bone: A Microstructural Finite Element Analysis." Journal of Biomechanical Engineering **118**(2): 240-246.

Quaglini, V., V. L. Russa, et al. (2009). "Nonlinear stress relaxation of trabecular bone." Mechanics Research Communications **36**(3): 275-283.

Ramtani, S. (2008). "Electro-mechanics of bone remodelling." International Journal of Engineering Science **46**(11): 1173-1182.

Rapillard, L., M. Charlebois, et al. (2006). "Compressive fatigue behavior of human vertebral trabecular bone." Journal of Biomechanics **39**(11): 2133-2139.

Raposo, J. F., L. G. Sobrinho, et al. (2002). "A Minimal Mathematical Model of Calcium Homeostasis." Journal of Clinical Endocrinology & Metabolism **87**(9): 4330-4340.

Rhee, Y., M. R. Allen, et al. (2011). "PTH receptor signaling in osteocytes governs periosteal bone formation and intracortical remodeling." Journal of Bone and Mineral Research **26**(5): 1035-1046.

Rho, J.-Y., T. Y. Tsui, et al. (1997). "Elastic properties of human cortical and trabecular lamellar bone measured by nanoindentation." Biomaterials **18**(20): 1325-1330.

Rieger, R., R. Hambli, et al. (2011). "Modeling of biological doses and mechanical effects on bone transduction." Journal of Theoretical Biology **274**(1): 36-42.

Robert, P. H. (2003). "How does bone support calcium homeostasis?" Bone **33**(3): 264-268.

Rochefort, G., S. Pallu, et al. (2010). "Osteocyte: the unrecognized side of bone tissue." Osteoporosis International **21**(9): 1457-1469.

Roodman, G. D. (1999). "Cell biology of the osteoclast." Experimental hematology **27**(8): 1229-1241.

Rüberg, T. (2003). Computer Simulation of Adaptive Bone Remodeling. Centro Politécnico Superior. Spain, Universidad de Zaragoza. **MS, Dipl.-Ing.:** 108.

Ruimerman, R., P. Hilbers, et al. (2005). "A theoretical framework for strain-related trabecular bone maintenance and adaptation." Journal of Biomechanics **38**(4): 931-941.

Ryser, M. D., N. Nigam, et al. (2009). "Mathematical Modeling of Spatio-Temporal Dynamics of a Single Bone Multicellular Unit." Journal of Bone and Mineral Research **24**(5): 860-870.

S. Maldonado, R. F. a. F. A. (2007). Phenomenological Mathematical Modeling and Analysis of Force-Induced Bone Growth and Adaptation. Proceedings of 2nd Foundations of Systems Biology and Engineering Conference FOSBE, Germany.

Saha, P. K. and F. W. Wehrli (2004). "A robust method for measuring trabecular bone orientation anisotropy at in vivo resolution using tensor scale." Pattern Recognition **37**(9): 1935-1944.

Salter, D. M., J. E. Robb, et al. (1997). "Electrophysiological Responses of Human Bone Cells to Mechanical Stimulation: Evidence for Specific Integrin Function in Mechanotransduction." Journal of Bone and Mineral Research **12**(7): 1133-1141.

Sanz-Herrera, J. A., J. M. García-Aznar, et al. (2008). "Micro–macro numerical modelling of bone regeneration in tissue engineering." Computer Methods in Applied Mechanics and Engineering **197**(33-40): 3092-3107.

Schneider, R., G. Faust, et al. (2009). "Inhomogeneous, orthotropic material model for the cortical structure of long bones modelled on the basis of clinical CT or density data." Computer Methods in Applied Mechanics and Engineering **198**(27-29): 2167-2174.

Scutt, A. and P. Bertram (1995). "Bone marrow cells are targets for the anabolic actions of prostaglandin E2 on bone: Induction of a transition from nonadherent to adherent osteoblast precursors." Journal of Bone and Mineral Research **10**(3): 474-487.

Silva, C. C., D. Thomazini, et al. (2001). "Collagen-hydroxyapatite films: piezoelectric properties." Materials Science and Engineering B **86**(3): 210-218.

Sims, N. A. and J. H. Gooi (2008). "Bone remodeling: Multiple cellular interactions required for coupling of bone formation and resorption." Seminars in Cell & Developmental Biology **19**(5): 444-451.

Smit, T. H., J. M. Huyghe, et al. (2002). "Estimation of the poroelastic parameters of cortical bone." Journal of Biomechanics **35**(6): 829-835.

Stefan J., J. R., Clinton T. Rubin (2008). Mechanism of Exercice Effects on Bone Quantity and Quality. Principles of Bone Biology. R. L. Bilezikian J, Rodan G. San Diego, CA, USA, Academic Press. **30:** 1819-1837.

Steinberg, M. E., R. E. Wert, et al. (1973). "Deformation potentials in whole bone." Journal of Surgical Research **14**(3): 254-259.

Stolk, J., N. Verdonschot, et al. (2004). "Finite element simulation of anisotropic damage accumulation and creep in acrylic bone cement." Engineering Fracture Mechanics **71**(4-6): 513-528.

Tabor, Z. and E. Rokita (2002). "Stochastic simulations of remodeling applied to a two-dimensional trabecular bone structure." Bone **31**(3): 413-417.

Tabor, Z. and E. Rokita (2007). "Quantifying anisotropy of trabecular bone from gray-level images." Bone **40**(4): 966-972.

Talmage, R. V. and H. T. Mobley (2009). "The concentration of free calcium in plasma is set by the extracellular action of noncollagenous proteins and hydroxyapatite." General and Comparative Endocrinology **162**(3): 245-250.

Taylor, A. F., M. M. Saunders, et al. (2007). "Mechanically stimulated osteocytes regulate osteoblastic activity via gap junctions." American Journal of Physiology - Cell Physiology **292**(1): C545-C552.

Taylor, M., J. Cotton, et al. (2002). "Finite Element Simulation of the Fatigue Behaviour of Cancellous Bone." Meccanica **37**: 419-429.

Taylor, W. R., E. Roland, et al. (2002). "Determination of orthotropic bone elastic constants using FEA and modal analysis." Journal of Biomechanics **35**(6): 767-773.

Teitelbaum, S. L. (2000). "Bone Resorption by Osteoclasts." Science **289**(5484): 1504-1508.

Teti, A. and A. Zallone (2009). "Do osteocytes contribute to bone mineral homeostasis? Osteocytic osteolysis revisited." Bone **44**(1): 11-16.

Tezuka, K.-i., Y. Wada, et al. (2005). "Computer-simulated bone architecture in a simple bone-remodeling model based on a reaction-diffusion system." Journal of Bone and Mineral Metabolism **23**(1): 1-7.

Thomsen, J. S., L. Mosekilde, et al. (1994). "Stochastic simulation of vertebral trabecular bone remodeling." Bone **15**(6): 655-666.

Tobias, J. d. V. (2009). "Bone health and osteoporosis in postmenopausal women." Best Practice & Research Clinical Obstetrics & Gynaecology **23**(1): 73-85.

Troen, B. R. (2003). "Molecular mechanisms underlying osteoclast formation and activation." Experimental Gerontology **38**(6): 605-614.

Tsubota, K.-i., T. Adachi, et al. (2002). "Functional adaptation of cancellous bone in human proximal femur predicted by trabecular surface remodeling simulation toward uniform stress state." Journal of Biomechanics **35**(12): 1541-1551.

Tsubota, K.-i., Y. Suzuki, et al. (2009). "Computer simulation of trabecular remodeling in human proximal femur using large-scale voxel FE models: Approach to understanding Wolff's law." Journal of Biomechanics **42**(8): 1088-1094.

Turner, C. H. (1998). "Three rules for bone adaptation to mechanical stimuli." Bone **23**(5): 399-407.

Turner, C. H., A. Chandran, et al. (1995). "The anisotropy of osteonal bone and its ultrastructural implications." Bone **17**(1): 85-89.

Turner, C. H., I. Owan, et al. (1998). "Recruitment and Proliferative Responses of Osteoblasts After Mechanical Loading In Vivo Determined Using Sustained-Release Bromodeoxyuridine." Bone **22**(5): 463-469.

Turner, C. H., J. Rho, et al. (1999). "The elastic properties of trabecular and cortical bone tissues are similar: results from two microscopic measurement techniques." Journal of Biomechanics **32**(4): 437-441.

van der Meulen, M. C. H. and R. Huiskes (2002). "Why mechanobiology?: A survey article." Journal of Biomechanics **35**(4): 401-414.

van der Plas, A., E. M. Aarden, et al. (1994). "Characteristics and properties of osteocytes in culture." Journal of Bone and Mineral Research **9**(11): 1697-1704.

van Lenthe, G. H. and R. Huiskes (2002). "How morphology predicts mechanical properties of trabecular structures depends on intra-specimen trabecular thickness variations." Journal of Biomechanics **35**(9): 1191-1197.

Van Rietbergen, B., A. Odgaard, et al. (1998). "Relationships between bone morphology and bone elastic properties can be accurately quantified using high-resolution computer reconstructions." Journal of Orthopaedic Research **16**(1): 23-28.

van Rietbergen, B., H. Weinans, et al. (1995). "A new method to determine trabecular bone elastic properties and loading using micromechanical finite-element models." Journal of Biomechanics **28**(1): 69-81.

Verhaeghe, J., J. S. Thomsen, et al. (2000). "Effects of exercise and disuse on bone remodeling, bone mass, and biomechanical competence in spontaneously diabetic female rats." Bone **27**(2): 249-256.

Vezeridis, P. S., C. M. Semeins, et al. (2006). "Osteocytes subjected to pulsating fluid flow regulate osteoblast proliferation and differentiation." Biochemical and Biophysical Research Communications **348**(3): 1082-1088.

Viceconti, M., F. Taddei, et al. (2008). "Multiscale modelling of the skeleton for the prediction of the risk of fracture." Clinical Biomechanics **23**(7): 845-852.

Wang, X. J., X. B. Chen, et al. (2006). "Elastic modulus and hardness of cortical and trabecular bovine bone measured by nanoindentation." Transactions of Nonferrous Metals Society of China **16**(Supplement 2): s744-s748.

Wang, Y., L. M. McNamara, et al. (2007). "A model for the role of integrins in flow induced mechanotransduction in osteocytes." Proceedings of the National Academy of Sciences **104**(40): 15941-15946.

Wauquier, F., L. Leotoing, et al. (2009). "Oxidative stress in bone remodelling and disease." Trends in Molecular Medicine **15**(10): 468-477.

Webster, D. J., P. L. Morley, et al. (2008). "A novel in vivo mouse model for mechanically stimulated bone adaptation – a combined experimental and computational validation study." Computer Methods in Biomechanics and Biomedical Engineering **11**(5): 435-441.

Weinbaum, S. (2003). "Mechanotransduction and flow across the endothelial glycocalyx." Proceedings of the National Academy of Sciences **100**(13): 7988-7995.

Weinbaum, S., S. C. Cowin, et al. (1994). "A model for the excitation of osteocytes by mechanical loading-induced bone fluid shear stresses." Journal of Biomechanics **27**(3): 339-360.

Wimalawansa, S. J. (2008). Skeletal Effects of Nitric Oxide: Novel Agent for Osteoporosis. Principles of Bone Biology (Third Edition). P. B. John, G. R. Lawrence and T. J. Martin. San Diego, Academic Press: 1273-1310.

Wimpenny, D. and A. Moroz (2007). "On allosteric control model of bone turnover cycle containing osteocyte regulation loop." Biosystems **90**(2): 295-308.

Wolff, J. (1892). "Das Gesetz der Transformation der Knochen. Verlag von August Hirschwald, Berlin." (English translation: The Law of Bone Remodelling.) Springer, Berlin, 1986).

Yang, G., J. Kabel, et al. (1998). "The Anisotropic Hooke's Law for Cancellous Bone and Wood." Journal of Elasticity **53**(2): 125-146.

You, L., S. C. Cowin, et al. (2001). "A model for strain amplification in the actin cytoskeleton of osteocytes due to fluid drag on pericellular matrix." Journal of Biomechanics **34**(11): 1375-1386.

Zaman, G., A. A. Pitsillides, et al. (1999). "Mechanical Strain Stimulates Nitric Oxide Production by Rapid Activation of Endothelial Nitric Oxide Synthase in Osteocytes." Journal of Bone and Mineral Research **14**(7): 1123-1131.

Zioupos, P. and A. Casinos (1998). "Cumulative damage and the response of human bone in two-step loading fatigue." Journal of Biomechanics **31**(9): 825-833.

Zioupos, P., X. T. Wang, et al. (1996). "The accumulation of fatigue microdamage in human cortical bone of two different ages in vitro." Clinical Biomechanics **11**(7): 365-375.

Zioupos, P., X. T. Wang, et al. (1996). "Experimental and theoretical quantification of the development of damage in fatigue tests of bone and antler." Journal of Biomechanics **29**(8): 989-1002.

Zysset, P. K. (2003). "A review of morphology-elasticity relationships in human trabecular bone: theories and experiments." Journal of Biomechanics **36**(10): 1469-1485.

Zysset, P. K., X. Edward Guo, et al. (1999). "Elastic modulus and hardness of cortical and trabecular bone lamellae measured by nanoindentation in the human femur." Journal of Biomechanics **32**(10): 1005-1012.

Romain RIEGER

Modélisation mécano-biologique par éléments finis de l'os trabéculaire. Des activités cellulaires au remodelage osseux.

Résumé :

L'os subit perpétuellement des contraintes mécaniques et physiologiques, ainsi sa qualité et sa résistance à la fracture évoluent constamment au cours du temps à travers le processus de remodelage osseux. Cependant, certaines pathologies osseuses comme l'ostéoporose ou la maladie de Paget altèrent cette dernière et conduisent à une augmentation du risque de fracture osseuse. La qualité osseuse est non seulement définie par la densité minérale osseuse (DMO) mais également par les propriétés mécaniques ainsi que la microarchitecture. Au total, on évalue en France à environ 3 millions le nombre de femmes et 1 million le nombre d'hommes souffrant d'ostéoporose, pour un coût estimé à 1 milliard d'euros. La prévention par le développement d'outils de diagnostic est nécessaire. Le diagnostic doit permettre d'estimer la qualité osseuse (propriétés mécaniques, activités cellulaires, architecture). Ces travaux de thèse proposent un modèle innovant permettant de combiner les différents facteurs agissant sur le remodelage osseux, à savoir : (i) le comportement mécanique, (ii) l'activité cellulaire, (iii) le processus de transduction ; visant à traiter les différentes informations d'origines mécanique et biochimique. Les lois de comportement mécaniques et cellulaires sont issues de modèles validés dans la littérature et la stratégie d'unification voit sa justification à travers différents travaux sur les mécanismes de transduction. Ainsi, l'implémentation de ces trois acteurs du remodelage dans une analyse par éléments finis permet d'obtenir un modèle mécano-biologique du remodelage de l'os trabéculaire. Le modèle est applicable à différentes échelles et permet d'étudier le niveau de remodelage local modulé par l'activité physique et la concentration de certains agents biochimiques. L'application du modèle sur un volume virtuel de fémur selon différents scénarios cliniques donne des résultats conformes aux observations faites en imagerie médicale.

Mots clés : Remodelage osseux, os trabéculaire, éléments finis, mécanique, couplage mécano-biologique, transduction, ostéoblaste, ostéoclaste, ostéocyte.

Mechano-biological modeling of trabecular bone by finite elements. From cells' activities to bone remodeling

Summary :

By continuously undergoing mechanical and physiological stresses, bone quality and bone strength evolve through remodeling process. However, osteoporosis and Paget's disease for instance alter bone quality and increase the risk of bone fracture. Bone quality is mainly defined by its Bone Mineral Density (BMD) but mechanical properties and microarchitecture have also to be taken into account for a proper definition. About 3 million of women and 1 million of men suffer from osteoporosis which costs approximately 1 billion Euros per year in France. This highlights the necessity to develop diagnostic tools in order to enable proper bone quality characterization (mechanical properties, cellular activity and architecture).This thesis proposes an original model combining the main bone remodeling constituents which are : (i) the mechanical behavior, (ii) the cellular activity, (iii) the transduction phase ; enabling mechanical and biochemical information processing. Mechanical and cellular behavior models are taken from already published work and the transduction phase model unifying mechanical and biological information is inspired from the literature. Consequently, the implementation of these three main bone remodeling constituents into a finite element analysis gives a plausible mechano-biological model of trabecular bone remodeling. The developed model can be used at different scales in order to study the local amount of bone remodeled, magnified by physical activity and the concentration of some biochemical agents. Its application on virtual volume of femora under different clinical scenarios gives good results in respect to medical images observations.

Keywords : Bone remodeling, trabecular bone, finite elements, mechanics, mechanobiological coupling, transduction, osteoblast, osteoclast, osteocyte.

Laboratoire PRISME
8 rue Léonard de Vinci
45072 Orléans cedex 2

www.ingramcontent.com/pod-product-compliance
Lightning Source LLC
Chambersburg PA
CBHW021032210326
41598CB00016B/998

* 9 7 8 3 8 3 8 1 7 6 2 3 9 *